国家出版基金项目
NATIONAL PUBLICATION FOUNDATION

现代农业科技专著大系

枇 杷 学

蔡礼鸿　主编

中国农业出版社

图书在版编目（CIP）数据

枇杷学/蔡礼鸿主编 . —北京：中国农业出版社，
2012.12（2025.1重印）
ISBN 978 - 7 - 109 - 17320 - 0

Ⅰ.①枇…　Ⅱ.①蔡…　Ⅲ.①枇杷－果树园艺　Ⅳ.
①S667.3

中国版本图书馆 CIP 数据核字（2012）第 256959 号

中国农业出版社出版
（北京市朝阳区农展馆北路 2 号）
（邮政编码 100125）
责任编辑　张　利　李　瑜
───────────
北京通州皇家印刷厂印刷　新华书店北京发行所发行
2012 年 12 月第 1 版　2025 年 1 月北京第 2 次印刷
───────────
开本：787mm×1092mm 1/16　印张：15.75　插页：14
字数：350 千字
定价：90.00 元
（凡本版图书出现印刷、装订错误，请向出版社发行部调换）

主编 蔡礼鸿（华中农业大学）

编著（按姓名拼音为序）

蔡礼鸿（华中农业大学）

陈昆松（浙江大学）

王永清（四川农业大学）

审稿 梁国鲁（西南大学）

李国怀（华中农业大学）

彭抒昆（华中农业大学）

枇杷作为起源于我国的一种常绿果树，树冠美丽、枝叶茂密、寒暑无变且负雪扬花，独具特色。由于其上市季节与几类大宗水果错开，加上果实鲜艳的色泽和丰富的营养价值，使其成为一种珍贵果树，近些年得到很快的发展。此外，枇杷叶片是我国止咳平喘类中成药的主要原料，其药食同源的特性提升了枇杷的产业价值。枇杷不仅在我国栽培，而且日本、西班牙等国家和地区也有种植。在农业国际化程度愈来愈高的趋势下，系统研究和开发我国的特有水果，提升其竞争力，具有重要的现实意义。

蔡礼鸿教授大学毕业后就跟随我国枇杷研究开拓者华中农业大学章恢志教授，研究枇杷的起源进化、品种选育与栽培。20世纪80年代，受国家自然科学基金资助，对枇杷的起源做了深入研究；协助章恢志教授编撰完成《枇杷志》。几十年来的积累使他对枇杷有深入的认识，研究颇有心得。由他牵头将国内有关专家组织起来，将近年国内外枇杷的研究成果汇集编写成此书，既是对过去工作的总结，更是一个承前启后、继往开来的事业传承。我相信此书的出版将促进枇杷产业和科研发展，为我国果树产业做出贡献。

中国工程院院士
华中农业大学教授　　邓秀新

2012-2-12 于武汉

前言

枇杷是中国南方特产的常绿果树，秋萌冬花，春实夏熟，在百果中独具先天四时之气，被誉为独冠时新的嘉果珍味。近十余年来，在科技进步，尤其是在市场经济的推动下，我国的枇杷产业有了长足的发展，面积增加到 13 余万 hm^2，产量上升到数十万吨，远远超过历史最高水平，远远超过国外的总和，中国是名副其实的枇杷王国。为顺应枇杷产业迅猛发展的大好形势，由邓秀新院士提议，中国农业出版社支持，华中农业大学蔡礼鸿牵头，兄弟院校鼎力相助，《枇杷学》一书的编写工作 2010 年 2 月在华中农业大学顺利启动，并在历时两年后，得以全面完成。

《枇杷学》全书 30 余万字，约 200 幅图（照）片，包括绪论和 10 章内容。绪论主要介绍枇杷栽培的经济意义，枇杷栽培发展简史和生产科研概况。第一章介绍枇杷种质资源与研究，第二章介绍常规育种技术与遗传改良，第三章介绍枇杷的形态特征和生物学特性，第四章是枇杷果实品质形成与调控，第五章为枇杷育苗和建园，第六章为枇杷栽培管理，第七章为枇杷果实贮藏与加工，第八章为枇杷病虫害与防治，第九章介绍枇杷冻害与设施栽培，第十章为枇杷的经营。其中第一章和第二章初稿由四川农业大学王永清教授起草，第四章和第七章初稿由浙江大学陈昆松教授起草，其余部分由华中农业大学蔡礼鸿起草，全书初稿汇齐后，由主编统稿协调各章内容。最后由西南大学梁国鲁教授，华中农业大学彭抒昂教授、李国怀教授审稿。全书定稿后，又承蒙邓秀新院士审阅并作序。在此，对所有参与、支持本书编写出版工作的各界同仁，一并致以衷心的感谢。

《枇杷学》在编著中，特别注重结合近年枇杷的生产和科学研究进展，如种质资源研究动态和新品种的应用、枇杷在不同生态条件下的适应性及其应用、果实品质形成与调控、果实套袋进展、商品化处理新技术、枇杷果干加工新技术、病虫害综合防治、设施栽培技术等，尤其是用一定的篇幅讨论做大做强枇杷产业，介绍了近年新出台的相关国家与地方标准和栽培规范等。尽管编者尽了很大的努力，然由于能力水平所限，在编写上难免有挂一漏万，以偏概全之处，实有望于国内外同行专家学者、从业人员提出宝贵意见，为进一步发展中国的枇杷产业和科学研究事业，做出更大的贡献。

蔡礼鸿

2012 年 2 月于华中农业大学

目录

绪 论

枇杷学系列丛书之一 PI PA XUE

　　枇杷是中国南方特产的常绿果树，秋萌冬花，春实夏熟，在百果中独具先天四时之气，被誉为独冠时新的嘉果珍味。早在 2 000 多年前，枇杷即在皇家园林中作为名果异树栽培。《史记》、《广志》、《名医别录》、《齐民要术》、《图经本草》、《本草纲目》和《授时通考》等古文献，对枇杷的产地、树性、品种分类、繁殖方法、药用价值等作了记载和说明，为枇杷的栽培发展奠定了基础。

　　枇杷是一种高档小水果，其生产在历史上几经曲折。近 20 年来，在科技进步，尤其是在市场经济的推动下，我国枇杷生产有了长足的发展，远远超过历史最高水平，对繁荣产区经济，提高人民生活水平起到了积极作用。

一、枇杷栽培的经济意义

　　1. 枇杷的营养成分　　枇杷果实多在春末夏初成熟，这时百果皆缺，为鲜果市场的淡季。枇杷恰于此时应市，可谓淡季的果中珍品。又因其果肉柔软多汁、甜酸适口、风味佳美和营养丰富，深受人们喜爱。据中央卫生研究院营养系（现中国疾病预防控制中心营养与食品安全所）分析，100g 枇杷果肉含蛋白质 0.4g，脂肪 0.1g，碳水化合物 7g，粗纤维 0.8g，灰分 0.5g，钙 22mg，磷 32mg，类胡萝卜素 1.33mg，维生素 C 3mg，是优良的营养果品。尤以红肉枇杷的类胡萝卜素之多，白肉枇杷的氨基酸，特别是谷氨酸含量之高、味之鲜美，更为多种水果所不及。且果汁富含钾而少钠，适于需低钠高钾病人的需要，是重要的保健果品。枇杷果实除鲜食外，还是加工罐头、果酱、果膏、果冻和果酒的好原料。

　　2. 枇杷的化学组成　　枇杷的基本成分包括蛋白质、水分、碳水化合物、脂肪、膳食纤维和矿质营养等。枇杷的糖类以山梨醇为主，果实成熟后其一部分转化为蔗糖，另一部分则成为葡萄糖和果糖。枇杷的果实中富含多种有机酸，如苹果酸、柠檬酸以及未成熟果实中的酒石酸。枇杷果肉中还含有丰富的 8 种人体必需氨基酸及10 种非必需氨基酸。

　　枇杷中的类胡萝卜素种类多、含量丰富，还含有少量的金黄质、六氢番茄红素等 5 种其他类胡萝卜素，主要维持着枇杷中维生素 A 的含量，是增强人体视力的重要成分。

　　3. 枇杷的药用价值　　枇杷的花、果、叶、根及树白皮等均可入药。花可治头风，鼻流清涕；果实具止渴下气、利肺气、止吐逆、润五脏之功能；根能治虚劳久嗽、关节疼痛；树白皮可止吐逆不下食；枇杷最重要的药用部分是叶，枇杷叶中主要药用成分为橙花叔醇和金合欢醇的挥发油类及有机酸、苦杏仁苷和 B 族维生素等多种药用成分，具清肺和胃、降气化痰的功用，为治疗肺气咳喘的要药。

(1) 枇杷叶　枇杷叶具镇咳、平肺和祛痰之功效，若用蜜炙，则可加强润肺作用，而用姜汁炙，可加强和胃降逆作用；枇杷叶内含苦杏仁苷，经人体作用可分解为氢氰酸和苯甲醛，有止咳、抗癌与止痛作用，其挥发油具有祛痰与平喘作用；现代研制的枇杷膏、枇杷浆其主要成分均取自枇杷叶，主治肺热所致咳嗽、咽痛声嘶、痰中带血等症状，服用很方便；枇杷叶中的乌索酸、山楂酸、马斯里酸等具有抗炎作用，其煎剂与醋酸乙酯提取物对白色葡萄球菌、金黄色葡萄球菌和肺炎双球菌有明显抑制作用。有实验证明，枇杷叶提取分离的几个组分中，对鼠耳肿胀法所致炎症及 SO_2 刺激法所致小鼠咳嗽有明显对抗作用。枇杷叶与其他药物调和，还能防治感冒、暑热、痱疹等。另外，枇杷叶还具有治疗关节炎及全身性荨麻疹的作用。据日本美容专家报道，枇杷叶不仅可以令皮肤光滑细嫩，还有消除痱子、斑疹等皮肤炎症的功效，是很好的护肤良方。

(2) 枇杷花　枇杷花淡黄色，气味香醇独特，沁人心脾。由于枇杷在冬季开花，花期长，因而又是良好的秋冬蜜源植物。枇杷蜜润肺止咳，是蜜中的上品。枇杷花性温，含挥发油和低聚糖，可入肺散寒，化痰止咳，治疗伤风感冒头疼。

(3) 枇杷果　枇杷果是一种营养丰富的水果。枇杷果多汁爽口，风味独特，多食防病益寿，主供鲜食，也可加工成罐头和蜜饯等。枇杷果性凉，味甘酸，具有润肺、宁嗽、止咳、生津、和胃等功效，也可用于辅助治疗肺热咳嗽、肺痿虚热和吐血等症。将鲜枇杷果放在冷湿布中可用于治烧伤。

(4) 枇杷核　枇杷核性味苦、寒、平，入肾、肺、肝和脾经，含苦杏仁苷、氨基酸和脂肪酸，可用于治疗咳嗽、疝气和水肿。有实验证明，枇杷核提取物对动物的免疫功能有增强作用。日本研究证明，枇杷核含扁桃苷成分，远超过其在叶中的含量，可以治疗体内发生的炎症，恢复自然治愈力，还具有直接使癌细胞解体的"无副作用的天然抗癌剂"作用，并在癌细胞被破坏的同时，赋予健康细胞免疫力或抵抗力，增加其活度。

4. 优良的绿化与蜜源植物　枇杷树冠美丽、枝叶茂密、寒暑无变且负雪扬花，作为园林绿化树木，独具特色。又因其秋冬开花，花香蜜多，是优良的蜜源植物。此外，枇杷的种子含有大量的淀粉，可供酿酒或提取淀粉。其木材红棕色、硬重、坚韧而细腻，为制作木梳、手杖和农具柄之良材。

5. 枇杷的经济价值　枇杷的风土适应性较强。只要冬无严寒、地不渍水，山地、平原和滩涂均可栽种，适于河边、路旁和庭院绿化。枇杷树生长迅速，只要管理得法，即可早果丰产。栽后 3 年，树冠高达 1m 以上，可以始果。10 年后即进入盛果期，株产 25～50kg，高者可达 100～200kg，甚至更多。树龄在 100 年以上，年产500kg 以上的单株，屡有报道。又因枇杷为淡季上市的鲜果，价格较高，故栽培的经济价值亦高。枇杷的鲜果和糖水罐头，是外贸出口产品之一，在国际市场上较为畅销，果实经过制罐加工后，其经济效益可提高 1～3 倍。目前世界枇杷年产量仅百万吨左右，尚不能满足国内外市场的需要，因此是一种很有发展前途的水果。以经济效益来说，许多产区的枇杷已成为当地农村经济收入的主要来源之一，并由此带动了工业和流通领域的兴盛。

二、枇杷栽培发展简史

（一）枇杷的最早记载

枇杷的名称，最初见于西汉司马迁（公元前 1 世纪）所撰《史记·司马相如传》，引《上林赋》云："……卢橘夏熟，黄甘橙楱，枇杷橪柿……。"据辛树帜等考证，司马相如写成《上林赋》大约是在公元前 126—前 118 年这几年中。晋葛洪所撰《西京杂记》（前 53—前 23）中也提到汉武帝初修上林苑时，"群臣远方，各献名果异树"，有"枇杷十株"。1975 年湖北江陵文物发掘工作中，挖掘出距当时 2 140 年的汉代古墓中有随葬竹笥一件，内藏生姜、红枣、桃、杏、枇杷等果品，与上述历史记载相印证，说明中国北方引种枇杷最早年限至少在公元前 1 世纪以前。南方栽培一定早于北方，可能在引进陕西之前，在湖北已有栽培；也可推想在四川也许有更早的栽培。至于说，在《周礼·地官》所提到的"场人掌国之场圃，而树之果蓏珍异之物"。果蓏珍异之物，指的是枇杷、葡萄之属，则是东汉郑玄（2 世纪）所作的比喻性注释，而非原始记载，因此不能以此为据，把枇杷的最早记载年代前推至西周时代。

（二）枇杷名称的由来

从枇杷名称的来源看，宋寇宗奭《本草衍义》说枇杷叶"其形如琵琶，故名之"。

关于琵琶名称的由来，东汉刘熙《释名》释乐器第二十二有批把，云："本出于胡中，马上作鼓也，推手前曰批，引手却曰把，像其鼓时，因以为名。"即批把→琵琶→枇杷。由此，枇杷名称的来历就清楚了。琵琶本出胡中，传至中原，这时枇杷名称也就产生了。两者的年代相仿。这就是枇杷名与读音的起源。

（三）古代枇杷的传播

西晋郭义恭《广志》（3 世纪）云："枇杷出南安、犍为、宜都。"南安即今四川乐山市，犍为在四川省宜宾市西北，宜都即湖北宜昌一带，说明当时主要是分布在四川和鄂西地区。汉魏六朝期间，枇杷作为珍贵果树种植于名园之中，并以川、鄂为中心向中原、华北、华南、华东各个方向呈辐射状传播。这方面的情形从古代著名文人吟咏枇杷的诗词中得到有力的佐证。

三国曹植乐府歌有"橙橘枇杷，甘蔗代出"。晋左思《蜀都赋》有"其园则有林檎、枇杷"。范汪《祠制》有"孟夏祭用枇杷"。《晋宫阁名》曰："华林园有枇杷四株。"按华林园在故洛阳城中，说明枇杷引种到河南。无名氏《华山记》曰："华山讲堂西头有枇杷园。"说明已成片栽培。晋顾微《广州记》曰："枇杷若榴，参乎京师。"晋王彪之《闽中赋》曰："果则乌椑朱柿，扶余枇杷。"六朝宋谢瞻《安成郡庭枇杷树赋》曰："伊南国之嘉木，伟北庭而延树；禀金秋之清条，抱东阳之和煦；肇寒葩于结霜，承炎果乎纤露。高临霤首，傍拂阶露。"按古安成郡在今广西壮族自治区宾阳县东，闽中即福建。以上说明晋朝枇杷已传播到广东、广西、福建。晋周处《风土记》曰："枇杷叶似栗，似药十。而丛生，四月熟。"常住浙江会稽的南朝谢灵运《七济》也有："朝食既毕，摘果堂荫；春惟枇杷，夏则林檎。"《山居赋》："枇杷林檎，带谷映渚……。"南朝宋周祗《枇杷赋》："昔鲁季孙有嘉树，韩宣子赋誉之，屈原离骚亦著橘颂。至枇杷树寒暑无变，负雪扬花。余植庭园，遂赋之云。名同音器，质异贞松；四序一采，素花冬馥；霏雪润其绿蕤，商风理其劲条；望之冥濛，即之疏寥。"

以上说明枇杷在南朝时江苏、浙江一带已普遍栽培，并受到重视。

唐宋诗歌极盛，以枇杷为吟咏对象的诗词就比以前更多了。我们从中亦可窥视当时枇杷传播与分布之一斑。如盛唐时期有岑参的"满树枇杷冬著花"；李白的"卢橘为秦树"；杜甫的"枇杷树树香"；梅尧臣的"五月枇杷黄似橘"；中唐有戴叔伦《湖南即事》："卢橘花开枫叶衰"；司空曙《卫明府寄枇杷叶》："倾筐呈绿叶，重叠色何鲜；讵是秋风里，犹如晓露传；仙方当见重，消疾未应便；全胜甘蕉叶，空披谢氏篇。"羊士谔《咏枇杷花》："珍树寒始花，氲氲九秋月；佳期若有待，芳意常无绝；袅袅碧海风，蒙蒙绿枝雪；急景有余妍，春禽自流悦。"白居易的"淮山侧畔楚江阴，五月枇杷正满林"；柳宗元的"寒初荣橘柚，夏首荐枇杷"；北宋宋祁《枇杷》的"有果产西裔。作花凌孟寒，树繁碧玉叶，柯叠黄金丸，上都不可寄，咀味独长叹"；苏轼"罗浮山下四时春，卢橘、杨梅次第新"，"魏花非老伴，卢橘是乡人"，"枇杷已熟粲金珠，桑落初尝滟玉咀"；范成大诗"枇杷昔所嗜，不问甘与酸"。所以北宋苏颂《图经本草》称"今襄、汉、吴、蜀、闽、岭皆有之"。可见唐宋以前，枇杷已遍及中原、华南、华东各地。

（四）历史上枇杷主产区的形成和变迁

在唐宋期间，枇杷的主产区在四川、湖北、陕南、江浙。据《唐书·地理志》载："余杭郡岁贡枇杷"。即浙江余杭以枇杷为贡品进贡给帝王。《唐史纪要》中有："建中元年，诏山南之枇杷……，为次第贡者……"（按山南指唐时山南道，辖今陕西太华、终南二山以南，河南北岑以南，湖北长江以北，汉水以西，四川剑阁以东地区）。据《旧唐书·德宗本纪》载："大历十四年五月辛酉，代宗崩，癸亥即位于太极殿，闰月戊寅，诏山南枇杷，江南柑橘。岁一贡，以供宗庙，余贡皆停。"《新唐书·地理志》载："兴元府汉中郡……土贡谷、柑、枇杷、茶。"宋初乐史《太平环宇记》（976—983）载："枇杷，利州产……枇杷，梓州贡"。按利州，今陕西南郑、四川广元县；梓州，今四川三台县；再从明李东阳诗"尚方珍果赐新尝，分得江南百颗黄"；吴宽纪《赐枇杷》中"吴船入贡溯江涛，分赐儒臣幸此遭"；于慎行《记赐鲜枇杷》中"江南漫道珍卢橘"等看，唐宋时四川、湖北、江浙都有枇杷入贡。而似乎四川、湖北、陕南更多。也许当时京城长安、汴梁（开封）更靠近四川、湖北。但到明代以后（可能早自南宋以后），则江浙的枇杷大大发展，其栽培已在全国处于中心领先地位，而枇杷之入贡则主要取之于江浙一带。同时京城已转到南京、北京，取之四川，就更不方便。再则根据历史上气候的变化，唐代是一个气候较温暖的时代，枇杷的分布可北到淮河流域。而宋以后温度下降，枇杷分布退到长江以南，加以宋以后全国经济中心也向江南转移，这都给江南枇杷的发展创造了有利条件。而四川、湖北、陕南的枇杷栽培，则有衰落之势。当时最著名的枇杷产区是浙江的余杭郡。据宋咸淳《临安志》（1265—1274）记载："出嘉会门外于潜黄岑前、乌巾山、小锡、塘坞者尤珍。"嘉会门即今凤山门。明李时珍《本草纲目》载："塘栖产枇杷，胜于他处。"

明王鏊《姑苏志》（1506）有"西山宜梨，东山宜枇杷"；明王世懋《学圃杂疏》（1589）也有"枇杷出东洞庭者大"的记载，都可以说明洞庭东山出产枇杷。除了浙江杭州、江苏吴县东山是枇杷产区外，据元至正《四明续志》（1341—1367）记载：慈溪县出产枇杷。据宋嘉定《赤城志》载："枇杷，叶萌密，不凋，冬花夏实。"说明浙江黄岩栽培枇杷已逾700年。

　　如上所述，福建早在晋代已传入枇杷。宋梁克家《三山志》（1178）亦有记载。明黄仲昭、陈道《八闽通志》（1491）载："福建泉、漳、汀、延、邵、兴、福、宁有产。"说明枇杷几乎全省都有出产。明以后许多府志、县志也都有枇杷记载，如嘉靖年间《建宁府志》（1541）："枇杷，上惟寿宁无之。"即除了寿宁以外，所辖松溪、政和、浦城、崇安、建阳、建瓯都有；《延平府志》（1525）食货志、物产、果之属也提到枇杷；其他如明冯继科《建阳县志》、明田琐《尤溪县志》、明李恺《尤溪县志》、明张岳《惠安县志》、明汪瑀《安溪县志》等，以及清宫北麟《莆田县志》（1758）、林昂《福清县志》（1747）、黄惠《尤溪县志》（1762）、1933年欧阳英、陈衍等《闽侯县志》虽然都提到枇杷，但都非常简略，且多因袭他人所述。而且提出"地产颇少"（《尤溪县志》）；"泉南殊不为重"（《安溪县志》）；"夏初熟色黄味酸"（《莆田县志》）。说明福建枇杷分布甚广，历史亦久，但主要产区莆田等地枇杷是在近代发展起来的，在清代以前未受到重视，品质也不突出。

　　中国另一枇杷产区安徽省，在清何绍基《安徽通志》（1877）里没有提到。明弘治汪舜民《徽州府志》（1488—1505）中，仅在土产中提到枇杷而无描述。只有1937年许承尧《歙县志》才提到"瀹坑、瀹潭、漳潭、绵潭一带出产最多，富岱及打猎黄村亦产之"。据此可以初步认为安徽歙县枇杷栽培历史虽长，但作为产区也是在近代发展起来的。

（五）历史上枇杷的经济利用和栽培技术

1. 枇杷性状的记载　关于枇杷性状的记载，较详细的有宋苏颂的《图经本草》："木高丈余，肥枝长叶，大如驴耳，背有黄毛。其木阴密婆娑可爱，四时不凋，盛冬开白花，至三四月成实作棣。生大如弹丸，熟时色如黄杏，微有毛，皮肉甚薄，核大如茅栗，黄褐色。四月采叶，暴干用。"以后的《广群芳谱》、《花镜》等都沿用这样的描述。至《授时通考》（1742）则进一步明确指出："枇杷秋萌冬花，春实夏熟。备四时之气，他物无与类者。"

2. 经济利用　早在汉代，枇杷即是名果异树。因为当时的帝王过于珍视，以致仲长统"昌言"中道："今人主不思甘露零，醴泉涌。而患枇杷、荔枝之腐，亦鄙矣。"唐太宗则曾有一名之枇杷帖云："使至，得所进枇杷子，良深慰悦。嘉果珍味，独冠时新。但川路既遥，无劳更送。"可见枇杷鲜果一直是作为高档果品而供享用。而且枇杷的叶、花、根、木白皮等，都有重要的药用价值。中国早在1 500多年前南北朝时期，就已经知道用枇杷叶医治疾病。在梁陶弘景《名医别录》中记载"枇杷叶味苦、平、无毒……主卒哕不止，下气"。在唐宋时代，对枇杷的药用，更为广泛。如唐《食疗本草》说用枇杷叶"煮汁饮，主渴疾，治脉气热嗽及肺风疮，胸面上疮。"宋《日华子本草》载叶"治呕哕不止，妇人产后口干"。《本草衍义》载叶治"肺热嗽甚有功"。到了明代，伟大的医学家、药物学家李时珍在《本草纲目》中，总结了我国历代用枇杷与疾病作斗争的经验，指出，枇杷叶"和胃降气，清热解暑毒，疗脚气"，"枇杷叶气薄味厚，阳中之阴，治肺胃之病，大都取其下气之功耳。气下则火降痰顺，而逆者不逆，呕者不呕，渴者不渴，咳者不咳矣"。

3. 选择良种 历史上各地曾出现过不少的好品种。早在郭义恭的《广志》中就有"大者如鸡子，小者如龙眼。白者为上，黄者次之。无核者名焦子，出广州"。即已有大如鸡卵和黄、白肉的品种，甚至出现瘪种子的"焦子"，说明早在 1 700 多年前，枇杷品种选育即有所成就。关于各地枇杷新品种的记载，史籍上亦不乏其例。如六朝《荆州土地记》"宜都出大枇杷"；《南中八郡志》"南安县出好枇杷"；明王世懋《学圃杂疏》"枇杷出洞庭者大，自种者小，然却有风味，独核者佳"；至正《四明续志》"出慈谿味甘核细如椒子"等。

4. 嫁接繁殖 用嫁接繁殖可能早在宋以前，并认为接后才能品质优良。北宋孔平仲《谈苑》："枇杷须接，乃为佳果。"陆游诗："无核枇杷接亦生"；明邝璠《便民图纂》则较明确指出："以核种之，即出，待长移栽，三月宜接。"明末清初陈淏子《花镜》："至夏成熟，满树皆金，其味甘美。收核种之即出，待长移栽。春月用本色肥枝接过。则实大而核小。"

5. 栽培管理 关于枇杷的栽培，历史都认为"枇杷易种"，所以史籍上记载不多。如王世懋《学圃杂疏》认为"盖他果须接乃生，独此果直种之，亦能生也"；陆游曾累种杨梅皆不成，而枇杷一株结实而作诗："杨梅空有树团团，却是枇杷解满盘……枝头不怕风摇落，地上惟忧鸟啄残。"范成大也曾手植枇杷并作"黄泥裹余核，散掷离落间；春风拆勾萌，朴嫩如榛菅；一株独成长，范然齐屋山；去年小试花，珑珑犯冰寒；化作黄金弹，同登桃李盘；大钧播群物，斡旋不作难……"；司马光《枇杷洲》诗："周官歙珍味，汉苑结芳根；何意荒洲上，独余嘉树存；犯寒花已发，迎暑实尤繁……"都认为枇杷随便种都能生长成树，开花结果。

此外，苏轼《物类相感去》云"枇杷不宜粪"。许承尧《歙县志》也说"移栽数次则肉厚核小，肥料忌粪"。《花镜》则说："性不喜粪。但以淋过淡灰壅之，自能荣茂。"大概是指枇杷根浅，用浓肥和未腐熟的粪便，容易引起烂根。各地老果农也都有此经验，枇杷喜磷、钾灰肥，是符合科学道理的。《田家五行》提到："枇杷开结，主水。"则是枇杷果实成熟时，往往遇到梅雨季节，需要注意。

6. 贮藏保鲜 《便民图纂》上记载枇杷鲜果贮藏的方法："遇时果出，用铜青末与青果同入腊水收贮，颜色不变如鲜。凡青梅、枇杷、林檎、小枣、葡萄、莲蓬、菱角、甜瓜、梨子、柑橘、香橙、橄榄、荸荠等果皆可收藏。"

三、枇杷生产及科研概况

（一）枇杷业现状及发展趋势

1. 枇杷业现状 中国是枇杷的故乡，栽培历史悠久，品种类型丰富多彩，现分布区已遍及北纬 33.5°以南的 20 个省（自治区、直辖市），并有许多集中产区和传统名牌品种，驰名国内外。

国外枇杷栽培以西班牙产量最高，年产 4 万 t 左右；其次为巴基斯坦，年产 3 万 t 左右；土耳其和日本，年产 1 万～2 万 t，其他年产量在 1kt 以上的国家还有摩洛哥、意大利、以色列、希腊、巴西、葡萄牙、智利和埃及等。

在市场经济和科技进步的推动下，我国枇杷生产已成为各地发展农村经济，农民致富，繁荣市场和出口创汇的一条重要门路。近年来，枇杷生产得到迅速发展。据粗略统计，2008 年全国枇杷栽培面积已超过 13 万 hm²，比 20 世纪 50 年代（约 1 333hm²）增长 100 倍；总产 63 万 t，比 50 年代（约 5kt）增长 126 倍。其中以四川、福建、广西、浙江和重庆等省（自治区、直辖市）发展最快。2010 年，四川省枇杷面积 6.09 万 hm²，产量 41.14 万 t，面积、产量均居全国首位。福建则位居其次，面积约 2.66 万 hm²，产量 10 万 t 左右。浙江位居第三，面积约 1 万 hm²，产量 6 万 t 左右。20 世纪 60 年代以前，中国的枇杷几乎全部用于鲜销，个别产地少量加工成枇杷膏，作为保健食品销售。70 年代后，中国的枇杷罐头工业从无到有，逐步发展壮大，生产的大批糖水罐头，行销国内外，枇杷果酒亦开始时兴。

随着枇杷生产的发展，在原有四大产区（浙江塘栖、江苏洞庭山、福建莆田、安徽三潭）的基础上，涌现出一批新产区，并逐渐发展成为中国新的枇杷生产基地。老产区如福建莆田，栽培历史悠久，迄今已有 1 700 多年，目前全市枇杷种植面积 1.8 万 hm²，年产 8 万 t，产值近 4 亿元，其面积和产量均占福建省的七成以上；新产区如四川双流，在 1985 年以前，枇杷生产微不足道，目前种植面积达 1.06 万 hm²，枇杷年产量已超过 10 万 t，居全国首位，总产值 6 亿元以上，成为中国重要的枇杷生产基地；浙江黄岩、温岭、四川纳溪、成都市郊、福建莆田，江苏扬中和江西安义等地都先后将枇杷生产列为该地的支柱产业之一。

当前，中国的枇杷生产正处在新的发展阶段，产区已扩大到南方各省（自治区、直辖市）的广大地区。但生产上还存在着发展不平衡、品质优劣不一、产量低、上市过于集中、贮藏保鲜和包装技术落后等问题，对产业的规模和层次均有一定影响。

2. 枇杷产业的发展趋势　财政部和农业部已经将枇杷产业纳入行业专项建设，一定要紧紧抓住机遇，以积极的态度、创新的思维、有效的措施，调整结构、优化布局，提升枇杷产业集约化、设施化水平，推动我国枇杷产业持续健康发展。

（1）大力实施优势区域发展规划，调整优化区域布局　一是要根据当地条件，发挥比较优势，突出资源特色，因地制宜制定本地区优势区域发展规划，明确主导产业、主攻方向和发展目标；二是要认真解决调整后非适宜区的产业发展问题，要严格遵循不与粮争地的果业发展原则，使枇杷生产从基本农田逐步退出，向山上进军；三是通过申请地理标志产品认证等手段，积极发展具有区域特色的枇杷产业（如莆田枇杷、双流枇杷等），进一步发展有区域优势特色的枇杷生产；四是积极争取当地政府支持，调动各部门、各方面的力量，形成合力，进一步推进枇杷生产向优势区域集中，引导社会资本大力发展采后贮藏加工，形成产业集群，打造优势产业带。

（2）加强产销衔接，积极研究、开拓市场　一是研究和细分目标市场，对产业发展进行市场定位。按品种制定营销策略，提出有可操作性的政策措施，支持企业到海外开发营销活动，千方百计扩大出口。二是抓好产销促进。密切关注市场运行情况。加强生产、市场监测和预警，搞好信息服务，促进产销衔接。三是要加强品牌建设。按照扶优扶强的原则，整合品牌资源，培育名牌枇杷，加大宣传推广力度，努力打造一批品质好、叫得响、市场占有率高的知名枇杷品牌。

（3）开展标准果园创建活动，推进枇杷生产标准化　各地要积极应对挑战，加大对老果园的改造力度，加强分类指导，改善立地条件，完善节水灌溉设施，建成一批标准化果园。在此基础上，要大力推进生产过程的标准化，落实枇杷产品标准和生产技术规程，着重强化无公害生产关键技术（如枇杷套袋，灯诱、性诱等病虫害防控措施）的推广普及。标准果园必须建在优势区域内，要有建园标准规范，重点结合老果园的改造，原则上必须要有具体的合作组织实施。标准果园要落实到县、乡、村和地块；要有标牌、品种和操作技术规程，以及产量、品质、质量安全评价指标，明确行政负责人和技术负责人。

（4）发展枇杷专业合作组织，推进产业化经营　枇杷生产分散、商品率高、市场风险大，小生产与大市场矛盾突出，必须坚持产业化经营的道路。各地要继续做大做强枇杷龙头企业，大力发展枇杷专业合作组织，提高枇杷生产的组织化程度。一要抓基地建设。积极引导龙头企业向枇杷优势区域集中，与枇杷专业合作社或当地农户联合，加强基础设施建设，改善生产条件，建立规模化、专业化的生产基地。二要抓机制创新。进一步完善"企业＋合作社＋基地"、"企业＋农户"等产业化经营模式，促进企业和合作社或农民之间建立利益均沾、风险共担的利益联结机制，不断扩大订单生产规模。各级农业部门要帮助枇杷合作社建立健全内部制度，规范运行机制，促进健康发展。三要狠抓引导扶持。相关部门要加大对龙头企业和枇杷专业合作社的扶持力度，对各优势区域枇杷专业合作组织进行一次全面的摸底，对其发展模式、运行机制进行总结，选择一批机制健全、作用发挥突出、规模相对较大的专业合作组织，重点进行扶持。

（5）加强和完善良种繁育体系建设，提高优质种苗覆盖率　配合农业部种子工程项目的实施，重点新建一批县级果树良种苗木扩繁基地，改建部分省级果树良种苗木繁育场，逐步形成部级资源保存与育种中心、省级繁育场、县级繁育基地相配套的三级枇杷良种繁育体系。各地要创新良种苗木繁育场和繁育基地运行机制，加强管理，确保良种繁育体系充分发挥作用。

（6）加强病虫防控，严防有害生物扩散蔓延　坚持"预防为主、综合防治"方针，加强对枇杷病虫害的监测预警，推进专业化防治，强化绿色防控，提高病虫害防控水平。继续抓好植保工程规划的实施，确保产业安全。

（7）充分发挥枇杷产业专家指导组的作用，提高枇杷产业的科技水平　枇杷已列入公益性行业（农业）科研专项经费项目，涵盖整个产业链的各个环节，整合了全国技术力量，旨在以产品为单元，以产业为主线，进行共性技术和关键技术研究、集成与示范。枇杷产业专家指导组要尽职尽责，加大工作力度，跟踪产业发展动向，摸清产业现状，找准产业发展存在的问题，提出解决方案，为产业发展提供技术支撑和服务。充分利用现有资源，尽快选育一批适销对路、熟期合理、品质优良、具有自主知识产权的枇杷品种，为产业调整储备品种。优化枇杷栽培管理制度，加快研究高效、省工、轻简化栽培技术，创新栽培模式，建立新型的枇杷现代栽培体系。加强节本提质增效技术的集成、试验和示范，加大培训宣传力度，重点推广优良新品种和果园覆草、果实套袋、平衡施肥，尤其是果实商品化处理、贮藏加工、防冻栽培等成套实用技术。

(二) 国内外枇杷科研概况

1. 枇杷的起源、分布　枇杷起源于中国，唐朝开始传入日本。迄今，枇杷已分布到全世界的 30 多个国家，包括东亚的中国、日本、韩国和南亚的印度、巴基斯坦、尼泊尔、泰国、老挝和越南；中亚的亚美尼亚、阿塞拜疆和格鲁吉亚；地中海沿岸的以色列、塞浦路斯、土耳其、希腊、意大利、法国、西班牙、摩洛哥、阿尔及利亚和埃及；南部非洲的南非和马达加斯加；大洋洲的澳大利亚和新西兰；南美洲的阿根廷、巴西、智利、厄瓜多尔和委内瑞拉；北美洲的美国、加拿大、墨西哥和危地马拉等。枇杷分布主要集中在南北纬 20°～35°，受海洋性气候影响，可分布至 45°，例如日本的千叶、法国的南方等。另一方面，受海拔高度影响，亦可以分布在赤道地区，如厄瓜多尔高地。

2. 品种资源研究　国内有关各省（自治区、直辖市）近年来对枇杷品种资源进行了调查和整理工作，基本查清了中国枇杷的分布范围：南自海南尖峰岭，北到江苏东台、甘肃武都，东起台湾南投，西至西藏察隅的 20 个省（自治区、直辖市）。据 15 个省（自治区、直辖市）的不完全统计，目前共有枇杷地方品种、实生优株和野生资源代表单株（类型）700 余个，其中 140 个有利用价值。

在农业部的领导和资助下，1981 年开始在福建省农业科学院果树研究所建立国家果树种质福州枇杷圃，负责收集和保存国内外枇杷品种资源和近缘植物，开展种质资源研究。到 2008 年为止，该圃已收集和保存枇杷品种、品系和近缘种 759 份。另在浙江建立了浙江枇杷实生优株资源保存圃；在江苏、湖北、安徽、四川和江西等省建立了优良品种引种试验园。

此外，国家技术监督局发布了国家标准 GB/T 13867—1992 鲜枇杷果。

福建省农业科学院果树研究所编写了《枇杷种质资源描述规范和数据标准》。

西班牙作为欧盟成员国之一，参与承担了欧盟立题的种质资源研究计划"小果树树种的收集、保存、研究和利用"，该计划包括了枇杷、无花果、柿子、石榴、火龙果等。其中枇杷种质圃就设在西班牙瓦伦西亚农业研究所内，1993 年建成时已收集了 74 份种质，其中 49 份来自西班牙国内，其余的来自其他欧盟国家、地中海沿岸各国和日本、美国等。这些种质属于栽培品种的不到 40 个。

3. 新品种的选育　各省（自治区、直辖市）在群众性选种的基础上，选出了一批优良的枇杷新品种。如福建省有关部门先后选出的新品种解放钟、早钟 6 号、太城 4 号和长红 3 号等，均被该省确定为重点推广品种。近十年来，已推广上万公顷。浙江黄岩选出的洛阳青占该区枇杷总面积的 80% 以上；浙江省还选出少核大红袍、塘栖早丰、黄岩 5 号、塘栖迟红、少核洛阳青和宁海白、白晶 1 号等优良单株；江苏选出白玉、霸红、石橙和冠玉、丰玉；湖北选出华宝 2 号、华宝 3 号和华宝 7 号等。四川省先后选出的大五星、龙泉 1 号等更是功不可没，其产量已经占到全国总产的一半以上。福建、浙江、江苏及湖北等省的有关部门，还开展了枇杷杂交育种工作，先后培育出数千株杂交后代，并已初选出一批很有希望的优良单株。

中国枇杷的多倍体育种已取得可喜进展，如福建果树研究所通过化学诱变，获得四倍体枇杷新品种闽 3 号，在花期经赤霉素处理，已成功地获得了无籽枇杷果实，并通过和二倍体枇杷良种杂交，培育出了一批三倍体枇杷。

过去我国的枇杷品种改良主要靠实生选种，因此育种进展总体上不如日本和西班牙。黄金松等通过从日本引进森尾早生，与我国大果的解放钟杂交，获得了果实成熟早且果型较大的早钟 6 号，标志着我国的枇杷品种改良已开始进入一个新阶段。

日本虽然只有 40 多个枇杷品种资源，却是迄今枇杷品种选育最先进的国家。日本枇杷杂交已有近百年的历史，长崎试验场出土地、培育子苗，由日本国家果树试验场（原在静冈，现在筑波）派资深果树育种家到长崎主持杂交计划，已杂交育出大房、长崎早生、阳玉、凉风等新品种，此外，通过诱变育种育出了白茂木品种。日本选育的田中枇杷品种，被十几个国家引种栽培。

4. 生理学研究

（1）枇杷的化学成分和药用价值　枇杷糖类以山梨醇为主，果实成熟时转化为蔗糖，还有一部分葡萄糖和果糖。果实中富含苹果酸、柠檬酸，未成熟的果中还含有酒石酸。果肉含 8 种必需氨基酸，亮氨酸最高；10 种非必需氨基酸，脯氨酸、谷氨酸和天门冬氨酸较高。脂类包括长链碳氢化合物（$C_{21} \sim C_{30}$）、甾醇类（4 种）和脂肪酸（5 种），种子中也富含脂类。枇杷类胡萝卜素种类多、含量丰富。通常果皮的类胡萝卜素含量比果肉的高数倍。黄肉果的胡萝卜素量为白肉果的 5～10 倍，而白肉果的玉米黄质、紫黄质和叶黄素高于黄肉果。此外，枇杷果还含少量的金黄质、六氢番茄红素等 5 种其他类胡萝卜素。类胡萝卜素是枇杷果中维生素 A 的主要贡献者，对增强人的视力有作用。枇杷果中含有 18 种挥发性物质，其中苯乙醇、3-羟基-2-正丁醇等是枇杷果香气的贡献者。

枇杷是一种生氰植物，含有三种氰代谢酶。枇杷所含的单宁是一种花青素寡聚物。枇杷还含有一些特殊的有机物，4-甲叉-D，L-脯氨酸、反式-4-羟基甲基-D-脯氨酸。特殊的物质有时可能是药用物质。枇杷叶片中含有熊果酸、山楂酸等有抗炎症的作用。枇杷叶的三氯甲烷提取物（含熊果酸，4 种复杂的酯类）能有效降低犀牛病毒的传染性。枇杷叶中的挥发油类有祛痰作用；乙酸乙酯提取物对肺炎双球菌、白色葡萄球菌等有明显的抑制作用。这可能就是传统上用枇杷叶治咳嗽的药理所在。日本的研究表明，枇杷叶中所含的苦杏仁苷治疗肺癌效果显著，患者的疼痛可迅速消失。

（2）生长发育的调节与控制　加拿大、日本和澳大利亚的研究者对枇杷未成熟种子和果实内的赤霉素类进行了详细的分析，华中农业大学的几位研究者已对枇杷果实生长不同时期的其他四类激素的消长进行了研究。

日本、意大利、西班牙、中国台湾、福建、江苏和湖北都对无籽枇杷的诱导进行了研究。基本结果是在花期喷 250mg/L 或浓度更高一些的 GA 可以诱导无籽果实，但果偏小，且畸形、提早成熟。果实的内含物并没有大的变化。当果实生长期再喷一次 GA_3 500mg/L＋激动素 20mg/L 可以使无籽果完全发育成熟，无籽果的大小和正常果差不多大，但果实转色较早，采收时果汁中的可溶性固形物含量较低。在发生寒害枇杷种胚冻死之后同样处理，就不会因冻害造成落果，但获得的无籽果略有畸形。总之，无籽果的研究尚未进入商业应用。

（3）山梨醇研究　山梨醇是枇杷体内的最主要的糖类物质。山梨醇与枇杷的活体和离体形态建成关系特别密切。叶片、枝条、果实、幼胚的生长期间都伴随着山梨醇的递增。原生质体起源的愈伤组织只有在山梨醇为碳源的培养基中才能分化茎器官。

（4）温度反应　枇杷是一种亚热带果树，但它可以在一些高纬度的温带地区生长。一般生长于高纬度温带的枇杷耐寒性比较强，而生长在亚热带地区的枇杷对突如其来的冰点以下的低温就比较敏感。

（5）生理病害　最突出的是紫斑病。我国台湾、福建以及巴西、日本等曾有报道，西班牙发生特别严重。发病时果实阳面形成的紫褐色斑纹可扩大至全果面的30%，严重的会导致果实腐烂。15%的西班牙枇杷果实患有此病害，使这些果实的商品价值降低40%～50%。早熟品种特别容易患此病。关于此病害的病因，流行的看法是果实内钙的失调。防治的办法是应该多施有机肥，而不过量施用氮素化肥，也不应过重修剪。钙的减少使细胞壁更具透性，因而，对那些影响蒸腾的因素如强风、强日照更为敏感。因此，应该避免水分的失衡。西班牙用营造防风林、遮尼龙网、塑料网和使树冠叶片"穿戴整齐"（well dressed）来保护果实等方法，防止或减轻紫斑病。但是，西班牙 Politecnica 大学的 Garlglio 等最近否定了钙失调致病说。

5. 园艺学研究

（1）嫁接繁殖　以枇杷作本砧，我国的小苗嫁接已很成功。西班牙也用本砧，但主要采用嵌芽接。在土耳其，以苹果、梨、榅桲、石楠作砧木，其中以榅桲最普遍。榅桲砧有矮化、耐寒的优点。以色列自1960年以来，采用了榅桲砧，而使枇杷栽培面积扩大开来。在埃及，由于土壤较黏重，也广泛采用榅桲砧。据我国福建试验的结果，榅桲砧具有明显的矮化作用，但单株产量较低为其不足。

（2）露地栽培　建园方面，印度提出的条件是海拔 2 000m 以下均有可能种植枇杷，只要冬季温度不低于−3℃，夏季气温不高于35℃。种植密度方面日本提出的是间隔5～7m；而在西班牙，1980 年以前的定植密度为 6m×6m，现改为 3m×3m，现在普遍采用密植。整形方面日本采用杯状形或变则主干形，也采用自然开心形，但用绳子把外侧枝条拉向地面，以增加透光，促进坐果，近几年一些果农采用桌面形，以便于采果。疏花疏果方面，日本常疏去一半的花序、每个花序的底部两个侧序和顶部均疏去，只留下底部的第三、第四两个侧序上1～4个果，疏果后即套袋。

（3）保护地栽培　日本这方面发展较快。现在，日本从11月份开始至来年7月都有枇杷上市。塑料大棚内可以加温，温度控制在白天不高于25℃，夜晚不高于15℃。温度太高，果实成熟太快，变得小果化。此外，也易诱致生理失调，霉菌病害发生。大棚枇杷因为淋溶少，养分利用率高，施肥较少。西班牙也在增加保护地栽培，我国则在四川、北京和辽宁等省（直辖市）有一定的设施栽培。

（4）贮藏加工　枇杷在气调贮藏条件下，可贮藏60d，货架寿命是3～5d。用杀菌剂苯来特处理，可使枇杷在16℃下贮藏1个月，腐烂率低于5%。用聚乙烯包裹冷藏会促进果肉变褐、真菌为害和香气改变。

制罐方面，美国的研究表明：枇杷罐头产品的最终 pH 很重要，4.0～5.4 都太高，低于 4.0 才能防止罐藏期间的微生物生长。西班牙枇杷果酒、枇杷果酱、枇杷果汁的生产已经进入商业化。我国也在少数产区开始枇杷果酒、枇杷果脯、枇杷果干的生产。另外，枇杷叶膏、枇杷露和枇杷叶冲剂的医药应用技术已经成熟。

6. 分子生物学等新技术研究 目前，较多的学者采用分子生物学等新技术对枇杷开展了研究，取得一些进展，包括枇杷茎尖培养、胚培养、胚乳培养、原生质体培养、种质离体保存和分子标记等，其中蛋白质分子标记和 DNA 分子标记，应用最为普遍，采用了诸如同工酶标记、RAPD 标记、ISSR 标记、SSR 标记、AFLP 标记等分析枇杷种质。华南农业大学等单位于 2011 年初和深圳华大基因研究院合作，作为"千种动植物基因组计划"的一部分，正式启动了"枇杷基因组计划"。目前已经知道栽培枇杷的基因组大小约为 750Mb。"枇杷基因组计划"的启动将填补枇杷属植物基因组研究的空白，对物种进化研究和种质资源的保护及改良具有重要意义。

7. 枇杷系列品种选育与区域化栽培关键技术研究应用 由福建省农业科学院果树研究所和四川省农业科学院园艺研究所等单位共同完成的科技成果"枇杷系列品种选育与区域化栽培关键技术研究应用"获 2010 年国家科技进步奖二等奖，针对枇杷产区狭小、生产上多采用实生树和地方品种、果小、产期短（产果期集中在 4～6 月份）、熟期不配套、栽培技术落后、单产低等问题，经协作攻关，取得如下成果：

（1）利用杂交育种技术选育出 8 个优良品种。即不同熟期、不同肉色、不同风味的系列品种——早钟 6 号、大五星、长红 3 号、龙泉 1 号、贵妃、香钟 11 号、粤引佳伶和粤引马可，全部通过品种审定、认定或鉴定。

（2）编制出农业部颁布的行业标准《农作物种质资源鉴定技术规程　枇杷》，并以此鉴定枇杷种质 435 份，发掘出包括无籽枇杷在内的 37 份优异种质用于育种或生产。利用细胞工程等技术创制原生质体植株、胚乳植株、四倍体枇杷（单籽或无籽）等 5 个种质新类型。

（3）研究出 5 个不同类型区的区域栽培"产期调节关键技术"，突破了制约枇杷鲜果一年四季上市的技术瓶颈。研究出 5 项枇杷栽培关键共性技术，提高了优质果率和生产效率。

通过"良种选育、品种搭配、区域组合、共性的关键栽培技术、区域栽培的产期调节关键技术"等良种良法技术体系的综合应用，大幅扩大枇杷栽培范围并提高单产、品质和生产效率，同时实现枇杷的鲜果周年供应。

◆ **主要参考文献**

蔡礼鸿 . 2000. 枇杷三高栽培技术 ［M］. 北京：中国农业大学出版社 .

胡又厘，林顺权 . 2002. 世界枇杷研究与生产 ［J］. 世界农业，273（1）：18 - 20.

邱武陵，章恢志 . 1996. 中国果树志：龙眼 枇杷卷 ［M］. 北京：中国林业出版社 .

危朝安 . 2009. 全面提升产业素质和市场竞争力，推进我国水果产业持续健康发展 ［J］. 中国果业信息，26（3）：1 - 5.

张婷婷，令桢民，赵旺生 . 2006. 枇杷的研究现状和应用前景 ［J］. 农产品加工·学刊，70（7）：50 - 52.

第 一 章

枇杷种质资源与研究

枇杷种质资源是枇杷的重要研究领域，我国在枇杷的起源和分布、分类原则和方法的研究，优良品种选育，以及种质资源的收集、保存和利用等方面都取得了较大成就。

第一节 枇杷起源和分类

枇杷起源于中国，枇杷向国外传播始于唐朝，如今已是在南北纬 20°～35°广泛栽培的世界性小水果。

一、枇杷起源与传播

最早以拉丁文学名命名枇杷的是瑞典人 Thunberg（1784），在他编著的《日本植物志》（Flora of Japonica）中，记载有枇杷，但当时尚无枇杷属的名称，于是将其列入欧楂属内，定名为 *Mespilus japoncia* Thunb.。至 1822 年，英国植物学家 John Lindley 重新整理 *Mespilus* 属植物，认为枇杷与欧楂不同，有另创一属的必要，于是将属名命名为 *Eriobotrya*（erio 为绒毛之意），仍保留其种名，此后称枇杷为 *Eriobotrya japonica*（Thunb.）Lindl.，该名沿用至今。因其学名为 *E. japonica*，顾名思义，不少果树学家及植物分类学家认为枇杷是日本原产，但实际上这是西方学者的误解。

许多古代文献记载所示（见绪论部分），枇杷原产于中国，连日本的学者也已承认这一点。虽然学术界已承认枇杷为中国原产，但原产地究竟在哪里，枇杷本身又是如何演化而来，仍不得而知。章恢志为考证栽培枇杷的起源，付出了不懈的努力。1963 年，他和助手调查湖北长阳原生枇杷，后因"文化大革命"而被迫中断。1984 年获中国科学院自然科学基金资助后，章恢志和他领导的课题组成员，开展了大规模的野外调查和系统的室内研究工作。他们先后对湖北省恩施州利川至长阳的清江流域、神农架林区、京山、阳新、房县，四川雅安地区、凉山州、甘孜州、乐山地区、宜宾地区，贵州遵义地区、黔南和黔西南州、安顺地区，云南大理州、德宏州、西双版纳州、保山地区、曲靖地区及昆明市郊，广西柳州地区和桂林地区，陕西汉中地区，甘肃陇南地区以及海南等野生枇杷分布较多的地区进行了广泛而系统的资源调查，重点地区进行了多次复查。在此期间，还查阅了 7 个研究所（院校）的近千份标本。另外，对栽培品种较多的浙江余杭、黄岩，福建莆田、福州，江苏吴县及安徽歙县等地多次做过品种调查工作。调查中，在川西大渡河中下游地区，发现有成片的栎叶枇杷和枇杷野生群落；并发现了一种近似于枇杷的枇杷属植物新类型大渡河枇杷（*E. prinoides* Rehd. et Wils. var. *daduheensis* H. Z. Zhang）。据从形态、花粉、同工酶等方面对其进行的较为详细而深入的研究，认为大渡河枇杷是枇杷属的一新变种，系统位置介于栎叶枇杷和枇杷之间，可能是枇杷的始祖植物。此外，在对贡嘎山地区的地理、气候和植被考察之后，章恢志等认为贡嘎山东南坡的大渡河中下游地区可能是枇杷的起源中心。

章恢志认为：中国枇杷的分布，基本上是顺着长江水系而传播的。自起源地以下，随着大江东去，先形成一大片枇杷原生地区，再通过千万里山山水水不同生态条件的沧桑历程，经过千万载岁岁年年不断变化的寒暑阴晴之日精月华，植物的种质不断地分化演变，在到达气候适宜、土质肥沃、经济发达的江苏、浙江、福建以后，逐渐形成了世界闻名的枇杷大产区（章恢志，1996）。此即所谓"长江传播学说"。在此学说提出以后，黄金松提出了补充意见，即原始枇杷从原生地区起始，除了顺着长江水系传播的演化途径以外，还有顺着珠江水系传播的另一条演化途径，第二条途径在福建与第一条途径汇合后，种质间进行交流，形成了福建丰富多彩的种质资源，即"长江珠江传播学说"（蔡礼鸿，2000）。

今天，世界上许多亚热带地区均有枇杷分布，但其栽培原种均直接或间接源自我国。

二、枇杷分布

1. 中国枇杷的自然地理分布 中国枇杷属植物有 14 个种和 1 个变种，现分布于长江流域及长江以南各省（自治区、直辖市）。各植物种或变种，均有其特定的分布区域。其中枇杷 *Eriobotrya japonica* （Thunb.）Lindl. 分布最为广泛。分布于甘肃、陕西、河南、江苏、安徽、浙江、上海、江西、湖北、湖南、四川、重庆、贵州、云南、西藏、广西、广东、福建、台湾、海南等 20 个省（自治区、直辖市），各地广行栽培。四川、贵州、湖北、湖南、广西、广东、浙江等省（自治区）的山地仍有野生者。大花枇杷 *E. cavaleriei* （Levl.）Rehd. 分布亦广，产于四川、贵州、湖北、湖南、江西、福建、广西、广东等地，现四川青城山、湖北星斗山等地仍可见野生者。台湾枇杷 *E. deflexa* （Hemsl.）Nakai 分布范围居第三，除台湾、海南外，广东、广西、云南东部亦有分布，现在海南尖峰岭仍可见。香花枇杷 *E. fragrans* Champ. 产于广东、广西、云南、西藏等地，现在云南龙陵小黑山仍可见野生者。栎叶枇杷 *E. prinoides* Rehd. et Wils. 分布于云南东南部和四川南部、西部，现在云南蒙自、四川汉源、石棉等地仍可见野生者。栎叶枇杷的变种大渡河枇杷 *E. prinoides* Rehd. et Wils. var. *daduheensis* H. Z. Zhang 分布于四川西部的石棉、汉源等地。麻栗坡枇杷 *E. malipoensis* Kuan 产于云南东南部靠近中越边境的麻栗坡。腾越枇杷 *E. tengyuehensis* W. W. Smith 产云南西部高黎贡山，现在腾冲狼牙山等地仍可见野生者。怒江枇杷 *E. salwinensis* Hand.-Mazz. 产云南西部高黎贡山。齿叶枇杷 *E. serrata* Vidal 产云南、广西，多分布于云南西双版纳及其附近，以南滚河自然保护区内较为常见。南亚枇杷窄叶变型 *E. bengalensis* （Roxb.）Hook. f. forma *angustifolia* 产云南中部，现在易门县大龙湫水源林内仍有零星分布。倒卵叶枇杷 *E. obovata* W. W. Smith 产于云南中部，现在安宁大瓜箐仍可见野生者。窄叶枇杷 *E. henryi* Nakai 产于云南东南部。小叶枇杷 *E. seguinii* （Levl.）Card. et Guillaumin 产于贵州西南部、云南东南部和广西西部。

椭圆枇杷 *E. elliptica* Lindl. 产西藏墨脱。此外，在山东临朐出土有大叶枇杷 *E. miojaponica* Hu et Chaney 化石（图 1-1）。

2. 国外枇杷传播区域　在国外，枇杷亦有一定分布。如日本的长崎、千叶、鹿儿岛等地，栽培都相当多，其原种皆系从中国传去。日本自古以来都没有枇杷的"和名"（即日本名称），不像把桃称为"momo"，梨称为"nashi"等，而是用枇杷的汉音"比波"来称呼；近代日语中，枇杷写成"ビワ"，读作biwa，亦为模仿汉语读音。据发现田中枇杷的田中芳男报道："枇杷非我国固有产品，自名称考之，乃自汉土传来者。"现在日本各地栽培的品种，均为中国枇杷的后代。如著名的品种茂木，乃日本老品种唐枇杷实生变异而来，而唐枇杷为日本人获得中国大枇杷种子，经育苗，栽培后所得；又如日本樱岛，更有许多枇杷老品种，如早唐枇杷、中唐枇杷和晚唐枇杷等。蔡礼鸿（2000）采用等位酶（Allozyme）技术对枇杷居群（其中浙江 16 个品种，日本 14 个品种）的遗传结构分析，更能从分子遗传水平佐证日本枇杷与中国枇杷的亲缘关系。试验结果表明，尽管日

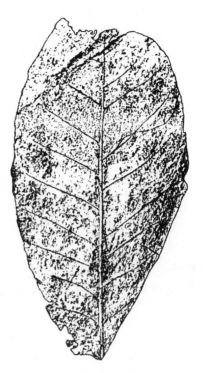

图 1-1　大叶枇杷（*Eriobotrya miojaponica*）化石

本枇杷和浙江枇杷的 30 个品种当中，每个品种都有自己独特的基因型，但两居群的相关基因频率却完全相同，即日本枇杷与浙江枇杷的居群遗传距离为 0.000，遗传相似系数为 1.000，在聚类图上两者理所当然地首先相聚。大量研究结果表明，两个亲缘越近的居群或种类，在所有位点上的所有等位基因频率越相近，遗传相似系数越接近 1；两个亲缘关系越远的种类，在所有位点上的所有等位基因频率差别越大，遗传相似系数越接近 0（王中仁，1996）。该研究结果显示日本枇杷和浙江枇杷的亲缘关系极为密切。浙江是我国重要的枇杷产区，以果大质优闻名于世，唐代以来即有贡品。又浙江与日本之间自古经济文化交流就甚为密切，如日本主栽的温州蜜柑即是由浙江引进后经培育所得。故由该研究结果，结合历史地理情况，可以进一步确认日本枇杷系由中国引进，而且很可能是从浙江引进。印度北方自古也栽培枇杷，当是从中国引种去，18 世纪由印度引种到地中海地区。据 Bagot（1820）称，枇杷引入欧洲最早是 1784 年，当时法国引种枇杷栽培在巴黎国家植物园。1787 年英国由中国广东引种枇杷栽培于皇家植物园内。以后枇杷又从欧洲传入西印度群岛和百慕大群岛，在那里制造出一种甜酒 liquetlr 成为名产。枇杷引入美国的确切年月不详，佛罗里达州可能更早于加利福尼亚州，约在 1870 年，系从欧洲引去。另有报道称，枇杷于 1889 年从日本传入加利福尼亚州，但一般作为观赏植物。

目前世界上枇杷以中国及西班牙栽培最多。其次分布在巴基斯坦、土耳其和日本，再次为印度北部及地中海沿岸诸国，如摩洛哥、意大利、以色列、希腊、葡萄牙、埃及和阿

尔及利亚等国，以及法国南部。此外，澳大利亚和泰国亦有栽培。美国则产于太平洋及大西洋沿岸的加利福尼亚州和佛罗里达州。此外，智利、墨西哥和阿根廷及巴西南部亦有栽培。在格鲁吉亚、亚美尼亚等地有少量栽培。

　　总之，世界各国的栽培枇杷，有的直接从中国引去，有的间接从日本或印度引去。但究其原种，则皆出自中国。中国无疑是全世界栽培枇杷的发祥地。

三、枇杷分类

　　枇杷属（*Eriobotrya*）隶属于蔷薇科（Rosaceae）苹果亚科（Maloideae）（图 1-2），是重要的亚热带常绿果树和经济植物。

　　枇杷属形态特征为：常绿乔木或灌木；单叶互生，边缘有锯齿或近全缘，羽状网脉，通常有叶柄或近无柄，托叶多早落；花两性；呈顶生圆锥花序，常被茸毛；萼筒杯形或倒圆锥形，萼片 5，宿存；花瓣 5，倒卵形或圆形，无毛或有毛，芽时呈卷旋状或覆瓦状排列；雄蕊 10～40；花柱 2～5，基部合生，常被毛；子房下位，合生、2～5 室，每室有 2

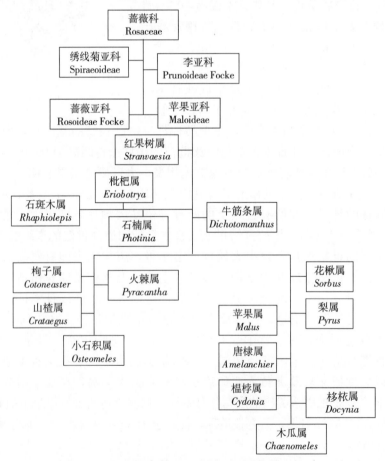

图 1-2　蔷薇科植物系统进化与枇杷属分类地位示意
(引自祁承经和汤庚国，2005)

胚珠；梨果肉质或干燥，内果皮膜质，有 1 或数粒大型种子。

1822 年，英国植物学家 John Lindley 称枇杷为 *Eriobotrya japonica*（Thunb.）Lindl.，该名沿用至今。继 Lindley 之后，Focke（1888）、Rehd. & Wils.（1912）、Nakai（1924）、陈嵘（1937）、Vidal（1965）以及关克俭（1974）、俞德浚（1979）等陆续进行了枇杷属植物分类的研究工作。

枇杷属植物约有 30 种，分布于亚洲温带和亚热带地区。《中国植物志》（1974）记载中国产 13 种。近年又有新的发现，如 1980 年在西藏墨脱发现有椭圆枇杷（*E. elliptica* Lindl.），1985 年四川汉源、石棉首次发现了大渡河枇杷（*E. prinoides* Rehd. et Wils. var. *daduheensis* H. Z. Zhang）。兹将关克俭（1974）关于中国原产的 15 个种（变种）分类列表如下。

枇杷属（*Eriobotrya*）分种检索表

1. 幼叶背面有疏柔毛或茸毛，老时多不脱落。
 2. 叶边有疏锯齿或波状齿，近基部全缘。
  3. 叶边有疏锯齿。
   4. 叶片披针形、倒卵形或椭圆长圆形，长 12~30cm，宽 3~9cm，正面多皱，背面密生灰棕色茸毛。
    5. 叶柄长 0.2~0.8cm，花柱 5，果大 2.0~5.0cm，味甜或甜酸，可食…………………………
    ……………………………………… 1. 枇杷 *E. japonica*（Thunb.）Lindl.
    5. 叶柄长 1.0~2.5cm，花柱 3~4，果大 1.5~3.0cm，味苦涩，不堪食用 …………………
    ……………………………… 2. 大渡河枇杷 *E. prinoides* Rehd. et Wils. var. *daduheensis* H. Z. Zhang
   4. 叶片长圆形至长圆倒卵形，长 30~40cm，宽 10~15cm，正面无皱，背面密生锈色茸毛；花柱 3~5 ………………………… 3. 麻栗坡枇杷 *E. malipoensis* Kuan
  3. 叶边有波状齿，叶片背面密生灰色茸毛；叶片长圆形或椭圆形。稀卵形，长 7~15cm，宽 3.5~7.5cm；花柱 2，稀为 3 ……………… 4. 栎叶枇杷 *E. prinoides* Rehd. & Wils.
 2. 叶边中部以上有 4~10 疏锯齿，中部以下全缘。
   6. 叶片背面有棕色柔毛，老时脱落近无毛；有花梗；花瓣较大，先端全缘 …………………
   …………………………………… 5. 腾越枇杷 *E. tengyuehensis* W. W. Smith
   6. 叶片背面有黄色长柔毛老时亦不脱落；有或无花梗；花瓣较小，先端截形，微缺或二裂 ……………………………… 6. 怒江枇杷 *E. salwinensis* Hand.-Mazz.
1. 幼叶背面有棕色或橙黄色茸毛，老时多脱落近无毛。
 7. 叶边在中部以上有不明显疏锯齿，中部以下全缘；花梗长 2~5mm ………………………
 …………………………………………… 7. 香花枇杷 *E. fragrans* Champ.
 7. 叶边全部有锯齿。
  8. 叶柄长 1.5cm 或更长。
   9. 叶片倒卵形或倒披针形。
    10. 叶片长 9~23cm，宽 3.5~13cm；无花梗；花柱 3~4 ……… 8. 齿叶枇杷 *E. serrata* Vidal
    10. 叶片长 5~15cm，宽 2~6cm；花梗长 2~4mm；花柱 2~3 …………………………
    ………………………………… 9. 倒卵叶枇杷 *E. obovata* W. W. Smith
   9. 叶片长圆形、椭圆形、长圆披针形或披针形。
    11. 叶边有深刻尖锐锯齿；叶柄长 2~4cm；总花梗和花梗有茸毛 ………………………

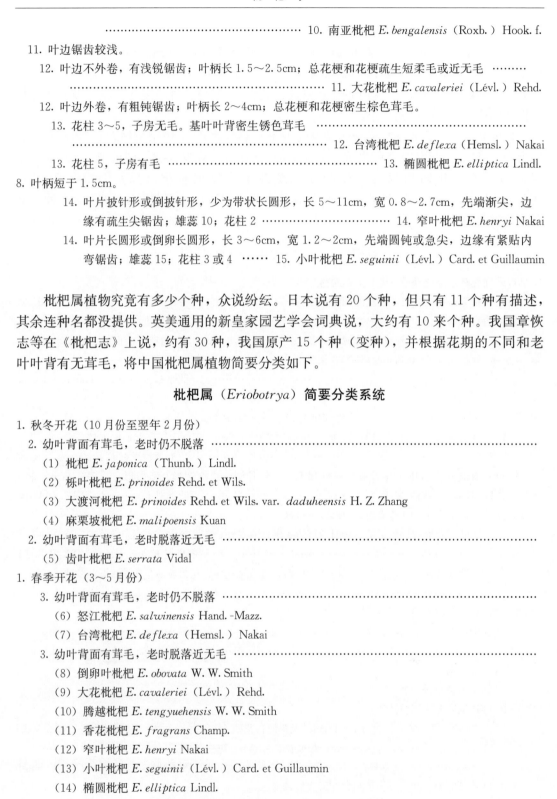

·· 10. 南亚枇杷 *E. bengalensis*（Roxb.）Hook. f.

11. 叶边锯齿较浅。

  12. 叶边不外卷，有浅锐锯齿；叶柄长 1.5～2.5cm；总花梗和花梗疏生短柔毛或近无毛 ········

··· 11. 大花枇杷 *E. cavaleriei*（Lévl.）Rehd.

  12. 叶边外卷，有粗钝锯齿；叶柄长 2～4cm；总花梗和花梗密生棕色茸毛。

    13. 花柱 3～5，子房无毛。基叶叶背密生锈色茸毛 ·······································

··· 12. 台湾枇杷 *E. deflexa*（Hemsl.）Nakai

    13. 花柱 5，子房有毛 ··· 13. 椭圆枇杷 *E. elliptica* Lindl.

8. 叶柄短于 1.5cm。

      14. 叶片披针形或倒披针形，少为带状长圆形，长 5～11cm，宽 0.8～2.7cm，先端渐尖，边

        缘有疏生尖锯齿；雄蕊 10；花柱 2 ·· 14. 窄叶枇杷 *E. henryi* Nakai

      14. 叶片长圆形或倒卵长圆形，长 3～6cm，宽 1.2～2cm，先端圆钝或急尖，边缘有紧贴内

        弯锯齿；雄蕊 15；花柱 3 或 4 ······ 15. 小叶枇杷 *E. seguinii*（Lévl.）Card. et Guillaumin

枇杷属植物究竟有多少个种，众说纷纭。日本说有 20 个种，但只有 11 个种有描述，其余连种名都没提供。英美通用的新皇家园艺学会词典说，大约有 10 来个种。我国章恢志等在《枇杷志》上说，约有 30 种，我国原产 15 个种（变种），并根据花期的不同和老叶叶背有无茸毛，将中国枇杷属植物简要分类如下。

枇杷属（*Eriobotrya*）简要分类系统

1. 秋冬开花（10 月份至翌年 2 月份）

  2. 幼叶背面有茸毛，老时仍不脱落 ···

    （1）枇杷 *E. japonica*（Thunb.）Lindl.

    （2）栎叶枇杷 *E. prinoides* Rehd. et Wils.

    （3）大渡河枇杷 *E. prinoides* Rehd. et Wils. var. *daduheensis* H. Z. Zhang

    （4）麻栗坡枇杷 *E. malipoensis* Kuan

  2. 幼叶背面有茸毛，老时脱落近无毛 ···

    （5）齿叶枇杷 *E. serrata* Vidal

1. 春季开花（3～5 月份）

    3. 幼叶背面有茸毛，老时仍不脱落 ···

    （6）怒江枇杷 *E. salwinensis* Hand. -Mazz.

    （7）台湾枇杷 *E. deflexa*（Hemsl.）Nakai

    3. 幼叶背面有茸毛，老时脱落近无毛 ···

    （8）倒卵叶枇杷 *E. obovata* W. W. Smith

    （9）大花枇杷 *E. cavaleriei*（Lévl.）Rehd.

    （10）腾越枇杷 *E. tengyuehensis* W. W. Smith

    （11）香花枇杷 *E. fragrans* Champ.

    （12）窄叶枇杷 *E. henryi* Nakai

    （13）小叶枇杷 *E. seguinii*（Lévl.）Card. et Guillaumin

    （14）椭圆枇杷 *E. elliptica* Lindl.

    （15）南亚枇杷窄叶变型 *E. bengalensis*（Roxb.）Hook. f. *angustifolia*（Card.）Vidal

但是对于采用此种方法对枇杷属进行分类，不同的学者存在不同的看法。例如，王永清等（2010）对属春季开花的窄叶枇杷、台湾枇杷恒春变种、广西枇杷和香花枇杷，以及属秋冬开花的栎叶枇杷、大渡河枇杷和普通枇杷中的 33 个品种（系）进行 ISSR 分子标记，结果显示在所选用的 20 条引物中未能发现春季开花或秋冬开花的特异标记。从而认为开花时期不宜作为枇杷属分类的依据。但是对于 DNA 分子标记而言，若两材料的结果有不同，则可认为两材料在遗传上是不同的，两者是不同的东西，但若结果相同，则不能认为其遗传是相同的，两者是相同的东西，因为有可能选用的引物不够多，没有能够找出两者的差异。可以认为，开花时期是由基因决定的，问题是如何找到相关的调控基因。当我们进行不同水平的系统与进化研究时，只有选择那些各类群有同又有不同的遗传性状来衡量它们之间的相互关系才有意义，如果这个性状特征都一样，或者都不同，它就失去了衡量类群间关系远近的能力。

对于大渡河枇杷的分类地位也存在一定的分歧意见。一种观点认为大渡河枇杷是普通枇杷的始祖。这是建立在大渡河枇杷的生物学形态特征、花特征和同工酶分析的基础上，结合贡嘎山东南坡的地理位置和气候特点做出的初步推断，认为大渡河枇杷的系统位置处于栎叶枇杷和普通枇杷之间，且偏向于栎叶枇杷（李朝銮，1988）。另一种观点则认为，大渡河枇杷可能作为一个独立种存在（谷绛芝，1987），它来源于普通枇杷与栎叶枇杷的杂种。据蔡礼鸿（2000）对 11 种同工酶的等位酶的分析结果，尚不能证明大渡河枇杷的杂种位置，大渡河枇杷有自己独特的基因型和等位基因，如 $Est-2^b$、$Est-3^b$ 两个等位基因既不存在于普通枇杷中，也不存在于栎叶枇杷中，而只存在于大渡河枇杷中，为大渡河枇杷所独有。蔡礼鸿（2000）认为应尊重已故分类学家李朝銮的意见，为保留其作为一个栽培作物近缘分类群的重要位置不被归并，仍以栎叶的变种为好，这至少要维持到对大渡河枇杷进行了充分研究，从更深层次弄清了其庐山真面目，确定其不应处于该地位之前。

关于枇杷属植物的分类乃至系统学，近年取得了一定的研究成果。杨向晖（2005）用 RAPD 和 AFLP 分子标记将 18 种国产枇杷属植物聚类，认为传统分类方法不能完全反映枇杷属植物种间的亲缘关系，并认为大渡河枇杷起源于普通枇杷和栎叶枇杷的杂种的可能性非常大。李平（2007）综合分析蔷薇科苹果亚科枇杷属及其近缘属国产的 19～21 种植物叶绿体基因组的 $rbcL$、$trnL-F$ 基因以及核基因组的 ITS、Adh 基因序列，得出枇杷属植物分子系统发生树。认为枇杷系统树分为两大支：小叶枇杷与窄叶枇杷组成第一支，处于枇杷属植物系统发育的基础类群的位置，属于系统发育相对较为原始的种类；另一支又分为 4 个亚支，大花枇杷和香花枇杷组成亚支 A，栎叶枇杷、大渡河枇杷和普通枇杷组成亚支 B，椭圆枇杷和南亚枇杷窄叶变型组成亚支 C，齿叶枇杷、广西枇杷、台湾枇杷、台湾枇杷恒春变型组成亚支 D。李桂芬（2011）通过染色体核型分析，基因组原位杂交和远缘杂交，基本上印证了前人根据分子标记和形态解剖学所建立的枇杷属植物的分类系统，鼓励人们采用"三个水平"或"三个层次"的技术，对所有枇杷属植物进行研究，以期建立起完善的枇杷属植物系统分类。该研究所采用的三种实验方法取得的共同结果是，栎叶枇杷、大渡河枇杷和普通枇杷具有很近的亲缘关系，这与前人的报道一致。但是，核型分析结果不能使栎叶枇杷、大渡河枇杷和普通枇杷聚到同一类。研究说明普通枇杷和栎叶枇杷、普通枇杷和大渡河枇杷之间没有亲子关系，不支持普通枇杷和栎叶枇杷、普通枇杷和大渡河枇杷互为亲本和杂交后代的假设，而推测大渡河枇杷是杂种起源，栎叶枇杷是大渡河枇杷的亲本之一。并且认为，如果研究得好，可以为了解枇杷属植物的演化史打开缺口。此认识表明李桂芬已经认同李朝銮先生（1988）所言，抓住大渡河枇杷，从分子水平上加以深入研究，"也许可望真正解决枇杷的起源问题"。

根据林顺权和杨向晖等的研究，初步确定枇杷属植物共约 22 个种、10 个变种，大部分分布于我国南方，其他分布于东南亚（表 1-1），其中原产于中国的有 21 个种（包括变种和变型）（表 1-2）。

表 1-1　枇杷属下种和变种及变型（林顺权，杨向晖）

序号	种（变种及变型）	典型分布区
1	E. angustissima Hook. f.	老挝；越南南部
2	E. bengalensis (Roxb.) Hook. f.	中国西南
3	E. bengalensis f. angustifolia (Card.) Vidal	中国云南
4	E. bengalensis f. contract Vidal	越南；中国云南
5	E. bengalensis f. intermedia Vidal	中国云南
6	E. cavaleriei (Lévl.) Rehd.	中国广东
7	E. deflexa Nakai	中国台湾
8	E. deflexa var. buisanensis Nakai	中国台湾
9	E. deflexa var. koshunensis Nakai	中国台湾
10	E. elliptica Lindl.	中国西藏
11	E. elliptica var. petelottii Vidal	越南
12	E. elliptica f. petiolata	中国西藏
13	E. fragrans Champ.	中国广东
14	E. fragrans var. furfuracea Vidal	越南
15	E. henryi Nakai	中国云南
16	E. hookeriana Decne	中国西藏
17	E. japonica Lindl.	亚洲和地中海地区
18	E. kwangsiensis Chun	中国广西
19	E. latifolia Hook.	东南亚
20	E. macrocarpa Kurz	缅甸
21	E. malipoensis Kuan	中国云南
22	E. obovata W. W. Smith	中国云南
23	E. philippinensis Vidal	菲律宾

（续）

序号	种（变种及变型）	典型分布区
24	*E. poilanei* Vidal	越南
25	*E. prinoides* Rehd. et Wils.	中国云南
26	*E. prinoides* var. *laotica* Vidal	老挝
27	*E. prinoides* var. *daduheensis* H. Z. Zhang	中国四川
28	*E. salwinensis* Hand.-Mazz.	中国云南
29	*E. seguinii* Card	中国广西
30	*E. serrata* Vidal	中国云南
31	*E. stipularis* Craib	柬埔寨
32	*E. tengyuehensis* W. W. Smith	中国云南

表 1-2　原产我国的 21 个种和变种及变型（林顺权，杨向晖）

序号	种（变种及变型）	中文名	英文名
1	*E. bengalensis* Hook. f.	南亚枇杷	Bengal Loquat
2	*E. bengalensis* f. *intermedia* Vidal	四柱变型	Intermediate Bengal Loquat
3	*E. bengalensis* f. *angustifolia* Vidal	窄叶变型	Narrowleaf Bengal Loquat
4	*E. cavaleriei*（Lévl.）Rehd.	大花枇杷	Bigflower Loquat
5	*E. deflexa* Nakai	台湾枇杷	Taiwan Loquat
6	*E. deflexa* var. *buisanensis* Nakai	武葳山变种	Wuweishan Loquat
7	*E. deflexa* var. *koshunensis* Nakai	恒春变种	Kokshun Loquat
8	*E. elliptica* Lindl.	西藏枇杷	Tibet Loquat
9	*E. fragrans* Champ.	香花枇杷	Fragrant Loquat
10	*E. japonica* Lindl.	普通枇杷	Loquat
11	*E. henryi* Nakai	窄叶枇杷	Henry Loquat
12	*E. hookeriana* Decne	胡克尔枇杷	Hookiana Loquat
13	*E. kwansiensis* Chun	广西枇杷	Guangxi Loquat
14	*E. malipoensis* Kuan	麻栗坡枇杷	Malipo Loquat
15	*E. obovata* W. W. Smith	倒卵叶枇杷	Obovate Loquat
16	*E. prinoides* Rehd. et Wils.	栎叶枇杷	Oakleaf Loquat
17	*E. prinoides* var. *daduheensis* H. Z. Zhang	大渡河枇杷	Daduhe Loquat
18	*E. seguinii* Card	小叶枇杷	Seguin Loquat

（续）

序号	种（变种及变型）	中文名	英文名
19	*E. salwinensis* Hand. -Mazz.	怒江枇杷	Salwin Loquat
20	*E. serrate* Vidal	齿叶枇杷	Serrata Loquat
21	*E. tengyuehensis* W. W. Smith	腾越枇杷	Tengyue Loquat

第二节　枇杷属植物种的描述

1. 枇杷 *Eriobotrya japonica*（Thunb.）Lindl.　别名卢橘。常绿小乔木，高 6～10m。树皮灰褐色。新梢密被锈色茸毛。叶片革质，披针形、倒披针形、倒卵形至长椭圆形，长 12～30cm，宽 3～9cm，先端急尖或渐尖，基部楔形；上部叶缘有疏锯齿，基部全缘，叶面光亮多皱，背面密被锈色茸毛；主脉及侧脉明显；叶柄甚短。圆锥花序顶生，长10～20cm；花直径 1～2cm；总花梗及花梗密被锈色茸毛；雄蕊 20，花柱 5；子房 5 室，每室有 2 胚珠。果实扁圆至长圆形，直径 2～5cm，淡黄色至橙红色；有种子 2～6，长 1～1.5cm，种皮暗褐色。2n－34。花期 10～12月；果期 5～6月（图 1-3）。

枇杷是美丽的观赏果树。果味甘酸，供生食、制罐、做蜜饯和酿酒等；叶晒干去毛，可供药用，有化痰止咳、和胃降气之效。

2. 麻栗坡枇杷 *Eriobotrya malipoensis* Kuan　常绿乔木，高 10～15m；枝粗壮，被锈色茸毛。叶片革质，长圆形至长圆倒卵形，长 30～40cm，宽 10～15cm，先端急尖，基部渐狭，边缘有疏生波状锯齿，叶面光亮无毛，叶背面密被锈色茸毛，中脉粗壮。侧脉 20～25 对，叶柄约长 1cm，密被锈色茸毛。圆锥花序顶生，总花梗和花梗密被锈色茸毛；花直径约 1cm。萼筒杯状，外面被锈色茸毛，内面无毛；花瓣白色，内面被锈色柔毛，外面无毛，基部有短爪；雄蕊 20；花柱 3～5，离生，被柔毛，子房顶端被柔毛。果实未见。生长于海拔 1 200～1 500m 山谷密林中。

3. 栎叶枇杷 *Eriobotrya prinoides* Rehd. et Wils.　栎叶枇杷（原变种，别名红籽、苦樱

图 1-3　枇杷与窄叶枇杷

1～5. 枇杷（1. 花枝　2. 花
3. 花纵剖面　4. 子房横剖面
5. 果实）　6～9. 窄叶枇杷
（6. 花枝　7. 花纵剖面　8. 幼果
9. 幼果横剖面）（仿吴彰桦）

桃）*E. prinoides* Rehd. et Wils. var. *prinoides*（图1-4）。

常绿小乔木，高4～10m；小枝灰褐色，幼时被茸毛，以后脱落近于无毛。叶片革质，长圆形或椭圆形，稀卵形，长7～15cm，先端急尖稀圆钝，基部楔形，边缘具疏生波状齿，近基部全缘，叶面光亮，初被柔毛，后近无毛，叶背面密被灰色茸毛，侧脉10～12对，下面隆起，中脉及侧脉近无毛；叶柄长1.5～3cm，被棕灰色茸毛。圆锥花序顶生，长6～10cm，总花梗和花梗被灰棕色茸毛；花柱2稀3，离生或中部合生，子房顶端被柔毛。果实卵形，暗褐色，直径6～7mm。果味苦涩。种子1～2颗。生长于河旁或湿润密林中，海拔800～1 700m，可作枇杷砧木。

4. 大渡河枇杷 *E. prinoides* Rehd. et Wils. var. *daduheensis* H. Z. Zhang 别名大红籽。大渡河枇杷和栎叶枇杷原变种的主要区别在于，前者叶缘大多锯齿状，稀波状，叶长10～24cm，总花梗和花梗茸毛为锈色，花柱3～4稀5。果实直径

图1-4　栎叶枇杷与台湾枇杷
1～4. 栎叶枇杷　5～6. 台湾枇杷
（1、5. 花枝　2、6. 花纵剖面　3、7. 果实
4、8. 果实横切面）（仿吴彰桦）

1.5～3cm，花及种子均较大（图1-5）。生长于山坡、河边的杂木林中，海拔800～1 200m，可作枇杷砧木。

5. 腾越枇杷 *Eriobotrya tengyuehensis* W. W. Smith 常绿乔木，高达18m；小枝粗壮，暗灰色，幼时密被锈色茸毛，以后脱落近于无毛。叶片集生小枝顶端，革质，长圆形、椭圆形或近倒卵形，长10～17cm，先端渐尖，基部宽楔形或近圆形，边缘中部以上具少数疏生尖齿，中部以下全缘，叶背面被棕色柔毛，老时脱落无毛；中脉凸起，侧脉10～18对，网脉明显；叶柄长2～3.5cm。圆锥花序顶生，长10～12cm，总花梗及花梗密被棕黄色茸毛；花瓣乳黄色，倒卵形，长约8mm，先端圆钝或微缺，无毛；花柱2或3。果实近球形，直径约7mm，密被棕黄色茸毛（图1-6）。生长于山坡杂木林中，海拔1 700～2 500m。

6. 怒江枇杷 *Eriobotrya salwinensis* Hand. -Mazz. 常绿小乔木；小枝粗壮，幼时密被棕色茸毛，以后逐渐脱落。叶片厚革质，倒卵披针形，长10～20cm，先端渐尖，基部楔形，有时近圆形，边缘先端1/4每侧有4～10浅锯齿，叶背面被黄色长柔毛；侧脉10～20对并有明显网脉；叶柄肥厚，长2～3cm。圆锥花序长达15cm，总花梗及花梗密被棕色茸毛；花瓣乳黄色，倒卵形，长5mm，先端截形，微缺或2裂，被黄色柔毛；花柱2。

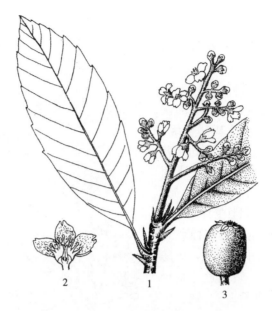

图 1-5　大渡河枇杷

1. 叶及花序　2. 花　3. 果

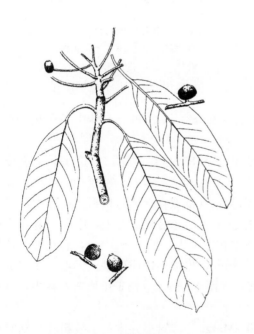

图 1-6　腾越枇杷

图 1-7　怒江枇杷

果实球形，直径约 15mm，肉质，具颗粒状突起，基部和顶端被棕色柔毛。种子 1 颗（图 1-7）。生长于亚热带季雨阔叶林中，海拔 1 600～2 400m。

7. 香花枇杷 *Eriobotrya fragrans* Champ.　常绿小乔木或灌木，高可达 10m；小枝粗

壮，幼时密被棕色茸毛，不久脱落无毛。叶片长椭圆形，长 7～15cm，先端急尖或渐尖，基部楔形或渐狭，边缘在中部以上具不明显疏锯齿，中部以下全缘，幼时两面密被短茸毛，不久脱落两面无毛；叶柄长 1.5～3cm。顶生圆锥花序，长 7～9cm。总花梗及花梗密被锈色茸毛；花梗长 2～5mm。果实球形，直径 1～2.5cm，表面具颗粒状突起并被茸毛和反折宿存萼片（图 1-8）。生长于山坡丛林中，海拔 800～850m。

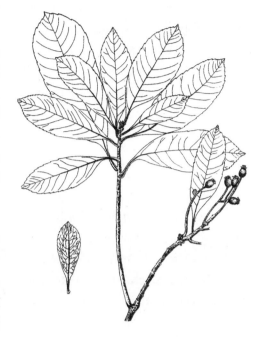

图 1-8　香花枇杷

8. 齿叶枇杷 _Eriobotrya serrata_ Vidal

别名南亚枇杷。常绿乔木，高 10～20m；小枝黄褐色，幼时密生茸毛，后脱落无毛。叶片革质，倒卵形或倒披针形，长 9～23cm，宽 3.5～13cm，先端圆钝或急尖，基部圆钝或急尖，基部渐狭，边缘有内弯锯齿，间隔 6～8mm，叶面光亮，两面皆无毛，中脉在两面突出，侧脉 10～16 对；叶柄长 1.5～3cm，无毛。圆锥花序顶生，直径达 8cm，分枝和总花梗粗壮，密生黄色茸毛，无花梗；花多数，较密生，直径 8～10mm；萼筒杯状，长 3～4mm，外面密生黄色茸毛；萼片卵形，长 2～2.5mm，外面密生黄色茸毛，内面无毛；花瓣白色，倒卵形，长 3～3.5mm，顶端微缺，基部有柔毛；雄蕊 20；花柱 3～4，稀 2 或 5，基部有柔毛；子房顶端有柔毛。果实卵球形或梨形，长 1.5～1.8cm，绿色，顶端有宿存萼片（图 1-9）。生长于山坡林中，海拔 1 080～1 900m。

9. 倒卵叶枇杷 _Eriobotrya obovata_ W. W. Smith　别名云南枇杷（图 1-10）。乔木，高约 10m；小枝粗壮，暗灰色，初生锈色茸毛，后脱落无毛。叶片革质，倒卵形或倒披针形，长 5～15cm，宽 2～6cm，先端圆形或短渐尖，基部楔形，边缘有尖锐内弯锯齿，间隔约 5mm，近基部全缘，叶面光亮或近光亮，两面皆无毛，中脉在两面隆起，侧脉 10～14 对；叶柄长 1.5～3cm，无毛。圆锥花序顶生、开展，长 6cm，总花梗、花梗及花萼皆密生棕色茸毛；花梗粗壮，长 2～4mm；花直径 1～1.5cm；萼筒杯状，长 3～5mm，萼片三角卵形，长 3～4mm；花瓣白色，倒卵形，长 5～7mm，先端圆钝或微缺，基部具短爪，并有棕色茸毛；雄蕊 20，较花瓣短；花柱 2～3，约与雄蕊等长，中部以下有白色长柔毛。果实未见。生长于山坡丛林中。

10. 南亚枇杷 _Eriobotrya bengalensis_ (Roxb.) Hook. f.　别名云南枇杷、光叶枇杷。南亚枇杷（原变种）[_E. bengalensis_ (Roxb.) Hook. f. forma _bengalensis_]。常绿乔木，高可达 10m 以上。叶片长圆形、椭圆形或披针形，长 10～20cm，宽 4～8cm，基部楔形，边缘有深刻尖锐锯齿，叶面光亮，两面皆无毛，侧脉约 10 对；叶柄长 2～4cm。花成展开的圆锥花序，长和宽 8～12cm，有茸毛；花梗长 3～5mm；萼筒长 2～3mm，外面有茸毛，萼片长 1mm，钝或稍锐；花瓣白色，倒卵形或近圆形，长 4～5mm，顶端圆形或微缺，无毛或内面基部有柔毛；雄蕊约 20；花柱 2～3，基部有毛；子房顶端具毛。果实卵球形，直径 10～15mm。有 1～2 个大球形种子。生长于亚热带常绿阔叶林，海拔1 000～1 900m。

南亚枇杷窄叶变型〔*E. bengalensis* (Roxb.) Hook. f. forma *angustifolia* (Card.) Vidal〕：叶片披针形，长 7～12cm，宽2～3.5cm，边缘有深牙齿；花朵密集。生长于山坡杂木林中。

11. 大花枇杷 *Eriobotrya cavaleriei* (Lévl.) **Rehd.**，*E. grandiflora* **Rehd. et Wils.**，*E. brackloi* **Hand. - Mazz.** 别名山枇杷（图 1 - 9）。常绿乔木，高4～10m；小枝粗壮，棕黄色，无毛。叶集生枝顶，长圆形、长圆披针形或长圆倒披针形，长 7～18cm。先端渐尖，基部渐狭，边缘具稀疏内曲浅锐锯齿，近基部全缘，两面无毛；叶柄长 1.5～2.5cm。圆锥花序顶生，总花梗和花梗被稀疏短柔毛，花梗粗壮，长 3～10mm；花直径 1.5～2.5cm，白色，花柱 2～3。

图 1 - 9 齿叶枇杷、大花枇杷与小叶枇杷
1～3. 大花枇杷 (1. 花枝 2. 花 3. 果实)
4～6. 齿叶枇杷 (4. 花枝 5. 花 6. 果实)
7～9. 小叶枇杷 (7. 花枝 8. 花 9. 果实)
（仿吴彰桦绘）

果实椭圆形或近球形，直径 1～1.5cm。橘红色，肉质，具颗粒状突起。无毛或微被柔毛，顶端有反折宿存萼片。生长于山坡、河边的杂木林中。果味酸甜，可生食，也可酿酒。

12. 台湾枇杷 *Eriobotrya deflexa* (Hemsl.) **Nakai** 别名台广枇杷、山枇杷、赤叶枇杷（图1-4）。乔木，高 5～12m；小枝粗壮，幼时被棕色茸毛，以后脱落近无毛。叶片集生小枝顶端，卵状长圆形至椭圆形，长 10～19cm，先端短尾尖或渐尖，基部楔形，边缘微向外卷，具稀疏不规则内弯粗钝锯齿，初两面被短茸毛，不久叶面茸毛脱落，而叶背面仍密被锈色茸毛，故称"赤叶枇杷"。叶柄长 2～4cm，无毛。圆锥花序顶生，长 6～8cm；总花梗和花梗均密被棕色茸毛，花梗长 6～12mm；花直径 15～18mm，白色。花柱 3～5。果实近球形，直径1.2～2cm，黄红色，无毛。种子1～2颗。生长于山坡或山谷阔叶杂木林中，海拔1 000～1 800m。果实味甘美，含水分多，有治愈热病之效，在高温多雨之地，可作枇杷的砧木。

13. 椭圆枇杷 *Eriobotrya elliptica* **Lindl.** 常绿小乔木，高可达 10m；小枝粗壮，无毛。叶革质，长圆形至长圆披针形，稀长圆倒披针形，先端渐尖或短尾尖，基部楔形，稀近圆形，叶长 18～25cm，宽 8～9cm；叶两面均无毛，侧脉 15～20 对，上面微陷，下面突起。叶柄长 2～4cm，无毛。圆锥花序顶生，密被茸毛；花近无梗，萼片三角形，有短筒，外被茸毛，花瓣圆形或椭圆形，基部被毛；雄蕊 20。花柱 5。子房被毛。果实倒卵形或近球形，直径 8～12cm。生长于常绿阔叶林中，海拔 1 500～1 800m。

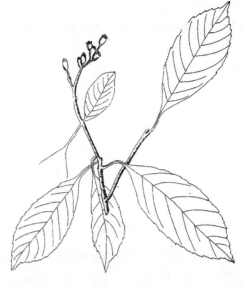

图 1-10　倒卵叶枇杷

14. 窄叶枇杷 *Eriobotrya henryi* Nakai　灌木或小乔木，高可达 7m；小枝纤细，灰色，幼时被茸毛，不久脱落无毛。叶片革质，披针形或倒披针形，稀线状长圆形，长 5～11cm，先端渐尖，基部楔形或渐狭，边缘有疏生尖锯齿；嫩时两面被锈色茸毛，不久脱落两面无毛；叶柄长 0.5～1.3cm。圆锥花序顶生，长 2.5～4.5cm，总花梗和花梗密被锈色茸毛。花梗长 2～4mm；花直径 15～18mm，白色。雄蕊 10。花柱 2。果实卵形，长 7～9mm，外被锈色茸毛，顶端有反折宿存萼片。种子 1～2 颗（图 1-3）。生长于山坡稀疏灌木林中，海拔 1 800～2 000m。

15. 小叶枇杷 *Eriobotrya seguinii*（Lévl.）Card. et Guillaumin　别名贵州枇杷（图 1-9）。常绿灌木，高 2～4m；小枝棕灰色，无毛。叶片革质，长圆形或倒卵长圆形，长 3～6cm，先端圆钝或急尖，基部渐狭，下延或窄翅状短叶柄，边缘有紧贴内弯锯齿，下面幼时被长柔毛，以后脱落；叶柄长 1～1.5cm，无毛。圆锥花序或总状花序，顶生，少花或多花，长 1～4cm，密被锈色茸毛；花直径约 5mm；雄蕊 15。花柱 3～4。果实卵形，约长 1cm，紫黑色，微被柔毛。生长于山坡林中，海拔 500～1 500m。

第三节　枇杷主要栽培品种

枇杷分布广泛，栽培历史悠久，经过国内外枇杷工作者长期的品种改良和新品种选育，形成了大量优良栽培品种、株系和单株。

一、产区分布

目前，我国枇杷产量占世界总产量的 70% 以上。我国枇杷的分布遍及北纬 33.5°以南的 20 个省、自治区、直辖市，北起陕西中部，南至海南岛，东至台湾，西至西藏东部都有枇杷栽培，按现有生产状况，可划分为 4 个产区。

（一）东南沿海产区

东南沿海产区为我国较早形成并开展经济栽培的重要产区，包括江苏、浙江和上海。

该产区东靠大海，西侧大部有山，境内多为平原，气候温和，雨量充沛。主要品种有软条白沙、照种白沙、青种、大红袍、洛阳青、白玉等。浙江有 50 多个县（市）栽培枇杷，以杭州塘栖枇杷最有名，栽培历史最为悠久；台州的黄岩、宁海、临海、温岭是目前浙江省枇杷栽培面积最大的产区，其中黄岩的面积和产量最大；另有丽水为浙江的新兴产区，面积发展迅速，品种以优质白肉为主。江苏枇杷主要集中在太湖丘陵区、长江下游平原区和沿海果区，以白沙枇杷为主，其中洞庭山以生产白沙枇杷而出名。上海市的二、三产业发达，枇杷规模历来不大，近些年来，主要从江苏、浙江、日本等地引进一些品种，栽培规模已达 670hm²。该产区由于冻害等自然灾害、人多地少、城市发展等原因，规模逐步缩小，但因为消费者对当地枇杷鲜果的偏好及高档礼品需要，本地枇杷鲜果果价连年居高不下。

（二）华南沿海产区

华南沿海产区是我国发展次早、但在近现代发展最快的枇杷重要经济栽培产区，包括福建、台湾、广东、广西和海南。该区地理纬度较低，地靠东海、南海或四面临海，气候更为温暖，雨水丰沛，常年无雪或少雪，境内多为丘陵地貌，适于枇杷栽培，所有热带性著名品种如果大优质的早钟 6 号、解放钟、长红 3 号、白梨及太城 4 号等，都产于本区。福建省的枇杷生产在近代发展迅速，沿海县市连江、莆田、仙游、福州、永春、云霄等均有大面积枇杷果园，部分乡镇农民的收入主要来源于枇杷生产，其中莆田市最为集中。我国台湾的枇杷品种多来自日本，主要有茂木和田中，产区集中在台中县和南投县，但由于近年来农村劳动力成本的提高，栽培面积已有所下降。广东枇杷主要集中在丰顺、五华、潮安等地，规模均较小，品种多为实生种，较混杂，从 20 世纪 90 年代以来从福建引进的早钟 6 号、解放钟等，在广东省北部地区试种成功。广西的主要产区是桂林和柳州。海南目前枇杷栽培尚少。

（三）华中产区

该区包括安徽、湖北、湖南、江西和河南局部。自然分布的位置，居于原生种与栽培种混交地带，种质资源相当丰富。本区的气候、土壤基本适于枇杷的栽培。但在早春时节，北部地区不时有寒流过境，枇杷幼果易受冻害，产量难以保证。宜利用小气候条件和选择耐寒品种发展枇杷生产。安徽枇杷主要集中在歙县和安庆两地，主要品种有安徽大红袍、光荣、白花、东来种和朝宝等。其中歙县枇杷主要产于漳潭、坑口两乡的漳潭、绵潭、瀹潭等 3 个村，统称为"三潭"枇杷。湖北枇杷分布也较普遍，比较集中的有阳新、蒲圻、通山、武汉等地，产量则以通山较多。湖南栽培产区则集中在沅江、长沙、新化等地。江西枇杷的分布亦广，其中以安义、靖安、临川等县较为集中。河南则仅在局部地区有零星栽培。

（四）西南产区

本区包括四川、重庆、贵州和云南及陕西南部、甘肃南部、西藏局部地区。就地理地势及气候特点而言，系中国西南高原地区、山间盆地及河谷地带。气候温暖，雨量适中，很适合枇杷栽培。其中，四川、重庆为我国历史上最早的枇杷产区之一。四川省的气候、土壤等各种条件均优，为枇杷天然资源最丰富的地区之一，原生枇杷分布广泛。四川省已经成为目前我国栽培枇杷面积最大、产量最多的省份，其面积和产量均占全国的一半以上。攀西地区气候资源独特，枇杷生产发展迅速，至 2003 年面积已近 2 000hm²，产量 900t。四川主栽品种有大五星、龙泉 1 号、早红 1 号、早钟 6 号等。贵州枇杷以罗甸、兴义、安龙、思南等县栽培较多。云南栽培较多的有罗平、大理、施甸、红河州等县市，主栽品种有早钟 6 号、长红 3 号、解放钟、大五星等，栽培效益高，生产规模逐年增加。甘肃的陇南地区枇杷栽培历史 2 000 多年，但由于自然因素限制，目前发展缓慢。

二、品种分类原则和方法

枇杷品种的分类方法较多，影响较大的主要有以下几种。

(一) 依果肉颜色划分

1960 年全国枇杷研究工作现场会会议附件指出，枇杷品种的主要区分标志是果肉色泽：红肉、黄肉及白肉三类。吴耕民在《中国温带果树分类学》中也提出果肉分类法：橙红色、白色及中间色（橙黄至淡黄色）。但由于中间色较难掌握，目前普遍按肉色分为红肉（红沙）与白肉（白沙）两大类。中间色常向两极并归，淡橙色或浓橙色均属红沙种，而带有黄色无论浓淡均属于白沙种。

1. 红肉枇杷（红沙） 果肉橙黄至橙红色，肉质致密，风味浓郁，酸甜，果皮较厚、较耐贮运。适合鲜食，也适合制罐。树势中等或偏强，抗逆性强，容易栽培。但成熟期集中。常见的枇杷品种有：浙江的大红袍、单边种、洛阳青，安徽的光荣、大红袍、朝宝，福建的梅花霞、坂红，武汉的华宝 3 号，四川成都龙泉驿的大五星、龙泉 1 号、红灯笼等，四川纳溪县的早红 1 号、早红 3 号等。

2. 白肉枇杷（白沙） 该类枇杷是我国特有的种质资源。果肉乳白色或淡黄色，肉质细腻、汁多、味甜，果皮较薄、不耐贮运，适于鲜食。树势多中等或偏弱，抗逆性较红肉差。常见的品种有：江苏吴县的白玉、照种、青种；浙江余杭的软条白沙，宁海的宁海白，丽水的白晶 1 号；福建莆田的白梨、乌躬白；江西的珠珞白沙；安徽歙县的白花；四川纳溪的早白沙等。

(二) 依果形划分

1. 长果品种 又称牛奶种。纵径显著大于横径，包括椭圆形、长倒卵形、长梨形等。这类品种的核较少，通常还有独核者，相对来说，可食率较高。代表品种有：福建的长红 3 号、乌躬白，浙江余杭的夹脚和黄岩的花鼓筒，日本品种茂木等。

2. 圆形品种 纵径、横径大致相等，这类品种含核较多，一般 2～4 粒。常见的品种有：浙江余杭的大红袍、软条白沙，福建的白梨、解放钟，四川成都龙泉驿的大五星，四川纳溪县的早红 1 号、早红 3 号，日本品种田中等。

3. 扁圆形品种 横径大于纵径。该类品种的种子更多，果肉较薄，可食率较低。该类品种较少，代表品种有：江苏的早黄、荸荠种，福建的算盘子，浙江的彭种等。

（三）依成熟期划分

1. 早熟品种　在当地相同条件和栽培方式下最先成熟的品种。如浙江余杭的头早、二早，福建莆田的早红蜜，四川纳溪的早红 1 号、早红 3 号，日本品种森尾早生。

2. 中熟品种　较早熟种晚 10d 左右。如浙江余杭的夹脚、大红袍，福建莆田的白梨、乌躬白，四川成都龙泉驿的大五星、龙泉 1 号，四川纳溪的金丰、黄肉等。

3. 晚熟品种　又比中熟种晚 10d 左右。如浙江余杭的青碧，福建莆田的大钟、解放钟，黄岩的光明，日本品种白茂木等。

（四）依用途划分

1. 鲜食品种　用于鲜食的品种。一般表现为易剥皮，外观良好，果肉厚而细腻，柔软多汁，酸甜适口，风味优美。代表品种有：软条白沙、照种白沙、白梨、解放钟、白玉、华宝 2 号、早红 1 号、早红 3 号、大五星、龙泉 1 号、红灯笼等。目前各类优良品种中，鲜食以崇尚白肉品种为主。

2. 罐藏品种　用于罐藏的品种。果实中等大，一般 30～40g，成熟期及果实大小一致。果肉橙红至橙黄，组织致密，味浓、核小、耐贮运。代表品种有：浙江黄岩的洛阳青、余杭的夹脚，福建的太城 4 号，安徽歙县的大红袍，武汉的华宝 7 号等。目前大多数品种为鲜食、加工兼用品种。加工制罐、制果膏则崇尚红肉品种。

（五）依生态型划分

1. 温带型品种　耐寒性较强的品种，适于我国北亚热带、部分暖温带稍有霜雪的地区栽培。一般表现为叶小、果较小，木材坚硬、生长缓慢。常见的品种有：江苏的照种白沙、青种，浙江余杭的软条白沙、大红袍，武汉的华宝 2 号、华宝 3 号等。

2. 热带型品种　喜温暖、耐寒性较差的品种，适于少霜雪的中、南亚热带及热带边缘地区栽培。一般表现为叶大、果大、生长迅速。常见的品种有：福建的解放钟、白梨、梅花霞等。

另外，依进化（果由小向大进化，果肉颜色则从黄或橙黄向白及红两极进化，这主要是由于人为选择之所致）程度又可以分为原生品种、半栽培品种和改良品种三类。原生品种大多果型较小而果粒密生，多酸；改良品种一般果型大而风味美等；半栽培品种则居于二者之间。依同一果内所含核的多少可以分为独核种和多核种。依经济地位可划分为主要品种、次要品种和优良单株。刘权等根据枇杷品种形态学及生理生化指标，共分成三类：果实较小，肉色偏淡，以江苏品种为主，部分为浙江品种；果中等大，肉色偏深，以安徽品种为主，部分为浙、闽品种；果型较大，肉色较深，以福建品种为主。

此外，还有按地理来源进行枇杷品种分类的，如中国类型和日本类型。

综上所述，枇杷品种分类可归纳如表 1-3 所示。

表1-3　枇杷品种分类

分类方法	类型	一般特点	代表品种
果肉颜色	红沙类	树势中等或偏强，抗逆性较强，果皮较厚，果实较耐贮运	大红袍、梅花霞、红灯笼、大五星
	白沙类	树势多中等或偏弱，抗逆性较差，果实不耐贮运	软条白沙、照种白沙、白梨、白晶1号
果形	长形种	果实纵径＞横径，核较少	长红3号、夹脚、茂木、太城4号
	圆形种	果实纵径≈横径，核较多	大红袍、白梨、大五星
	扁圆形种	果实纵径＜横径，核更多	荸荠种、算盘子、彭种
成熟期	早熟种	成熟期在当地最早	森尾早生、早红蜜、早钟6号
	中熟种	较早熟种迟10d左右	夹脚、大红袍、乌躬白
	晚熟种	较中熟种迟10d左右	青碧、大钟、晚钟518
用途	鲜食种	果肉较厚，易剥皮，风味好	软条白沙、照种白沙、白梨、解放钟、大五星
	罐藏种	果中等大且大小一致，味浓、核小、耐贮运	洛阳青、太城4号、华宝7号、龙泉1号
生态型	温带型	耐寒性强，适宜我国中、北亚热带地区栽培	霸红、照种白沙、华宝2号
	热带型	耐寒性弱，适宜少霜雪或无霜雪地区栽培	解放钟、白梨、梅花霞
果实大小	大果型种	果大、肉色多较深	解放钟、大五星、田中
	中果型种	果中等大	大红袍、乌躬白、茂木
	小果型种	果较小、肉色多较浅	照种白沙、软条白沙、白晶1号

三、主要栽培品种

(一) 白肉品种

1. 软条白沙　产浙江余杭塘栖，为品质最优良的古老品种。树势中庸，枝细长、较软、斜生。叶中等大小，在树上常呈倒垂性。果梗细长而软，果中等大小，卵形、扁圆或圆形，顶部平广，基部钝圆，平均重25.2g；果面淡黄色，在阳面密生较粗大淡紫色或淡褐色斑点；果皮极薄，易剥离，果肉黄白或乳白色，肉质细嫩且柔软，呈融质，汁多，味甜美，含糖6.73%，酸0.55%；种子2~3粒，当地6月上旬成熟。该品种品质特别优良，但不耐贮运，成熟前多雨易裂果，抗性差，不易丰产，如管理不善，易形成大小年。由于栽培历史久远，品种渐渐分化，分离出许多品系，以果色白、果形圆、果顶平的平头软条白沙最好，其他有带黄色的杨墩白沙，栽培管理较易，但形状、色泽不如平头白沙为优。

2. 照种白沙　由江苏吴县东山槎湾村果农贺照山从实生白沙枇杷中选育而成，有200

多年的栽培历史，是洞庭东山较老的著名的白沙品种，吴县主栽品种，面积占 60％左右。树势中庸，树冠圆头形，分枝开张，枝梢多，分布均匀，结果层厚。叶片中等大小，长椭圆形，叶绿，叶脉间叶肉褶皱明显，叶面平展。果实近圆形，平均单果重 24.9g；果皮灰白色，褐色斑点多而明显，皮较薄韧，容易剥离；果肉白色或淡黄白色，质细嫩，厚 0.71cm，汁多，甜酸适口，香气浓，品质极佳。可溶性固形物 12.3％，含酸量 0.33％，每 100g 果肉维生素 C 含量 4.20mg，可食率 64.5％。果实成熟期 6 月上旬。该品种分为短柄照种、长柄照种和鹰爪照种 3 个品系。长柄照种产量高，面积大，耐寒，丰产，大小年不明显，不易碰伤，耐贮运，品质极佳，经济效益好。缺点是成熟期遇到雨水多的天气容易裂果，种子多，果肉较薄，可食率低。

3. 白玉 原产江苏吴县洞庭东山槎湾村，20 世纪初由本村果农汤永顺从实生白沙中选出。20 世纪 70 年代后期吴县果树研究所定名为白玉。1983 年在东山召开的全国枇杷协作会上确定为优良品种，加以推广，是洞庭东山白沙枇杷的主栽品种之一。树势强健，生长旺盛，枝条粗长，紧密，树冠高圆头形。叶大，斜生，长椭圆形，叶面深绿色，质地软，叶缘稍向内反转。果实偏圆形或短圆形，平均单果重 25.8g，大的 36.7g；果皮淡橙黄色，较薄，易剥离；果肉洁白，质细较结实，厚 0.83cm，汁多，味清甜，品质佳。可溶性固形物 16.6％，含酸量 0.34％，每 100g 果肉维生素 C 含量 5.85mg，可食率 68.9％。果实成熟期 5 月底至 6 月初。该品种中熟偏早，丰产，外观美，果肉洁白，质细，汁多，味清甜，品质优，是白沙枇杷种品质较优的良种，极宜鲜食。但果实过熟时，味道变淡，故需适时采收。

4. 白梨 由福建莆田下郑村果农肖吓舜选出。因果肉雪白、细嫩似梨，故名白梨，有百余年的栽培历史，是莆田主栽品种之一。树势开张，圆头形，枝条细密，生长迅速，树冠成形快。叶片绿，长椭圆形。果实圆形或椭圆形，平均单果重 31.5g；果皮淡橙黄色，薄，易剥离；果肉雪白，厚 0.81cm，质细，柔软，汁多，味甜，香气浓郁。可溶性固形物 12.0％～14.0％，含酸量 0.25％，转化糖 10.1％，每 100g 果肉维生素 C 含量 4.0mg，可食率 70.2％。果实成熟期 4 月下旬，属中熟品种。该品种丰产性好，果肉细嫩，雪白，汁多，香气浓，品质优，极宜鲜食。抗逆性强，裂果、皱果、日灼病少。缺点是果皮薄，果肉软，采收和运输过程易碰伤褐变，不宜长途运输，可以在城镇附近发展，就地鲜销。

5. 青种 产江苏吴县洞庭西山，为当地主栽品种。树势较强，树冠开展，呈圆头形，枝条较粗。叶大而挺立，叶缘锯齿不明显，花序疏密中等。果圆形，平均重 33.2g，果面淡橙黄色，皮薄易剥离，毛茸较少，果面斑点集中于向阳面果基部，果实成熟时，蒂部仍呈绿色，故名。果肉淡橙黄色，肉质较松，粗细中等，汁多，含糖量 9.6％，含酸量 0.58％，酸甜适口。种子大，3～4 粒，在当地 6 月中旬成熟。该品种气候适应性较强，产量高，品质优，果实大小匀整，唯成熟时遇雨易裂果，对土壤要求较高，肥力较差时，生长不良易衰败，有长柄青种与短柄青种两品系，以后者为佳。

6. 乌躬白 福建莆田郑村果农李乌躬从实生树种选出，果肉白色，故名乌躬白。有近百年的栽培历史，莆田城郊一带栽培较多。树势强，树姿直立，枝条较疏而粗壮。叶片大，长倒卵形，叶前端宽而钝，是这一品种的特征。果大，卵圆形或梨形，平均单果重

49.5g，最大的达 86.4g；果皮较厚，淡黄色，皮韧易剥离；果肉淡黄白色，厚 0.84cm，质致密、细嫩，汁多，味甜微酸。可溶性固形物 11.3%，含酸量 0.48%，每 100g 果肉维生素 C 含量 4.20mg，可食率 70.6%。果实成熟期 4 月底 5 月初。该品种果大，丰产，耐贮运。抗性强，裂果、皱果、日灼病少，但果实风味逊于白梨。

7. 冠玉　树势强健，花期 11 月下旬至 1 月。果实 6 月上旬成熟，椭圆形至圆形；果实大，单果重 50g，最大 70g。果皮淡黄白色，易剥离，果肉白色至淡黄色，厚达 1cm，质地细嫩易溶，但并不太软，有香味，可溶性固形物 13%～14%，品质上等，较耐贮运。

8. 荸荠种　产于江苏省吴县洞庭西山，因果实扁圆略似荸荠而得名。树势强盛，树冠圆头形。果实大小整齐，平均重 31.7g；果皮橙黄色，茸毛多，果皮中等厚，易剥离；果肉淡黄白色，汁多而细腻，可溶性固形物 12.6%，可食率 67.3%。味甜，品质佳，种子大，每果种子 3～5 粒。本品种外观匀称，风味佳美，耐寒，丰产，不易发生日灼和裂果，贮藏性能良好。

9. 白花　安徽歙县漳潭主栽白沙枇杷。树势中庸，树形开张，树冠半圆形或圆头形，枝条较短，分枝中等，叶片浓绿。果实近圆形，平均单果重 38.0g；果皮黄白色或淡橙黄色，薄，易剥离；果肉淡黄白色，厚 0.89cm，质细，致密，汁多，甜酸适口，有香气，风味佳。可溶性固形物 10.2%，含酸量 0.38%，每 100g 果肉维生素 C 含量 7.0mg，可食率 70.8%。果实成熟期为 5 月下旬至 6 月上旬，中熟品种。该品种果实中等大小，品质优，丰产，抗性强。缺点是皮薄，耐贮性较差。

10. 新白系列　近年来，福建省农业科学院果树研究所选育出晚熟、大果、优质、耐贮运、风味各异的白肉枇杷新品系 3 个。

（1）新白 8 号　果大，清甜回甘，平均单果重 54.9g，最大 62.1g，果肉黄白色，可溶性固形物 14.2%，可食率 71.4%。

（2）新白 3 号　果大，入口微酸，浓甜回甘，平均单果重 66.3g，最大 85.0g，果肉黄白色，可溶性固形物 13.9%，可食率 74.4%。

（3）新白 10 号　果较大，清甜，平均单果重 48.0g，最大 51.0g，果肉黄白色，可溶性固形物 14.2%，可食率 71.1%。

11. 贵妃　福建省农业科学院果树研究所从枇杷实生群体中筛选出的新品种，表现晚熟，大果，优质，早结丰产，抗逆性强，抗裂果，耐贮运，2006 年提交认定。果实卵圆形或近圆形，果皮橙黄色、较厚，锈斑少，剥皮易，不易裂果，单果重 52.3～67.9g，最大达 115g；果肉厚 0.91～1.07cm，可食率 72.6%～75.2%，果肉淡黄白色，肉质细腻、化渣、浓甜，可溶性固形物含量 13.8%～15.2%，最高达 20.1%；每果种子数 3～4 粒，果实成熟期 4 月下旬至 5 月上旬。贵妃属优质、大果型、丰产性好的品种。

12. 丰玉　该品种由江苏省太湖常绿果树技术推广中心从白沙枇杷（白玉、冠玉）自然实生变异中选育而成，2008 年通过江苏省农林厅审定。丰产性好，株产可达 150kg。果大，平均单果重 45.5～53.4g，最大果可达 80g 以上。果形扁圆，纵径 3.6cm，横径 4.4cm；未成熟果果顶有棱角，成熟时果顶渐圆宽平，萼孔开张，呈三角形；果皮橙黄色，果粉多，果面美观，果皮薄，易剥皮；果肉质地细腻，风味浓，甜酸可口，可溶性固形物含量 14.8%～15.3%，品质佳。核较多，平均 5.1 粒，可食率 68.7%～72.1%。耐贮性好，在常温下贮藏 3 周好果率达 90％以上，且保持鲜果风味。与白玉和冠玉相比，丰玉丰产性好、果大、可溶性固形物含量高、耐贮性好，是其明显优点。

13. 宁海白　1994 年从实生白沙枇杷（亲本不详）中选出的大果优质中熟白沙枇杷新品种，2004 年 2 月通过浙江省林木品种审定委员会认定。果实长圆或圆形，单果质量 40～65g，最大 86g，果皮淡黄白色，锈斑少，皮薄，剥皮易，富有香气，果肉乳白色，肉质细腻多汁，可溶性固形物含量 13％～16％，最高 19.2％，风味浓郁，可食率 73.4％，每果种子数 1～4 粒。果实丰产性好，栽后第 3 年挂果，4 年生株产可达 11.2kg，成年树株产可达 15kg 以上，果实成熟期 5 月下旬。

14. 白晶 1 号　系白沙枇杷实生单株的后代，树势中庸，容易形成花芽，花期长，果实 5 月中下旬成熟。果近圆形，果柄稍歪并弯曲；果面茸毛较厚；果顶平或微凹，萼片小，稍开裂，果面橙黄色，果皮中等厚；果肉白色稍带乳白色，肉厚、质细嫩、味鲜甜，汁多，可溶性固形物含量 13.6％，总酸含量 3.9mg/g。平均单果重 27.08g，纵径 3.45cm，横径 3.33cm。种子 2.2 粒/果，种子重 2.39g/果，种子小，可食率 75.30％。抗病，果面洁净、果锈少、不裂果，无果实萎蔫现象。丰产性、稳产性好，综合性状较好，唯果实偏小，但经过疏果，单果重可达 30g 以上。

（二）红肉品种

1. 大五星　1983 年由四川成都龙泉驿实生枇杷中选出。果实近圆球形，萼孔开张，多为五角星形，少数为圆形。平均单果重 62g，最大 100g。果皮橙黄色，茸毛浅，皮较厚，耐贮运，易剥离；果肉橙红色，一般厚 0.96cm，质地细嫩，柔软多汁，酸甜可口。可溶性固形物 11％～13％，含种子 2～3 粒，可食率 73.2％左右。在成都龙泉驿 5 月中下旬成熟。树势中庸，树形开张，枝条略粗。嫁接苗生长快，早结果，丰产性好，适应性强，抗病力强。该品种需要较好的肥水和土壤管理，防止非正常落叶。果实要适时采收。

2. 解放钟　由原莆田县城关镇绣衣里郑祖寿从大钟实生变异中选出，母树于 1949 年莆田解放那一年开花结果，果大形似"钟"，故名解放钟，是福建省三大主栽品种之一。广东、广西、江西、四川、云南等省（自治区）也有栽培，表现良好。树势强，树性直立，树冠圆头形。枝梢粗壮，中等密度。叶大、厚、浓绿，叶面光滑，叶背茸毛长，夏叶的叶缘反转明显，倒船底形，翻过来像只小舟是该品种的主要特征。抗叶斑病，不易落叶，投产期稍迟，一般定植后 3 年开始开花结果。花穗大，短圆锥形，花朵大，花药亦大，坐果率高。果梗较长而软。果实特大，长卵形或梨形，单果重 70～80g，最大达 172g，是目前国内果形最大的品种。果皮淡橙红色，中厚，剥皮易；果肉淡橙红色，厚 0.93cm，汁液中多，肉质较致密稍粗，风味浓，酸甜适度稍偏酸，可溶性固形物含量 10.0％～11.1％，酸含量 0.51％，每 100g 果肉维生素 C 含量 5.72mg，可食率 71.5％。果实成熟期 5 月上旬。该品种晚熟，果特大，较丰产，品质中上，适宜鲜食。缺点是肉质稍粗，风味偏酸。

3. 早钟 6 号　由福建省农业科学院果树研究所于 1981 年以解放钟为母本、森尾早生为父本，进行有性杂交育而成。1998 年通过福建省农作物品种审定委员会审定，2000 年获福建省科技进步一等奖，是福建省重点推广的特早熟枇杷新品种，为福建省三大主栽品种之一。广东、广西、四川、云南等省（自治区）也积极推广早钟6号。树势旺，树姿较直立，树冠圆头形。枝条粗壮，中等稀疏。叶片较大，较厚，浓绿，夏叶的叶缘有反卷现象，但不如解放钟明显。叶斑病少，不易发生早期落叶。果实倒卵形或洋梨形，平均单果重52.7～60.5g，最大的达120g以上。果皮橙红色，中等厚；果肉橙红，厚0.89cm，质细、化渣、甜多酸少，香气浓。可溶性固形物含量11.9%，酸含量0.26%，每100g果肉维生素C含量6.0mg，可食率70.2%。果实成熟期2月下旬至4月中旬。该品种是国内第一个通过有性杂交培育成功的生产上大面积推广应用的枇杷新品种，表现特早熟、果大、优质、早结丰产、抗性强，是国内外早熟枇杷中果形最大的一个品种，经济效益高，深受果农和消费者欢迎，适宜在我国东南和西南枇杷产区重点推广。

4. 霞钟　树形紧凑直立。在福建莆田果实5月上旬成熟。果实椭圆形，果顶平，基部钝圆，萼孔闭合，单果重45～55g；果皮及果肉淡橙红色，肉厚，可食率72.3%～74.3%。果实酸甜适度，可溶性固形物含量11.2%，风味好，肉质柔松、细嫩、化渣。该品种丰产、稳产，抗逆性强，适宜鲜食。缺点是肉色偏淡，果实不耐运输。

5. 龙泉1号　树势强健，发枝力强，枝条中粗。叶色深绿，嫩梢展叶时叶面略扭曲，成叶后转正常。果实卵圆形，平均单果重58g；果皮厚，易剥离，果皮、果肉橙红色，质地细腻致密，甜酸适度。可溶性固形物11.9%～13%，可食率70.9%，5月中、下旬成熟。该品种对叶斑病、缩果病、日灼病的抗性均较强，不易裂果，果锈少，外观、内质均好，鲜食罐藏皆宜。耐贮运，丰产性特别好。缺点是果肉较薄，未成熟时较酸。

6. 长红3号　是福建省农业科学院果树研究所与云霄县农业局协作，于1976年从长红实生变异中选出的优良新品种，1993年通过福建省农作物品种审定委员会审定。同年获福建省科技进步三等奖，为福建省三大主栽品种之一。广西、广东、四川、云南亦有栽培。树势中庸，树冠圆头形，枝梢中等粗细。管理好的幼龄树新梢粗壮，叶层厚，果大、产量高。叶片脆，叶面皱，叶背茸毛多，呈浅灰褐色。花穗较大，较分散，花期较一致。果梗长，且韧，果实长卵形，平均单果重40.0～50.0g，最大的达85g以上。果皮橙黄色，稍厚，易剥离；果肉淡橙红色，厚0.80～0.99cm，质稍粗，汁多，味淡甜。可溶性固形物含量8.0%～10.4%，酸含量0.37%，每100g果肉维生素C含量5.5mg，可食率69.6%。果实成熟期4月中旬。该品种中熟偏早，品质中等，果大、均匀，果实成熟期较一致，全树可分2～3次采收完毕。果面洁净，鲜艳，美观，抗性强，裂果、皱果、日灼病均少。该品种投产早，定植后第二年就开始结果，且丰产稳产性能好。管理上要适当增施肥料，保持较多叶层，达到大果、优质，提高经济效益的目的。缺点是果实糖酸含量均偏低，味道偏淡，管理差的果园容易引起落叶早衰。

7. 太城4号　1976年由福建省农业科学院果树研究所与莆田市农业局、福清市太城农场共同协作，从实生树中选出的枇杷新品种，1997年获农业部技术改进一等奖，是福建省主栽品种之一，但栽培面积逐步下降。枝梢生长旺，结果稍迟。叶片长椭圆形或倒披针形，平展，微内卷。果较大，倒卵形，平均单果重45.5g；果皮橙红色，中厚，剥皮容易；果肉橙红色，特厚，厚度达1.23cm，质致密细嫩，纤维少，汁多，味酸甜，偏酸。可溶性固形物含量10.0%～12.0%，酸含量0.49%，每100g果肉维生素C含量7.3mg，可食率74.1%～79.8%。果实成熟期4月底5月初。该品种核少，平均种子1.34粒，单核居多，单核率 60%～70%，果肉内膜紧黏果核，加工时去膜干净，加工性能好，糖水罐头品质优，极宜制罐，也可鲜食。缺点是有少量日灼病。

8. 大红袍（浙江）　浙江最著名的红沙枇杷，余杭主栽品种，约占总面积的 50%，国内各枇杷产区亦有栽培。树形较开张，树冠圆头形，生长势强，丰产稳产，大小年不明显。枝梢粗细中等，叶片中等大小，长椭圆形，叶面平坦，叶色深绿。果梗粗短，果实近圆形或扁圆形，单果重 36.3g，大的可达 71.9g；果皮浓橙红色，厚且易剥离；果肉橙红色，厚 0.80cm，质微粗，汁多，味甜稍带酸，风味佳。可溶性固形物含量 11.2%～12.8%，酸含量 0.26%，每 100g 果肉维生素 C 含量 7.95mg，可食率 66.5%。果实成熟期 5 月底或 6 月初。该品种分尖头大红袍和平头大红袍 2 个品系。尖头大红袍叶片和果形较小，果顶圆，萼片外突，萼孔闭合。平头大红袍叶大，果大，果顶平，萼片平展，萼孔开或半开。幼树是尖头大红袍较丰产，但成年树丰产性不如平头大红袍。属中熟品种。果实抗日灼病强，耐贮运，适宜鲜食和加工，是鲜食制罐兼优的良种。缺点是肥水不足时容易早衰，可食率偏低。

9. 洛阳青（青肚脐、青嘴、洛阳青大红袍）　果实成熟时，果顶萼片周围呈青绿色，故名。是浙江省黄岩的主栽品种，占黄岩枇杷面积的 50% 左右，长江以南各枇杷产区亦有栽培，是分布较广的一个品种。树势强健，树姿开张，中心主干不明显，树冠圆头形。分枝力中等。夏叶披针形，叶绿有光泽。果穗较大，果粒松散。果实圆球形，平均单果重 48.0g，最大的 65g 以上；果皮橙红色，较厚韧，易剥离；果肉橙红色，厚 0.97cm，质稍粗、致密，汁液中等，味酸甜。可溶性固形物含量 10.7%，酸含量 0.22%，每 100g 果肉维生素 C 含量 11.05mg，可食率 66.7%。果实成熟期 5 月中下旬。该品种适应性强，抗旱，抗涝，抗寒，耐瘠，果实表面锈斑少、裂果、皱果、日灼病均少，果粉多，外观清秀，美观整齐，容易吸引顾客。早结、丰产，耐贮运。果实偏酸，是制罐良种。

10. 早红 1 号　四川省纳溪县农牧局果技站于 1990 年从实生枇杷树中选出，因果实鲜红艳丽而得名。树势强。坐果率高，果实圆形，果形整齐，果基钝圆，果顶平广，萼孔半开或开；果皮橙红色，中等厚，剥皮易，果实锈斑少；平均单果重 31.5～38g，最大果重 53g；果肉橙红色，肉质细，汁较多，甜酸适中，品质上等。可溶性固形物含量 10.5%～11.5%，可食率 68.5%。平均每果种子 2.8 粒。在当地 4 月下旬成熟，属特早熟。

11. 大叶杨墩　浙江余杭县塘栖枇杷主要栽培品种之一。树势强健，枝条斜生，树冠圆锥形或金字塔形。分枝稀疏，枝梢较长，粗细中等，叶长椭圆形、浓绿。果大小均匀，近圆形，平均单果重 39.9g。果皮橙黄色，较薄，强韧，易剥离；果肉金橙黄色，厚0.96cm，肉质细，稍软，汁较多，酸味甜。可溶性固形物含量 12.7%，酸含量 0.45%，每 100g 果肉维生素 C 含量 9.50mg，可食率 70.3%。果实成熟期 6 月上旬，属中熟品种。该品种果大、丰产，锈斑少，外观美，味酸甜适口，适宜鲜食。内膜易脱干净，加工糖水罐头风味好，香气浓，汁液清晰，是制罐良种。但果皮较薄，果肉软，不耐贮运，大小年明显，是其不足。

12. 夹脚　因树形直立，分枝角度小（约 40°），不好踏脚，故名夹脚。当地果农又称为夹脚五儿，五儿是较丰产的意思，是浙江余杭县的主栽品种之一。树势强健，树冠高杯状，分枝多，枝梢直立，紧凑。叶片中等大小，长椭圆形，叶色深绿有光泽。果实长卵形，多歪斜，平均单果重 38.2g；果皮橙黄色，近果梗处带些青色，皮薄，易剥离；果肉淡橙红色，厚 1.05cm，质细，汁多，味酸甜适度。可溶性固形物含量 12.0%，酸含量 0.43%，每 100g 果肉维生素 C 含量 6.85mg，可食率 74.4%。果实成熟期 5 月底 6 月初，属中熟品种。该品种果较大，肉厚，可食率高，丰产稳产，适宜鲜食，也可制罐。缺点是果实色泽不均匀。

13. 单边种　浙江黄岩主栽品种之一，有近百年的栽培历史。树势中庸，树冠圆头形。叶绿有光泽，叶脉间叶肉皱突明显。果实近圆形，平均单果重 39.9g；果肉淡橙红色，厚 0.93cm，汁多，酸甜适度，稍偏酸。可溶性固形物 8.6%，酸含量 0.26%，每 100g 果肉维生素 C 含量 6.0mg，可食率 62.8%。果实成熟期 5 月中旬。该品种果较大，抗寒、耐瘠、丰产，裂果、皱果、日灼病均少，鲜食、制罐均易，但果实偏酸，树干易发生腐烂病。

14. 宝珠　浙江余杭主栽品种之一。树势强健，树形半开张，枝条较直立，高杯圆形，分枝密集，叶片中等大小，披针形，叶色浓绿，叶缘向内旋转。果实短椭圆形，果顶平，斜向一边，平均单果重 30.7g；果皮淡橙红色，中等厚稍薄，易剥离；果肉橙红色，厚 0.83cm，质细，汁多，味甜酸适口。可溶性固形物含量 11.5%，酸含量 0.20%，每 100g 果肉维生素 C 含量 4.65mg，可食率 69.9%。果实成熟期 5 月下旬，属中熟偏早种。该品种丰产，大小年不明显，抗性强，风味佳，可在树上挂果 15～20d，适宜鲜食，但果实偏小。

15. 黄岩 5 号　1974 年由浙江台州农校与黄岩罐头厂联合从黄岩县东岙村实生树中选育而成，已在黄岩枇杷产区推广。树势开张，树势整齐，呈高杯状。无中心主干，分枝力较弱。叶片披针形，叶色淡绿有光泽，较薄。果实近圆形，萼孔开，萼片平展成五星形，平均单果重 44.8g；果肉淡橙红色，厚 1.08cm，稍软，汁多，味浓，甜酸适度，可溶性固形物 9.0%，酸含量 0.37%，每 100g 果肉维生素 C 含量 3.52mg，可食率 72.2%。该品种抗寒，耐旱，抗病，果大，核少，可食率高，鲜食和罐藏均宜。但分枝较少，丰产性较差。

16. 少核大红袍　由浙江省农业科学院园艺研究所与余杭农业局、余杭塘南枇杷科研场共同协作，于 1988 年从塘南乡龙船坞选得。树势强壮，树形开张，中心主干不明显，树冠半圆形。分枝力中等，枝梢较粗短。叶片长椭圆形，色绿。果实近圆形，平均单果重 22.6g；果皮橙红色，皮厚而韧，易剥离。味甜略酸。可溶性固形物 11.4%，酸含量 0.35%，每 100g 果肉维生素 C 含量 10.47mg，可食率 71.0%。果实成熟于 6 月初，中晚熟品种。该品种树势强壮，抗逆性强，丰产、稳产，鲜食和制罐品质均优。缺点是果偏小。

17. 富阳种　产于江苏吴县光福乡，是当地著名的主栽红沙枇杷，占栽植面积的 80% 以上。已有近百年的栽培历史。树势强，枝条细软而开张，树冠圆头形。叶较大，叶缘锯齿明显。果实较大，椭圆形，平均单果重 41.1g；果皮、果肉橙红色，肉厚 0.73cm，果肉细嫩、致密，汁中多，可溶性固形物含量 8.6%，酸含量 0.57%。每 100g 果肉维生素 C 含量 5.55mg，可食率 67.5%。果实成熟期 5 月底 6 月初，中熟品种。该品种果较大，抗逆性强，裂果、皱果、日灼病少，是鲜食和制罐良种。缺点是果实成熟时容易落果，应及时采收。

18. 安徽大红袍 19 世纪 20 年代安徽歙县绵潭村汪长财从塘栖引种的实生树中选育而成，是歙县"三潭"枇杷产区的最重要主栽品种。树势较强健，树冠圆头形，枝条中等粗细，较软。叶色浓绿，叶较厚，质稍硬，叶缘向内旋转。果较大，平均单果重 39.5g，最大的 100g 以上；果皮橙红色，厚，易剥；果肉橙红色，厚 0.98cm，质较粗、紧密，汁多，味淡甜。可溶性固形物含量 9.2%，每 100g 果肉维生素 C 含量 9.15mg，可食率 70.2%。果实成熟期 5 月下旬，属中熟品种。该品种果较大，丰产，抗寒，耐贮运。缺点是肉质稍粗。

19. 光荣种 安徽歙县漳潭果农张光荣从实生树中选育而成，是歙县漳潭主栽品种之一。树势较强，树姿开张，树冠半圆形，枝条较细软。叶片细长，长椭圆形，色绿，叶较厚，平展。果较大，卵圆形略歪一边，平均果重 40.2g；果皮橙黄色，稍厚，较强韧，易剥离；果肉橙黄色或淡橙红色，厚 0.93cm，质细，稍软，汁多，味淡甜。可溶性固形物含量 9.2%，酸含量 0.18%，每 100g 果肉维生素 C 含量 8.35mg，可食率 71%。果实成熟期 5 月下旬，属中熟品种。该品种果较大，丰产稳产，抗寒耐旱，抗性较强，是鲜食、加工兼用的良种。但果皮锈斑较多，风味偏淡。

20. 珠珞红沙 产于江西省安义县珠珞山区，皮肉均呈橙红色，故名珠珞红沙。是安义县、靖安县的主栽品种之一，占栽培面积的 60%～70%。树势较强，树姿半张开，树冠整齐，圆头形。枝条粗度与分枝中等。叶片披针形，平展，叶缘外卷，叶较厚，质脆韧。果实近圆形，平均单果重 26.5g，最大的 31.4g；果皮橙红色，中厚，强韧，剥皮易；果肉橙红色，厚 0.82cm，质柔软致密，汁较多，甜多酸少，微香，味浓。可溶性固形物含量 14.9%，最高可达 18.5%，可食率 76.2%。果实成熟期 5 月下旬，属中熟品种。该品种树势强，丰产，优质，抗性强，耐低温，糖高，品质优，外观美，适宜鲜食和制罐。

21. 华宝 2 号 系华中农业大学园艺系 20 世纪 80 年代培育的新品种，由五儿白沙实生变异选种，湖北、四川均有栽培。树势强健，半张开，树冠圆头形。叶大小中等，叶色深绿，质地较厚。果实近圆形，单果重 38.0g，大者 45g 以上；果皮橙黄色，中厚，易剥离；果肉橙黄色，较厚，质细腻，汁多，味甜带微酸，品质佳。可溶性固形物含量 13.5%，酸含量 0.19%，每 100g 果肉维生素 C 含量 5.28mg，可食率 72.0%。果实成熟期 5 月底，中熟品种。该品种抗寒，丰产，果型中等偏大，糖高，味甜，品质优，鲜食、制罐均宜。缺点是需要肥水多，部分果实会皱果。

22. 华宝 3 号 由华中农业大学选育的新品种，为五儿白沙实生变异选种，湖北、四川、湖南均有栽培。树势强，树姿开张，树冠圆头形。叶片中等大小，深绿色，质地较厚。果实近圆形，平均单果重 32.9g；果皮橙黄色，较厚，易剥离；果肉橙黄色，较厚汁多，酸甜适中。可溶性固形物含量 12.0%，酸含量 0.37%，每 100g 果肉维生素 C 含量 3.87mg，可食率 74.2%。果实成熟期 5 月底，中熟品种。该品种丰产稳产，果实均匀整齐，果皮厚，肉紧实，耐贮运，品质好，适宜鲜食，也可制罐。

23. 密枝种 树势强壮，分枝多而著称。树势强健，树冠呈高杯形，分枝多，枝梢粗细中等。叶片椭圆形，平展，叶脉浮而明显。果实近圆形或倒卵形，平均果重 49.0g；果皮金橙红色，中等厚，强韧，易剥离；果肉橙红色，厚 0.88cm，质细，致密，汁多，味浓、甜酸适口，风味佳。可溶性固形物含量 11.3%，可食率 65%。果实成熟期 5 月下旬。

24. 坂红　由福建省果树研究所和莆田县万坂村共同选出。果实近圆形至短卵形，平均果重约 36g；果皮橙红色，果粉多，果皮厚，极易剥离；果肉橙红色，味浓甜，可溶性固形物含量 10.2%～12.3%，酸含量 0.29%，甜多酸少、汁多、肉质细、化渣、香气浓、风味好。每果平均有种子 3.8 粒，成熟期一致，在福州 5 月中旬成熟。

25. 梅花霞　福建莆田著名主栽品种。树势中庸开张，树冠圆头形。叶长椭圆形至披针形，叶缘上部锯齿密而深，基部近全缘，叶质较厚，叶面浓厚。果实倒卵形，大小均匀，平均单果重约 36g，果顶平，果基尖削，萼孔闭合，萼片先端掀起似梅花，形与果面红霞相映，故名梅花霞。果皮橙红色，果粉、茸毛均多；果皮中厚，强韧易剥；果肉橙红色、肉质细密，汁多味甜，风味浓。含可溶性固形物 11%，含酸量 0.55%，可食率 70.84%，种子平均 4.7 粒，在当地 4 月底至 5 月上旬成熟。该品种丰产、稳产，肉色鲜艳，品质上等，耐贮运，不易裂果和皱缩，为鲜食和制罐良种。但老叶易患灰斑病。

26. 晚钟 518　1990 年福建省从实生树选种获得，特晚熟，大果，丰产优质。树姿较直立，树冠圆锥形，生长势中等。果实倒卵形，大小均匀，平均果重 71～76g；果皮橙红色，易剥离；果肉橙黄至橙红色，肉质致密，稍粗，质脆，化渣，汁液中等，酸甜适口，有微香，含可溶性固形物 10.0%～11.2%。果实可食率为 75.2%左右，耐贮运。在当地，其果实比解放钟迟熟 20d 以上。在福建莆田，其果实于 5 月中下旬成熟。

27. 香钟 11 号　由福建省农业科学院果树研究所于 1977 年冬选用解放钟和香甜进行有性杂交选育而成，2004 年通过福建省农作物品种认定委员会认定。树势中庸。果实短卵形，平均果重 57.5g，最大的达 100g 以上；果皮橙红色，厚，易剥离；果肉橙红色，质细，化渣，汁多，甜多酸少，香气浓，风味佳。可溶性固形物含量 11.2%，含酸量 0.19%，每 100g 果肉维生素 C 含量 5.3mg，可食率 68.6%。果实成熟期 5 月上旬，属于中晚熟种。

（三）国外主要品种

1. 森尾早生　由日本主栽品种茂木芽变选育而成，1969 年注册。性状似茂木，但比茂木早熟 20～30d。福建省农业科学院果树研究所 1978 年通过中国农业科学院品种资源研究所从日本引种，1980 年开花结果，表现特早熟，早投产，丰产、优质。20 世纪 80 年代在福建枇杷产区示范推广近 1 300hm²，成为福建主栽品种之一，90 年代以后逐步被早钟 6 号替代。树势中庸，扩展性枝条（侧枝）比中央枝细长，长势强，树冠杯状圆头形，幼龄树分枝力强。新梢细长、韧。叶小、浓绿。果实卵圆形，平均单果重 29.5g；果皮橙红色，稍厚，较易剥离；果肉橙红色，厚 0.76cm，质致密、细嫩，汁多，甜多酸少，品质佳。可溶性固形物含量 11.0%～13.0%，含酸量 0.32%，每 100g 果肉维生素 C 含量 3.0mg，可食率 72.5%。果实成熟期 4 月上旬。

2. 长崎早生　由日本长崎县果树试验场 1953 年以茂木为母本、本田早生为父本杂交育成，于 1976 年进行登记注册推广。广东省农业科学院果树研究所于 1982 年自日本引入。树势强，分枝较密，枝梢细长柔软。叶披针形，浓绿具光泽。果卵圆形，皮橙红易剥，肉橙红色，肉质柔软而细，味甜微酸，微香，味浓；单果重 43.8g，种子 2～4 粒，可食率 70％。广州 10 月下旬至 11 月上旬开花，3 月中下旬成熟。

3. 茂木　日本主要经济栽培品种，该品种是日本长崎县茂木町从"唐枇杷"实生树中选出，定名为茂木。台湾省栽培面积较大，四川、广西等省（自治区）亦有少量栽培。树势较旺盛，直立性，结果后逐渐开张。叶片阔披针形，叶脉间皱。果实长倒卵形，单果重 40～50g，大的 60～70g；果皮橙黄色，易剥；果肉橙红色，柔软多汁，甜多酸少，品质优。可溶性固形物含量 11.0％，含酸量 0.20％，每 100g 果肉维生素 C 含量 5.5mg，可食率 70.3％。果实成熟期 4 月中旬，属中熟种。

4. 田中　日本主栽品种，该品种是 1879 年日本田中芳男在长崎取得大粒种的果实食之播种后选得，故名田中。台湾省栽培面积较大，福建、四川、湖北亦有引种，零星栽培。树势旺盛，树姿开张，树冠圆头形。枝条粗壮，较稀疏。叶片较大，椭圆形，叶厚，色绿，叶脉间皱。果实短卵形，横剖面呈有五角棱形，单果重 60g，最大的达 150g；果皮橙黄色，剥皮较难；果肉橙黄色，质较粗，汁多，偏酸。可溶性固形物含量 11.0％，可食率 70.3％。果实成熟期 4 月下旬，属晚熟品种。

5. 阳玉　由日本长崎县果树试验场于 1973 年以茂木为母本、森本为父本杂交育成。表现树势强，成熟期 6 月上旬，单果重 60g 左右，肉质软，可溶性固形物含量 11.5％，风味佳。

6. 凉风　由日本长崎县果树试验场于 1974 年以楠为母本、茂木为父本杂交育成。果实成熟期介于长崎早生与茂木之间，单果重 55g，可溶性固形物含量 13.0％。

7. 白茂木　1961 年日本长崎果树实验场和农林水产省生物资源研究所合作以茂木自然授粉的种子，经 γ 射线辐射而育成，1981 年命名为白茂木。该品种不但出现了淡黄白色果肉新性状，而且保持了茂木的大多数优点，包括耐贮运的优点。该品种被誉为日本枇杷的"国宝"，被日本农林水产省登记为日本'枇杷农林 1 号'。树势特强，直立，果实卵形，果皮、果肉黄白色，单果重 50g，可溶性固形物含量 13.0％，成熟期 6 月中旬。

8. 大房　该品种由日本农林水产省果树试验场兴津支场，以楠为父本、田中为母本杂交育成，于 1967 年登记注册推广。我国于 1989 年引进，试种中表现好。树势旺盛，枝条粗短充实，树形稍开张。花穗大，花量多，密生，开花比一般品种迟，花期长而晚，可避开幼果期的低温冻害。果实短卵形，果大，单果重 70～80g，最大果重 130g，果实大小不甚整齐；果皮深橙黄色；果肉细密，紧实化渣，多汁。可溶性固形物含量低，味较淡，品质中等，果面易发生紫斑病。但对各种自然灾害抵抗力强，不易落叶，耐瘠薄。

9. Algerie　1950 年，一个瓦伦西亚人在阿尔及利亚果园里发现一株大果枇杷，后来由此取接穗到瓦伦西亚的 Callosa，高接到本地产的枇杷树上，从此繁育出优良品种 Algerie。该品种在 20 世纪 90 年代使瓦伦西亚的 Callosa 成为西班牙最重要的枇杷产区。现 Algerie 在西班牙的产量占 80％以上。树势中庸，果实倒卵形，果肉橙红色，单果重 65g，可溶性固形物含量 11.0％，含酸量 1.34％，种子平均 2.3 粒，果实 4 月下旬成熟，属早熟种。

10. Marc　单果重 90.1g，可溶性固形物含量 11.2％，含酸量 0.78％，属早熟大果品种。

11. Ullera　树势中庸，果实倒卵形，单果重 90.3g，可溶性固形物含量 11.0％，含酸量 0.68％，属早熟大果品种。

12. Javierin　树势强，果实梨形，果肉橙红色，单果重 75.9g，可溶性固形物含量 13.5％，含酸量 0.70％，属中晚熟种。

13. Peluches　Peluches 是从 Algerie 中选出的一个突变品种。树势强，果实梨形，果肉橙黄色，平均单果重 95g，最大达 250g，可溶性固形物含量 11.6％，含酸量 0.4％，果实 4 月底成熟。

14. Golden Nugget　美国大果型品种，外观美，色泽鲜艳诱人，1988 年福建省农业科学院果树研究所从日本引进。树势旺，枝条中粗，叶片深绿。果实椭圆形或卵圆形，平均单果重 51.9g；果皮金橙红色，较厚，易剥离；果肉橙红，肉质致密，稍粗，汁多，味甜酸适口。可溶性固形物含量 12.3％，可食率 69.4％，含酸量 0.58％，每 100g 果肉维生素 C 含量 8.98mg。果实成熟期 5 月上旬，晚熟品种。

第四节　枇杷种质资源研究

枇杷属植物约有 30 种（变种和变型），枇杷栽培历史悠久，培育了大量品种，加上地方品种（系）和优选单株，形成了非常丰富的种质资源。枇杷种质资源研究是一项十分重要的基础工作。

一、枇杷资源收集和保存

（一）枇杷资源的收集

1. 种质资源收集的原则　收集枇杷种质资源必须根据收集的目的和要求、单位的具体条件和任务，确定收集的类别和数量。收集时必须经过广泛的调查研究，有计划、有步骤、分期分批地进行。为了更有效地利用种质资源，应该掌握以下几项原则：通过各种途径，例如根据资源报道、品种名录和情况征询进行通讯联系，也可以去现场引种，甚至组织采集考察队去发掘所需的资源；种苗的收集应该遵照种苗调拨制度的规定，注意检疫，材料要求可靠、典型、质量高，不论是种子、枝条、花粉或植物组织都必须具有正常生活力，有利于繁殖和保存；收集范围应在确定任务的基础上由近及远，首先把本地资源中最优良的加以保存，其次从外地引种，要优先收集濒危和稀有的重要资源；收集工作必须细致周到，清楚无误，做好登记、核对，尽量避免错误、重复和遗漏，分门别类，对于新的类型应不断予以补充。

2. 种质资源收集的方法　为了使收集的资源材料能够更好地研究和利用，在收集时必须了解其来源，产地的自然条件和栽培特点，适应性和抗逆性以及经济特性等资源信息。所有这些都是今后制订农业技术措施的重要依据。

在收集的同时，一定要做好枇杷资源材料的基本信息采集和备案。主要有编号（全国统一编号、种质圃编号、保存单位编号、选育单位编号、引种号、采集号等）、种质名称

（外文名、科名、属名、学名等）、原产地（原产国、原产省等）、原产地自然条件（海拔高度、经度、纬度、温度、降水量、霜期、土壤、地势等）以及征集地点的栽培特点和资源主要的生物学特性和经济特性（树性、适应性、抗逆性、产量、品质、成熟期和贮藏期、适宜用途等）、优缺点、群众评价和发展利用意见、种质系谱和类型等，最后，还要注明采集时间和观测地点以及种质的图像采集（图像格式为 jpg）。

收集的资源材料，如为枝条，要用当地的砧木嫁接繁殖。至于种子繁殖的群体资源，尽可能选用优良单株的枝条。野生种通常利用种子。收集的时期一般是在繁殖的适宜时期，并且在收集前做好准备。

收集的种苗应具有高度的纯度和良好的种苗品质。在定植于种质资源圃时，必须名称正确，防止混杂。引种材料没有检疫性病虫害，尽量做到同名异物的材料不遗漏，同物异名的材料不重复。在繁育过程中要做好资源鉴定、苗木鉴定和苗木质量鉴定工作。

收集工作应有专人负责，做好从验收、保存、繁殖到定植的一系列工作，防止材料的差错或散失。每种材料要有标签，注明资源名称、征集地点和日期。在种苗收到后，应立刻进行检疫和消毒，防止资源混杂、标签散失，以及霉烂或干枯。

3. 枇杷种质资源的收集情况　中国地形气候多样，枇杷资源丰富，共有枇杷地方品种、实生优株和野生资源代表单株（类型）700 余个，其中 140 个具有应用价值。1981年，在农业部的领导和资助下，于福建省农业科学院果树所建立国家枇杷种质资源圃，收集和保存枇杷品种、品系和近缘种。近年来，他们完善资源保存设施与鉴定技术平台，扩大对野生、珍稀、濒危及有重要价值枇杷种质资源的收集，使国家果树种质福州枇杷圃保存的枇杷属种类由原来的 3 个种或变种（普通枇杷、栎叶枇杷、大渡河枇杷）增加到 12个种或变种（原产中国有 15 个种或变种），新增大花枇杷、台湾枇杷、小叶枇杷、南亚枇杷、麻栗坡枇杷、窄叶枇杷、椭圆枇杷、腾越枇杷及怒江枇杷等 9 个种；资源数量增加到759 份（编目 541 份）（截至 2008 年），涵盖我国 15 个省（自治区、直辖市）及日本、西班牙、意大利等 7 个国家，成为世界上收集保存资源数量最多、规模最大、遗传多样性最丰富的枇杷资源圃。另外，四川、浙江、江苏、湖北、安徽和江西等省建立了优良品种（优株）试种园或资源保存圃。

日本利用为数不多的枇杷资源进行常规杂交育种、诱变育种，同时积极搜集种质及加强国际种质交流，现已搜集和保存了近 200 份的枇杷种质。20 世纪 90 年代初，欧盟启动了种质资源研究计划"小果树树种的收集、保存、研究和利用"，枇杷种质圃就设在西班牙瓦伦西亚农业研究所内，1993 年建成时已收集了 74 份种质，其中栽培品种不及 40 个，有 11 个栽培品种分别引自日本、意大利、美国和巴西，剩下不到 30 个品种实际上是从我国广东引入欧洲和地中海国家后传入西班牙加以改良而成。意大利也收集了 21 份（当地资源占 76%），希腊收集了 17 份（当地资源占 59%），埃及、摩洛哥、葡萄牙、土耳其和塞浦路斯等国的枇杷资源则不多。

（二）枇杷资源的保存

1. 种质保存的方式　枇杷种质保存的方式主要有就地保存、迁地保存和离体保存三种。

（1）就地保存 就地保存是指在枇杷种质所在地保存枇杷种质的方式。这种保存方式对于那些稀有种和濒危种能够正常生长、繁衍具有重要作用。20世纪60～70年代我国的大量山林遭破坏，不少野生枇杷同时也毁灭了，80年代以后在经济建设发展的同时又有一些野生枇杷被毁，例如云南蒙自南湖的栎叶枇杷，20世纪90年代初"仍可见野生分布者"，但几年后南湖辟为公园，栎叶枇杷已荡然无存。可见，对野生枇杷种质进行就地保存很有必要。我国政府越来越认识到种质资源的重要性，近一二十年来建立了一批国家级及省级自然保护区，使一些野生枇杷种质资源免于灭绝，起到了就地保存的作用。例如广东连州大东山省级自然保护区保有大花枇杷；广东乳阳省级自然保护区保有香花枇杷、倒卵叶枇杷，这些野生枇杷均尚有小群落分布；云南（屏边）大围山国家自然保护区保有椭圆枇杷等。

（2）迁地保存 迁地保存是指把整株枇杷种质迁离它自然生长的地方，移栽保存在植物园、树木园或果树原始材料圃等场所的种质保存方式。例如大围山野生枇杷的植株个体数很少，没有自然群落，只有零星个体。因此，有必要作迁地保存。

（3）离体保存 离体保存是指利用种子、花粉、根和茎等组织或器官在脱离母株的条件下来保存枇杷种质的方式。其中利用营养器官最为妥当，因为它具有原来母体的全部遗传物质。离体培养技术的不断发展，为长期保存枇杷种质资源提供了新的有价值的手段。保存材料可用原生质体、未分化的细胞或愈伤组织分化的芽和胚等，但最理想的是茎尖和分生组织。

2. 种质保存的方法 枇杷种质保存的方法主要有种植保存、组织培养保存和低温保存等。

（1）种植保存 枇杷种质的保存目前主要采取田间活体种植的方法。但田间栽植占地广、需工多、成本高，并容易遭受自然灾害侵袭。

（2）组织培养保存 组织培养保存枇杷种质是一种新方法，即用茎尖或其他组织在一定的培养基和培养条件下保存，以后能重新生长分化成新组织，生长成小植株，它的繁殖速度快，繁殖系数高，能在较小的场所保存大量的材料。我国在20世纪80年代开始比较全面的研究。组培外植体以茎尖为主，90年代突破枇杷属原生质体植株再生技术。之后的研究逐步涉及成年茎段、花药、胚乳、幼胚、子叶等不同外植体的选择，并归纳总结了适宜的培养基配方、植物生长调节剂的选择和最适浓度、温度、pH等影响因子。

（3）低温保存 超低温技术日益发展，在果树种质资源保存方面的应用愈加成熟，为枇杷种质保存提供了一种更新的方法。王家福等以解放钟进行了枇杷茎尖玻璃化超低温保存的研究，结果表明：保存的茎尖在恢复生长初期，其在黑暗或弱光条件下培养一段时间，有利于茎尖恢复生长，而再生植株移栽成活后，生长正常，未发现变异现象，与未经超低温保存的试管苗没有差异，染色体检查也未发现染色体异常。

二、枇杷资源评价和利用

（一）枇杷资源评价

1. 资源评价的任务 枇杷资源评价任务因资源工作不同要求有所不同。在育种原始材料圃，资源工作从属于育种，资源评价为育种单位特定的育种目标服务，除了为生产直接提供良种、良砧外，更主要的是为其育种任务筛选比较合适的亲本，通常限于栽培类型或与其育种目标有关的野生类型。在国家种质资源圃中，资源评价任务是为当前和未来的植物改良提供科学的资源信息和符合育种需要的种质资源，并在互利的基础上，发展国际协作，使种质资源服务于全人类。

2. 资源评价的项目 大体上包括四方面内容：为评价资源利用价值而编入的经济性状及农艺性状的评价项目，如有关树体大小、果实外观、肉质、成熟期、贮运性、丰产性，对各种病虫害、逆境的敏感性，乃至主要性状的遗传评价；为资源分类、辨别而编入的花、果、枝、叶等器官的植物学性状，乃至细胞学、同工酶谱、分子标记等描述评价项目；为分析比较资源间遗传差异而编入的影响表型的主要非遗传因素的调查项目，如生态环境、树龄、砧木种类、树体发育状况等；为资源管理、核查而编入的档案性项目，如学名、系谱、编号、来源、征集时间、地点、征集人姓名等。

经济性状和农艺性状的评价是评价系统的核心，特别是果实品质、大小、产量等性状，更应该细致、精确地评价。在不同的地区、不同单位间资源评价的项目在原则一致的前提下，可根据实际情况适当增减。如在气候温暖、不发生病害，但土壤盐碱含量较高的地区，可在环境胁迫敏感性评价项目中删除冻害敏感性，而增加对土壤盐碱敏感性评价项目。对于品种内比较稳定而品种间差异显著的性状评价项目应予充实。

对枇杷种质资源评价具体的内容包括各种农艺形态性状，还要注意抗逆性、抗病性、孢粉特征、同工酶、核型和指纹图谱与分子标记等数据的补充，从而对枇杷种质资源进行全面系统的评价，有利于对其高效评价、利用和交流。

3. 枇杷资源评价的相关研究

（1）形态研究 郑少泉等整理出一套较为完整规范的描述枇杷种质资源的形态学标准，对枇杷种质的评价和开拓具有一定的指导意义。近年来，形态标记已大量应用于对枇杷种质资源评价描述。此外，孢粉学技术在枇杷的资源评价中也有着重要的作用。

（2）核型研究 梁国鲁等对四川 8 个枇杷品种早红 1 号、早红 3 号、金丰、龙泉 80 - 1、龙泉 1 号、大五星、黄肉和早白沙的核型进行了分析，其染色体数目均为：$2n=2x=34$；并且认为供试枇杷核型可分为两大类：2A 核型和 3B 核型，两大类核型划分与枇杷品种依据果肉颜色分类基本吻合，即认为红肉枇杷为 2A 核型，白肉枇杷为 3B 核型。李桂芬（2011）系统研究了枇杷属 16 个种和 4 个变种、1 个种间杂种以及 1 个枇杷近缘属植物的染色体核型，其中大多数研究结果均为首次报道。

（3）同工酶研究 蔡礼鸿等利用超薄平板微型聚丙烯酰胺凝胶的等电聚焦电泳技术，对枇杷属的 4 个种和 1 个变种，120 份材料进行了分析；并且对国家枇杷种质资源圃所收集保存的 113 个枇杷品种（或株系）和 4 个野生近缘种 [栎叶枇杷（*E. prinoides* Rehd. et Wils.）、大渡河枇杷（*E. prinoides* var. *daduheensis* H. Z. Zhang）、齿叶枇杷（*E. serrata* Vidal）、大瑶山枇杷（*E. dayaoshanensis* Chen）] 共 117 份材料进行了等位酶遗传变异分析。一系列的结果表明，等位酶标记不失为枇杷种质评价鉴别的一种有用工具。

（4）分子标记研究　目前，各种分子标记如 RAPD、ISSR、AFLP、SSR 和叶绿体基因组的 *rbcL*、*trnL-F* 基因以及核基因组的 *ITS*、*Adh* 基因序列分析等都已广泛地用于枇杷资源评价研究。Vilanova 等在国外首次应用 RAPD 技术对来自西班牙、意大利、日本等国的 33 个枇杷品种进行了系统分类与多样性评价；王永清等采用 ISSR 技术对 41 份枇杷属植物材料进行分类和遗传多样性评价，表明枇杷属植物中具有较丰富的遗传多样性，相似系数 0.722 可将 41 份枇杷属植物分为野生类群和栽培类群，而栽培品种却不能按单一性状进行聚类；吴锦程等运用 AFLP 对来自中国、日本、西班牙等国的 43 份枇杷种质资源进行了遗传多样性评价；Soriano 等应用 30 个引物对主要来自欧洲的 40 份枇杷种质资源进行了 SSR 分析，聚类可将这 40 份枇杷大体按来源和祖先分为意大利栽培种和西班牙栽培种两大类。

（二）枇杷资源利用

1. 枇杷属内近缘植物的利用

（1）大花枇杷　产于长江流域以南各省（自治区、直辖市）。果实酸甜，可以生食，亦可酿酒，但应用范围尚不普遍。

（2）台湾枇杷　产于台湾、广东。果实多浆，风味也颇甘美，有治热病之效，可以生食和酿酒。台湾枇杷植株可作枇杷的砧木，在我国台湾和华南各地以及日本应用历史悠久。

（3）栎叶枇杷　在四川南部的局部地区，有利用种子繁殖作为砧木的，嫁接亲和力比较好，但耐寒力弱。

（4）大渡河枇杷　在亲缘上与普通枇杷最接近，果实味酸涩，果大（1.5～3.0cm），种子少（1～3 粒）。其耐寒、耐病虫能力强，与普通枇杷嫁接亲和力好，可能是进行枇杷抗性育种有潜在价值的资源。

（5）小叶枇杷及窄叶枇杷　树体矮小，若以其为砧木，可使树体矮化，可能是实行密植栽培有希望的砧木。

（6）麻栗坡枇杷　叶最大，树势强壮，作为砧木可使树体健壮，可能对一些生产区更新定植枇杷、恢复产量似有希望。

2. 与枇杷属亲缘关系较近的其他属植物的利用　枇杷属隶属于蔷薇科苹果亚科（Maloideae），在苹果亚科的 5 个族 16 个属植物中，现已知能为枇杷经济利用的，涉及 4 个族的 4 属植物，它们是石楠族（Photinieae）的石楠属（*Photinia*）、牛筋条族（Dichotomanthas）的牛筋条属（*Diciotomanthus*）、榅桲族（Cydonia）的榅桲属（*Cyaonia*）和梨族（Pyrieae）的苹果属（*Malus*）。这些与枇杷亲缘关系相近的属种可能作为枇杷苗木繁育的有用砧木。

按俞德浚先生的分类，石楠族植物包括红果树属（*Stranvaesia*）、石楠属、枇杷属和石斑木属（*Rhaphiolepis*）4 属植物，其中能为枇杷经济利用的，目前所知只有枇杷和石楠两属植物。论亲缘关系，红果树属和石斑木属植物与枇杷是相当接近的，但两属植物供枇杷生产运用的研究，目前还开展得很少。

◆ 主要参考文献

蔡礼鸿.2000.枇杷属的等位酶遗传多样性和种间关系及品种鉴定研究［D］.武汉：华中农业大学．

蔡礼鸿,李作洲,黄宏文,等.2005.枇杷属植物等位酶遗传变异及品种基因型指纹［J］.武汉植物学研究,23（5）：406-416.

蔡礼鸿,章化麟.1999.章恢志传略［M］//中国科学技术协会.中国科学技术专家传略：农学编,园艺卷2.北京：中国农业出版社．

董燕妮,邓群仙,王永清.2008.我国枇杷种质资源与育种的研究进展［J］.亚热带农业研究,4（2）：91-96.

江国良,谢红江,陈栋,等.2006.枇杷栽培技术［M］.成都：天地出版社．

李桂芬.2011.枇杷属植物核型分析和远缘杂交亲和性研究［D］.广州：华南农业大学．

李平.2007.枇杷属植物分子系统学与生物地理学的研究［D］.广州：华南农业大学．

李晓林,江宁拱.1992.四川枇杷属 *Eriobotrya* Lindl. 植物种间亲缘关系探讨［J］.西南农业大学学报,14（6）：539-542.

梁国鲁,任振川,阎勇,等.1999.四川8个枇杷品种染色体变异研究［J］.园艺学报,26（2）：71-76.

林顺权,杨向晖,刘成明,等.2004.中国枇杷属植物的自然地理分布［J］.园艺学报,31（5）：569-573.

祁承经,汤庚国.2005.树木学：南方版［M］.北京：中国林业出版社．

邱武陵,章恢志.1996.中国果树志：龙眼 枇杷卷［M］.北京：中国林业出版社．

沈德绪.2000.果树育种学：第二版［M］.北京：中国农业出版社．

唐蓓.1997.普通枇杷、大渡河枇杷、栎叶枇杷的亲缘关系探讨［J］.重庆师范学院学报：自然科学版,14（3）：18-25.

王家福,刘月学,林顺权.2006.枇杷茎尖二步玻璃化法超低温保存的研究［J］.植物资源与环境学报,15（2）：75-76.

吴锦程,杨向晖,林顺权.2006.枇杷 AFLP 分析体系的建立与应用［J］.果树学报,23（5）：774-778.

吴锦程.2002.福建白肉枇杷的选育种研究进展［M］//园艺学进展第五辑.广州：广州出版社．

杨向晖,格拉贝,林顺权,等.2005.枇杷属植物种类数及东南亚原产枇杷种类［J］.果树学报,22（1）：55-59.

杨向晖.2005.枇杷属植物系统学研究［D］.广州：华南农业大学．

章恢志,彭抒昂,蔡礼鸿,等.1990.中国枇杷属种质资源及普通枇杷起源研究［J］.园艺学报,17（1）：5-12.

郑少泉,陈秀萍,许秀淡,等.2007.农作物种质资源鉴定技术规程（枇杷）［M］.中华人民共和国农业部 NY-T 1304-2007

郑少泉,陈秀萍,许秀淡,等.2006.枇杷种质资源描述规范和数据标准［M］.北京：中国农业出版社．

郑少泉,许秀淡,蒋际谋,等.2004.枇杷品种与优质高效栽培技术原色图说［M］.北京：中国农业出版社．

中国科学院中国植物志编辑委员会.1974.中国植物志：36卷［M］.北京：科学出版社．

Badenes M L, Martinez J C, Llacer G. 2000, Analysis of a germplasm collection of loquat (*Eriobotrya japonica* Lindl.) [J] . Euphytica (114): 187 - 194.

Popenoe, W. 2005. Manual of Tropical and Subtropical Fruits [M] . New York.

Vilanova S, Badenesm L, Martinez-calvo, J, et al. 2001, Analysis of loquat germplasm (*Eriobotrya aponica* Lindl) by RAPD molecular markers [J] . Euphytica, 121 (1): 25 - 29.

Wang Y Q, FU Y, Yang Q, et al. 2010, Analysis of a germplasm collection of loquat using ISSR markers [J] . Journal of Horticultural Science & Biotechnology, 85 (2): 113 - 118.

常规育种技术与遗传改良

纵观国内外，无论是发达国家还是发展中国家，包括枇杷在内的农业生产中使用的优良品种 99％以上都是常规育种的成果。在枇杷育种领域，常规育种是主要的育种策略，至今仍然是进行枇杷遗传改良的主要途径。

第一节 枇杷品种选育目标

尽管枇杷栽培历史悠久，人类已经对枇杷进行了长期的、富有成效的改良，但是，枇杷品种改良仍有大量工作可做，品种选育的目标仍然很多。目前枇杷品种选育目标主要是高品质育种和抗逆育种。

一、高品质育种

随着人民生活水平的提高，国内外市场对枇杷果实品质提出了更高的要求，在要求枇杷营养丰富的同时，还要求果实大，外观好，而且要求核小、核少、肉质更佳，如肉质细嫩化渣，有香气，风味好（中国消费者要求高糖、低酸，而国际市场则要求稍高的含酸量）。消费者的需求是制定品质育种目标的主要依据之一。枇杷优良品质育种的成败，关系到产品的市场竞争力，产品只有具有强大的市场竞争力，才能在满足人们需要的同时，创造出较高的经济效益和社会效益。

我国枇杷品种多以果实肉色分为白沙种和红沙种。白沙种优点是肉质细腻，汁多味甜，品质优良；缺点是皮薄，雨水多时易裂果，抗性差，产量低，树势弱，难栽培。红沙种相对而言，肉质较粗，味不如白沙种清甜，但果皮较厚，遇雨不易裂果，生长势强，产量高，易栽培。红沙种外观艳丽，果型大，外观品质好，栽培管理容易。就大多数地区而言，枇杷的一个育种任务，就是要努力提高现有红沙种的内在品质。如能保持红沙品种优点不变，加上白沙种的优美风味，无疑将更好地满足人们对优质枇杷的需求。

另外，枇杷栽培品种大多肉薄，核大而多，可食率低，与其他果树相比，培育小核、少核、无核新品种有其特殊的意义。此育种目标主要是通过多倍体育种得以实现。可喜的是在枇杷多倍体育种方面我国已取得了一些进展。福建省农业科学院果树研究所应用秋水仙素溶液处理太城 4 号种子，获得一个 $2n＝4x＝68$ 的四倍体植株，果实可食率 78.6％～79.4％，品质较好，单核率高达 91.3％，向无核（少核）枇杷新品种选育迈出一大步。四川农业大学也育成一个单核新株系，在自花授粉的情况下，果实几乎全部是单核。福建省农业科学院果树所还通过化学诱变方式，获得了四倍体无籽枇杷闽3号，但由于缺乏来自种子的激素刺激而不能坐果成熟，经外源激素（GA）花期处理后，虽能形成无核果实，但果实小或表现畸形，尚无生产价值。西南大学和四川农业大学分别采用从实生苗中海选和生物技术方法育成了三倍体枇杷，福建省果树研究所则利用四倍体和二倍体杂交，培育出了三倍体枇杷。有的研究成果已开始进入生产试验中，为培育无核枇杷品种奠定了良好基础。

二、抗逆育种

抗逆育种是指利用枇杷种质对逆境抗性的遗传差异，通过一定的育种途径和程序，选育对某种不良环境具有抗性或耐性的新品种。逆境主要有寒冷、高温、干旱、水涝、盐渍、土壤、水质和空气的污染，以及农药、除草剂的残留等。

开展抗逆性育种要在相应的逆境条件下鉴定某种抗逆性，通过鉴定，明确造成植物损伤的某种逆境的范围或剂量，并进行定量测定，鉴别各个体对此种逆境的反应和承受能力，筛选出抗该逆境能力强的个体。如果经济性状不符合要求，可将其与栽培品种杂交转育，并在相应的逆境条件下进行鉴定和选择。

枇杷的抗逆育种主要为抗寒、抗冻育种。枇杷为亚热带果树，秋冬开花，果实初夏成熟，花和幼果极易受冬季低温的冻害。因此，我国枇杷育种专家较早注意到抗寒育种的重要性。

近几年在枇杷种质资源调查过程中人们发现了一些抗寒的资源，并开始用于枇杷抗寒育种。江苏苏北地区是落叶果树的分布区，当地仅在房前屋后零星种植枇杷，均采用实生繁殖。由于实生变异和长期的自然选择及人工选择产生了不少抗寒的资源。如江苏省镇江市从其中选出了耐寒、优质、大果的霸红、石橙等优株。据记载，1976年冬季最低温度达−11.6℃，霸红单株最多结果达100kg；1991年最低气温−11.2℃，地面最低温度达−20℃，霸红仍正常结果，其抗寒性非常突出。因此，今后在抗寒育种方面，除进行抗寒机理和遗传的研究外，更应重视枇杷北缘实生区的实生选种工作以及抗寒种质资源调查与筛选工作。

枇杷其他的抗性育种方面，如抗病育种，包括叶斑病和果实锈斑病等还仅仅处于基础研究阶段，所做的工作主要是枇杷种质资源各种抗性的调查、评价和筛选。如张小艳等在自然发病情况下，调查了168份枇杷种质资源对叶斑病的抗病情况，发现绝大多数种质资源表现为中抗或感病，表现高抗的有4份，分别为卓南1号、塘头3号、木罗枇杷和栎叶枇杷；并且枇杷近缘种与普通枇杷之间、野生种与栽培种之间的抗性也有很大差异。对国家果树种质福州枇杷圃内251份枇杷种质资源果实锈斑病抗性调查结果表明：141份枇杷种质资源对果实锈斑病抗性表现中等，59份资源抗性弱，51份资源抗性强，其中大坡顶2号、大坡顶3号、豆枇杷、笃山枇杷、笃山晚熟、埂坡2号、麻栗坡枇杷、沙锅酸、沙锅寨1号、天星桥1号、兴安1号、兴安4号和重瓣枇杷等14份资源抗性极强，未发生锈斑；来源于西班牙的资源病情指数极显著地高于其他来源地的资源，来源于贵州和云南的资源病情指数显著低于其他来源地的资源；野生资源的抗性极显著地优于栽培资源；红肉类型种质资源的抗性极显著地优于白肉类型。

枇杷属于耐渍性最弱的树种之一，因此抗涝枇杷品种的选育对枇杷的生长和产业的发展意义重大。

抗逆育种涉及品种的筛选，环境的评价以及抗性鉴定，相关的知识和技术要求较高，时间也相对较长，因此对枇杷的抗逆育种是薄弱环节，今后应加强该领域的研究，积极为生产服务。

第二节　枇杷引种和选种

枇杷引种是把枇杷树种或品种从原有分布地区引入到新的原来没有分布的地区栽种。枇杷选种（选择育种）则是利用现有枇杷种类、品种的群体所产生的自然基因变异，通过选择、比较等手段获得符合育种目标的优良品种。枇杷引种和选种是进行品种改良和创造新品种的一种卓有成效的手段。

一、引种原则和流程

（一）引种的原则

引种虽然是一种在制定育种计划时优先考虑的最经济最简便的育种方法，但是并不等于简单的迁移栽培。在引种之初，需要根据引种目标，遵循一定的原则对引入材料进行慎重的选择，并且必须经过试验方能应用于生产，切忌盲目乱引而造成失败和损失。

选择引入枇杷品种的原则主要有两方面，一是对引入枇杷经济性状的要求，二是引入枇杷品种对当地环境条件适应的可能性。

对引入枇杷品种的适应性，可以根据遗传基础、主导生态因子（包括温度、日照、降水、湿度、土壤酸碱度及土壤结构等）、栽培措施等进行分析。而分析引种适应的可能性，应该建立在所引枇杷品种与生态环境的综合分析上，即应特别注意原产地区与引种地区之间的生态环境相似性。一般而言，从生态条件相似的地区引种容易获得成功，相反则困难得多。对于枇杷各品种适应范围的研究，最直接的方法是引入栽种，观察它们对当地生态条件的适应性和经济性状表现，从而确定其引种价值。

分析枇杷各品种引种成功的可能性，具体应注意以下几个方面：

1. 确定影响适应性的主要生态因子　从当地综合生态因子中找到对某一枇杷品种类型适应性影响最大的因子，作为适应性的重要依据。

2. 调查引入枇杷品种的分布范围　研究引入品种的原产地及分布界限，估计它们的适应范围，或者对比主要农业气候指标，从而估计引种适应的可能性。枇杷品种的遗传适应性范围和它们原产地的气候、土壤环境有着密切的关系。我国地处欧亚大陆的东南部，由于冬季寒流频繁，与地球上同纬度的地区相比，冬季温度显著较低。从国外引种时，必须考虑我国的气候特点。

3. 分析枇杷中心产区和引种方向之间的关系　枇杷属于亚热带果树，基本集中分布于南北纬 $20°\sim35°$，最适宜的中心地区是东亚和地中海沿岸。因此，在引种时这是一个关键的大环境因素。向心方向的引种适应的可能性大于离心引种。向心引种有时甚至可以简化或免除引种试验，把外地品种直接用之于生产。

4. 参考适应性相近的种类和品种在本地区的表现 引入枇杷品种在原产地或现有分布范围内常常和一些其他果树、品种一起成长，表现出对共同条件的相似适应性。因此可以通过其他果树种类、枇杷品种在引种地区表现的适应性，来估计引入品种的适应可能性。

5. 从病虫害及灾害经常发生的地区引入抗性类型 某些病虫害和自然灾害经常发生的地区，在长期和人工选择的影响下，常常形成对这些因素具有抗性的品种类型。因此应特别注意选择这些地区生长表现健康旺盛的枇杷品种进行引种。

6. 考察品种类型的亲缘系统 枇杷品种类型亲缘系统与它们的系统发育条件和适应能力有关。例如，那些原产于比较温暖的南方地区，但亲本中有抗寒类型的品种，往往具有较强的抗寒能力。

7. 借鉴前人经验及参考枇杷品种相对适应性的研究资料 枇杷不同品种之间的适应性和抗逆性差异极其明显，品种选择是否得当，直接影响引种的成败。我国各地的农业院校、科研部门及生产单位在不同时期都开展了枇杷引种工作，民间群众性的引种历史更为悠久，他们在枇杷引种方面积累了丰富的经验和教训，很有借鉴意义。同时要搜集和参考有关枇杷引种试验研究报告和品种适应性方面的资料。

（二）引种的流程

有了科学的理论研究基础，引种工作仍需要有计划、有目的地开展，按照一定的步骤进行。引种前收集查阅相关资料，在对其适应可能性进行全面细微的分析估计的基础上，通过引种材料的检疫、少量试引试验和严格的鉴定标准收集引种能否成功的田间数据，最后将引种效果佳的品种大规模推广，如图2-1所示。

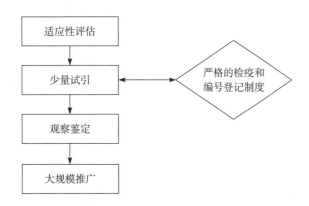

图2-1 枇杷引种的流程

1. 引种材料的收集和生态环境评估 引种前，应根据引种目标选择收集枇杷引种材料，并了解其分布和变异类型，应尽可能进行实地调查收集，便于查对核实，防止混杂。收集的材料必须严格详细地编号登记。登记项目包括种类、品种类型（学名、原名、通用名、别名等），繁殖材料种类（接穗、插条、苗木，如系嫁接苗则须注明砧木名称），材料来源（原产地、引种地、品种来历等）和数量，收到日期及收到后采取的处理措施（苗圃地或定植地块的名称标号），引种材料编号等。每种材料只要来源不同或收集的时间不同都要分别编号。档案袋上采用同样的编号，把有关该枇杷种类、品种的植物学性状、经济性状、原产地风土条件等记载说明资料装入档案袋备查。

此外，还应调查原产地和引种地之间的生态环境相似性和差异性。在收集的材料中选出最适宜在新环境条件下栽培的枇杷品种，同时找出限制该引种种类或品种生长繁殖的主导因子，从而便于在引种试验时采取适宜的栽培技术措施。

2. 少量试引 在试引之前还必须通过严格的检疫。检疫是引种工作的重要环节，因为引种是病虫害和杂草传播的途径之一，从外地特别是国外引种材料时，必须严格进行检疫消毒并可通过特设的检疫圃隔离种植等措施以预防新的病虫害对当地生产带来难以挽回的损失。同时要从枇杷品种特性表现典型、高产优质、无病虫害的优株上采集繁殖材料。如果在此过程中发现新的病虫害和杂草就要采取根除的措施。

将经过严格检疫和编号登记之后的引入材料栽种到田间，还要注意配合适宜的栽培技术，主要包括播种期、栽培密度、肥水、光照处理、防寒遮阴等。从外地引入的枇杷品种，当地的环境条件不一定都能充分满足其生长发育的要求，可以通过采取某些农业技术措施加以完善，当然，采取的措施应该是在大面积生产中经济有效和切实可行的。

少量试引每品种可以 3～5 株结合在枇杷种质资源圃和生产单位的品种圃、百果园内栽植。从引种到大量繁殖推广应坚持既积极又慎重的原则。特别是处于品种分布的边缘，可能发生周期性灾害的地区更应慎重。有一些地区或对于某一些枇杷品种，如果引入品种适应可能性大且有很好的发展前景，则可在试种的同时进行繁殖，从而在取得必要的引种鉴定资料后，直接进入推广阶段。

3. 观察鉴定 引种工作的成败包括两方面因素：内因是选择适当的基因型，使能满足引种地区综合生态环境的要求；外因是采取适当的农业技术措施，使引入枇杷品种能够正常地生长结果，提供符合要求的产品，当然还要考虑有良好的经济效益和市场前景，两者相辅相成。一般试引后要参照相关标准进行适应性和经济性状的观察鉴定，待确定其生产价值后，再在生产中大量繁殖推广。

鉴定枇杷引种能否成功的标准主要有：无需特殊的保护并能正常生长发育和开花结果，与原产地相比没有降低经济价值，没有明显的病虫害等。为了加速引种鉴定过程，可进行高接鉴定或对比法鉴定。对比法就是选择当地适应的枇杷品种作为对照进行对比性观察和分析，对照品种的选择应该恰如其分。

4. 大规模推广 经过专家鉴定有推广价值的成功引种材料，采取各种措施加速繁殖，建立示范基地，扩大宣传，使引种成果尽快产生效益。另外，还可考虑在引入品种的群体中，选择优良单株，培育成枇杷新品种。

（三）枇杷引种工作成果

唐代日本从我国引入枇杷可能是国际间最早的枇杷引种，而各国间枇杷的引种活动在Thunberg 记载枇杷不久就已经开始。1784 年，法国从我国广东引种到巴黎植物园；1787年，英国也从广东引种到英国皇家植物园；之后，枇杷被引入地中海沿岸各国；1867—

1870 年枇杷被引入美国；到了 20 世纪，许多枇杷品种被引种到了印度、南亚、南非、南美等地。时至今日，枇杷已成为世界各国普遍栽培的小树种果树之一。

品种引种多进行引入枇杷品种原分布区域与引入地自然条件差异较小的简单引种。20 世纪 70 年代以来，我国从日本、西班牙等国家引进了一些优良的新品种，如森尾早生、长崎早生、大房、房光、白茂木等。2005 年，浙江塘栖引进的几个西班牙枇杷良种，Peluches、Marc 和 Uller 已有初步观察结果。1988—2000 年，江苏、福建、重庆、昆明、湖南、广东等省（直辖市）经过多年的栽培试验，成功引种白玉、霸红、解放钟、森尾早生、早钟 6 号等多个优良品种；2002 年和 2003 年，广东省茂名先后从福建、广西等地成功引种早钟 6 号、大五星、长红 3 号等 3 个枇杷品种；2006 年，云南巍山引种红五星、瑞穗、龙泉等品种获得成功。而小范围内，如省内各市、地之间的引种工作更是频繁，引种工作获得极大的成效，从而极大地扩展了枇杷的分布范围，提高了经济效益。

二、芽变选种

（一）芽变的意义

和其他果树一样，枇杷除实生苗发生变异外，还可因为长期受自然界中各种环境条件的变化，如射线的照射或过冷过热等外界刺激，使某一植株中的某一个芽原基发生突然变异。芽变是体细胞突变的一种。突变发生在芽的分生组织中，是细胞中遗传物质的变异，当芽萌发成枝条，并在性状上表现出与原来类型不同，即为芽变。

枇杷芽变选种是指对由芽变产生的变异进行选择，并将优良的变异进行分离、培养，从而育成枇杷新品种的选择育种法。如果变异的枝芽采用嫁接等无性繁殖方法，可使其遗传下去，形成新品种，即芽变新品种。芽变选种是选育新品种的一种简易而有效的方法。

（二）芽变的特点

1. 多样性

（1）形态特征　包括叶、果、枝条和株型等。

（2）生物学及生理、生化特性　包括生长与结果习性、物候期、果实品质、抗性和育性等。

具体地说，芽变在枇杷的外在表型特征表现涉及各个方面，如节间变长或变短、株型变高或变矮、果形改变、色泽变浅或变深、成熟变早或变晚等。此外，在品质、耐贮性、抗病性和抗不良环境等方面也可产生变异。

2. 重演性　同一枇杷品种相同类型的芽变，可以在不同时期、不同地点、不同单株上发生，这就是芽变的重演性，其实质是基因突变的重演性。

3. 稳定性　不同的芽变稳定性不尽相同，有些枇杷芽变很稳定，无论采取何种繁殖方法，都能把变异性状遗传下去；有些性状只能在无性繁殖下保持稳定；还有些芽变在继续生长发育过程中有复原现象，即回归突变。芽变能否稳定，实质上与基因突变的可逆性及芽变的嵌合结构有关。

4. 局限性 枇杷芽变一般是个别性状或少数性状发生变异，其原因是遗传物质的突变，但并未发生重组。有的芽变虽然有多种性状发生变异，但大多来自同一基因。

（三）芽变的遗传基础

1. 芽变的遗传类别 芽变是枇杷遗传物质的改变，包括以下几类：

（1）染色体数目变异 包括多倍性、单倍型及非整倍性，主要是多倍体的突变。它们的共同特征是具有因细胞巨大性而出现的各种器官的巨大性。

（2）染色体结构变异 包括易位、倒位、重复及缺失。由于染色体的结构发生变异，造成基因线性顺序的变化，从而使有关性状发生变异。这一突变对无性繁殖的枇杷有特殊作用。因为这类突变在有性繁殖中，常由于减数分裂而被消除掉，但在无性繁殖中可以保存下来。

（3）基因突变 包括真正的点突变及组码移动突变。枇杷芽变大多是由一个基因的突变形成的，因为几个基因同时发生突变是极稀少的。单基因的突变可能是等位基因的突变或复等位基因的突变，还有可能是不同位点基因的突变。

（4）核外突变 这种突变不是决定于核基因，而是与细胞质中的遗传物质有关。

2. 芽变系间交配的亲和性 枇杷芽变品种和原品种虽然在表现型上可能有明显的差异，但在基因型上却常常只有微小的不同。来源于一个无性系的不同芽变枇杷品种，相互交配以后，其坐果率和种子数都显著低于不同无性系的品种间杂交，而与自花授粉极为相似。所以可以把交配结实率作为鉴定枇杷芽变系间亲缘关系的依据。但是，同源四倍体常常表现有较高的自交结实率。

3. 正突变与逆突变 由显性变隐形为正突变，由隐形变显性为逆突变。通常认为正突变多于逆突变。

4. 各种组织发生层的遗传效应 由于不同的组织发生层衍生不同的组织，因而各层的遗传效应是不同的，在进行枇杷芽变类型的选择分离、繁殖、培育时要仔细分析。

由此可见，不是所有的突变通过有性或无性繁殖都可以保持其变异性状，而是在遗传方式上表现出各种不同的差异。所以在利用和繁殖枇杷突变体时，要进行具体的分析。

（四）芽变选种的程序和步骤

枇杷芽变选种的程序是先从生产园内选择初选优系，包括枝变、单株变异，然后对初选优系进行无性繁殖后代的比较筛选，包括高接鉴定和选种圃的复选（图2-2）。

1. 初选 为发掘枇杷优良变异，要把专业选种与群众性选种活动结合起来，向群众宣传芽变选种的意义，普及选种技术，明确选种目标，开展多种形式的选种活动，包括座谈访问、群众选报、专业普查等。对初选枇杷优系登记编号，作出明显标记，填写记载表格，果实单收单放，并选好对照树，按上述变异分析的原则与方法对枇杷变异体进行比较分析，筛除环境引起的饰变，保留株系分别按下列程序进行：①变异性状不太明显或不太

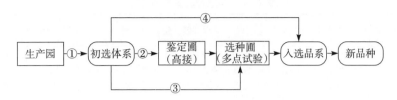

图 2-2 芽变选种程序

（引自沈德绪，2000）

稳定，可继续观察，如枝变范围太小，可通过修剪或嫁接，使变异部位迅速增大，再进行分析鉴定；②变异性状优良，但不能肯定是否为芽变，可先进入高接鉴定圃及选种圃，再进一步观察选择；③已证明为芽变，而且性状优良，但有些性状还不够了解，可不经高接鉴定，直接进入选种圃；④有充分证据证明是优良芽变，并无相关的劣变，可不经高接鉴定圃及选种圃，直接参加决选。

由于变异体大多以嵌合体的形式存在，所以有的稳定有的不稳定。通常可以采用修剪、组织培养等方法，使变异体分离纯化，以达到稳定枇杷变异体性状的目的。

2. 复选　包括枇杷高接鉴定圃和选种圃。高接鉴定圃比选种圃结果期早，特别是变异体较小的枝变，高接可在短期内为鉴定提供一定数量的果实，同时也可为扩大繁殖提供接穗。在枇杷高接鉴定中，为消除砧木的影响，必须把变异体和对照高接在相同的砧木上，既要考虑基砧相同，又要使中间砧一致。为缩短高接鉴定时间，提早取得结果，可采用矮化砧。高接的数量，应根据中间砧的树冠大小而定，一般以在结果初期能够提供 5kg 以上的果实为宜。

枇杷选种圃的主要作用是全面精确地对芽变系进行综合鉴定。因在选种初期往往只注意特别突出的优变性状，对一些数量性状的微小劣变，则常常不易发现或被忽略。还有像株型这样的巨大突变，有时表现与原类型有很大差异，对环境条件和栽培技术都可能有不同的反应和要求，因而在投产之前需要有一个全面的鉴定材料，为繁殖推广提供可靠的依据。

选种圃地要力求均匀整齐，每圃栽种几个芽变系，每系不少于 10 株，可用单行小区，每行 5 株，重复两次。圃地两端可用授粉品种作为保护行。对照品种用同品种的普通型，或与其相似的优良枇杷品种类型，砧木用当地类型，株行距应根据参试材料的树体大小确定。

选种圃内每一单系都要逐株建立档案，分别观察记载，连续进行 3 年以上。从结果的第一年开始，连续 3 年组织鉴评，对植物学特征、生物学特性和果实性状进行全面分析鉴定（鉴定标准参照表 2-1，具体方法参考中华人民共和国农业部于 2007 年发布的《农作物种质资源鉴定技术规程　枇杷》），同时与对照树及变异母株进行对比，将鉴评结果记入档案。根据不少于 3 年的鉴评结果，由负责选种的单位提出复选报告，将最优良的枇杷品系定为入选品系，提交决选。

为了对不同单系进行风土条件适应性的鉴定，要尽快在不同生态条件地区进行多点试验。

表 2-1　枇杷种质鉴定内容

性　状	鉴　定　项　目
植物学特征	树姿、主干颜色、枝梢颜色、新梢茸毛、幼叶茸毛、叶片形状、叶尖形状、叶基形状、叶缘形状、锯齿密度、锯齿深浅、锯齿形状、叶片颜色、叶面光泽、叶面形态、叶背颜色、叶片质地、叶姿、花序支轴姿态、花序支轴紧密度、花冠直径、花瓣颜色、果实着生姿态、果实排列紧密度
生物学特性	树势、中心枝长度、中心枝粗度、侧枝长度、侧枝粗度、侧枝数、叶片长度、叶片宽度、叶柄长度、叶柄粗度、花序长度、花序宽度、花序支轴数、花序花朵数、中心枝抽穗率、侧枝抽穗率、坐果率、新梢萌发期、花序分化始期、现蕾期、初花期、盛花期、末花期、果实成熟期
果实性状	穗粒数、穗重、果梗长度、果梗粗度、果形、果皮颜色、果面茸毛、单果重、果实纵径、果实横径、果实侧径、果基、果顶、萼片姿态、萼孔、萼片长度、萼片基部宽度、萼筒宽度、萼筒深度、果肉厚度、剥皮难易、果皮厚度、果肉颜色、汁液、果肉质地、果肉化渣程度、果肉石细胞、风味、香味、可食率、种子数、种子瘪粒数、种皮颜色、种子形状、种子重、种子斑点、种子基套大小、可溶性固形物含量、可溶性糖含量、可滴定酸含量、维生素C含量

3. 决选　在选种单位提出复选报告之后，由主管部门组织有关人员，对入选枇杷品系进行评定决选。参加决选的品系，应由选种单位提供完整的资料和实物，包括：该品系的选种历史、评价和发展前景的综合报告；该品系在选种圃内连续 3 年以上果树学与农业生物学的完整鉴定数据；该品系在不同生态条件下的试验结果和有关鉴定意见；该品系及对照的新鲜果实，数量不少于 25kg。

上述资料、数据和实物，经省级以上有关机构组织审查鉴定，得到确认后，可由选种单位予以命名，由省级以上有关机构发布为枇杷新品种。

（五）枇杷的芽变选种实践与成果

枇杷芽变选种主要是从原有优良品种中进一步选择更优良的变异，要求在保持原品种优良性状的基础上，针对其存在的主要缺点，通过选择而得到改善，因此，应根据各地栽培枇杷品种的不同特点和要求，确定芽变的选种目标，例如着重选择果大、核小或少，可食率高的类型。芽变选种应该在整个生长发育过程中的各个物候期里进行细致的观察和选择。

除经常性的观察外，还必须根据育种目标抓住最易发现芽变的有利时期，进行集中观察选择。一般在枇杷果实采收期最易发现果实经济性状的变异，如果实的着色期、着色状况、成熟期、果型、品质以及结果习性、丰产性等，最好在果实成熟前的 2～3 周开始，以便发现早熟的变异。此外，在严重的自然灾害，如霜冻、大风、旱涝和病虫害发生后抓住时机选择抗逆能力强的枇杷变异类型。

在一般的枇杷田间芽变选种实践中，要注意两个方面的工作，一是要善于发现芽变，二是要严格谨慎地鉴定芽变。

1. 善于发现芽变　当某株枇杷树的某一个芽原基发生变化后，一般要等到它发芽、抽枝、长叶乃至开花结果后才能被觉察，因此，"芽变"往往成了"枝变"或"株变"后才能确定。根据某些异常性状，发现枇杷圃中变异植株和变异枝，如节间长短、抽枝能力、果实大小与颜色、种子数目、成熟早晚、抗病虫或抗涝、抗风等。根据多年枇杷以及其他果树芽变选种的实际经验，有时发生变异的几个性状可能是相关的，例如，大果型变异往往伴有枝粗、叶大的特征。如果某种变异连续 2～3 年仍然存在，便可初步认为是一个"枝变"或"株变"。

2. 严格鉴定芽变　被发现的"芽变"是否为真正的芽变，首先要做的工作是分析变异的可能来源。包括分析变异的环境是否正常，如砧木有无差异，以至影响了果实大小、颜色或成熟期，如果是整株变异，还要确定是否混杂了其他枇杷品种。排除了这些暂时的、外来的影响以后，就可以进行高接鉴定了。即从变异的枝梢剪取接穗，嫁接到同一品种的已结果树上，接穗要有 3 个芽以上，这样成活后可以很快形成花芽，提早结果。如果高接后发出的新梢仍有同样的表现，可以认为这是一个真正的变异了。为了加快繁殖，在高接鉴定的同时，还可以繁殖一批小苗，当小苗结果而变异仍能照样保留时，可以邀请同行专家进行鉴定，并给变异品种取名，从而形成一个枇杷芽变新品种。

为了使枇杷芽变鉴定更准确可靠及便于新品种审定，最好进行形态、生理生化、细胞学及分子生物学等方面的鉴定。

枇杷芽变选种的成果也是比较突出的。如森尾早生就是日本从茂木芽变枝条选育而成，表现早结丰产优质和特早熟的优良性状；据高兴（2004）报道，云南省成功选育出一枇杷芽变品种——兴宁 1 号，它不但比一般的品种成熟期提前 3～4 个月，而且其品质也较其他品种优良；2009 年在四川双流选出芽变优系 8 个（PX-1 至 PX-8）。

三、实生选种

（一）实生选种的意义

对枇杷实生繁殖的变异群体进行选择，将优良单株经无性繁殖和鉴定，审定成品种，即为枇杷实生选种。

枇杷实生选种的供选群体，既包括在生产中采用实生繁殖的枇杷树，也包括那些在生产中采用无性繁殖品种的偶然实生树。枇杷具有一定程度的自花授粉不亲和性，使其在自然授粉的情况下，实生苗常产生复杂多样的变异，这样就为实生选种工作提供了丰富的原始材料。枇杷实生选种曾经在培育新品种中起着十分重要的作用，是枇杷育种的主要途径之一。

（二）实生选种的特点

1. 变异普遍　通常在枇杷无性系后代中，除个别枝芽或植株发生遗传性变异外，多数个体间具有相同的遗传型。而在实生后代中，很难找到两个个体遗传型完全相同的。

2. 变异性状多，而且变异幅度大　无性后代的变异常局限于个别或少数几个性状，而枇杷实生后代几乎所有性状都会发生程度不同的变异，并且常常在数量性状的变异幅度方面显著超过无性系变异。

3. 投资少，见效快　与枇杷杂交育种相比，实生选种具有投资少、收效快的特点。枇杷实生选种是利用现存变异，省去了人工变异的过程，同时变异类型是在当地气候条件下形成的，经受了当地各种不良环境的考验，通常对当地气候土壤条件具有较好的适应能力。选出的枇杷新类型可以在本地区较快地繁殖推广。

（三）实生选种的方法

1. 混合选择法 按照某些果实特性和经济性状，从一个原始的混杂群体或品种中，选出枇杷优良植株，然后把它们的种子混合起来种在同一块地里，再与标准品种进行鉴定比较。如果对原始枇杷群体只进行一次选择就繁殖推广的，称为一次混合选择；如果对原始群体不断地进行选择之后，再用于繁殖推广的，称为多次混合选择。

混合选择的优点是：手续简便，易于群众掌握，而且不需要很多土地与设备就能迅速从混杂的原始群体中分离出优良的枇杷类型；能获得较多的繁殖材料，便于及早推广；保持较丰富的遗传多样性，以维持和提高品种的种性。

2. 单株选择法 单株选择是指从枇杷实生树群体中选择优株，通过嫁接繁殖以形成营养系品种。在整个育种过程中如只进行一次以单株为对象，而以后就以各家系为取舍单位的称一次单株选择法。一次单株选择法又称株选法，通常在按一定任务和标准加以比较鉴定后，即可进行营养繁殖，形成稳定的营养系。

单株选择法的优点是：由于所选优株分别编号和繁殖，一个优株的后代就成为一个家系，经过几年的连续选择和记载，可以确定各编号的真正优劣，淘汰不良家系，选出真正属遗传性变异（基因型变异）的枇杷优良类型。缺点是要求较长的选择周期。

3. 评分比较选择法 根据枇杷各性状的相对重要性分别给予一定的比分，在侧重于主要目标的同时，从整体上选择获得较高比分的单株和株系，要求参加评选的人多，从而消除个人偏见，得到可靠的结果。

评分比较选择法优点是在以主要性状为主的同时，兼顾其他性状，数据较全面科学。缺点是计算麻烦。

4. 相关选择法 根据枇杷种子实生小苗与开花结果后某些性状的相关性进行早期选择的一种方法。枇杷从播种到开花结果需要较长时间，如果早期能根据某些特征性状，淘汰不良类型，减少实生苗栽植数量，可节省人力、物力和财力；并且选留实生苗的减少，有更大的可能性进行深入研究，加速育种过程，从而提高育种效率。对枇杷进行相关选择法实生选种意义重大，并有很大的可行性，要得到更好的早期选择效果，需要从形态特征、组织结构、生理生化特征和分子标记等多方面进行考虑。

（四）实生选种的程序

1. 预选 采取发动群众报优和专业人员评选相结合的方式。专业人员根据报优情况到枇杷园调查核实。剔除明显不符合选种要求的单株后，对可能符合要求的预选单株标记编号。

2. 初选 在实生枇杷园中，专业人员对标记编号的预选单株进行 2～3 年的调查评比，根据枇杷选种标准将预选树中表现优良而稳定的定为初选优株。初选优株要及时营养繁殖，作为选种圃和多点生产鉴定的试验树，以便在继续观察母株的同时，观察营养系后代的表现。在不影响母株正常生长、结果的前提下，还可以剪取一些接穗进行高接，提早结果和鉴定。

3. 复选和决选 主要在枇杷营养系选种圃中进行。初选树的营养系后代在选种圃里结果后经 3 年以上的比较鉴定，连同对母树、高接树和多点生产鉴定树的系统调查材料，经专业人员和有经验果农的鉴评，就可以对初选优树作出比较客观的评价。从中复选出优良的营养系，再进行决选，决选后应及时培育能提供大量优质繁殖材料的母树，并向品种审定委员会上报，经审定成为新品种。

（五）枇杷实生选种的成就

到目前为止，枇杷的大多数栽培品种都来自于实生选种。

日本于 19 世纪末实生选种得到田中，1876 年实生选种得到楠，1942 年从茂木实生变异中选出早熟品种本田早生。

而我国的大五星、解放钟、太城 4 号、长红 3 号、洛阳青、大红袍、华宝 2 号和华宝 3 号、少核大红袍、莆新本、小核枇杷和龙泉 1 号、宁海白、黄岩 5 号、红灯笼、晚钟 518、白晶 1 号等品种或株系也均来自实生选种。近几年，福建省农业科学院果树研究所实生选种成果突出。从实生群体中育成了颇具前途的白肉枇杷优良新品系——新白系列；并且历经 10 年的品种比较和区域试验，又从枇杷实生群体中筛选出了新品种黄蜜，表现晚熟、大果、优质、早结丰产、抗逆性强、耐贮运，果实综合经济性状优于白梨、软条白沙和乌躬白，可作为福建省中晚熟枇杷更新换代的白肉枇杷优良新品种。

第三节 枇杷杂交育种

按特定的枇杷育种目标选择亲本，通过基因型不同的类型间配子的结合获得杂种，对杂种进行培育选择以育成符合生产和消费要求的新品种，即为枇杷杂交育种。枇杷杂交育种是枇杷遗传改良和新品种培育的重要手段。

一、枇杷杂交育种的意义

杂交是基因重组的过程，通过杂交可使遗传物质重组（性状重组、基因互作产生新性状、积累基因产生积加作用），是物种进化和品种改良的重要途径。

杂交除了综合双亲控制不同性状的有利基因外，对同一性状可发生两种不同的效应。一种是集中父母双方的有利基因，利用基因重组产生的加性效应；另一种是利用生态地理起源上距离较远的品种类型间相互杂交，由于杂种杂交结合位点数增多，杂种优势强，使其性状超过双亲，这是利用基因重组产生的非加性效应。即杂交可以使双亲的基因重新组合，是增加生物变异性的一个重要方法。不同类型的亲本进行杂交可以获得性状的重新组合，形成各种不同的类型，为选择提供丰富的材料；基因重组可以将双亲控制不同性状的优良基因结合于一体，出现双亲优良性状组合的新品种；或将双亲中控制同一性状的不同微效基因积累起来，出现超亲代的优良性状，产生在该性状上超过亲本的新类型。当然在杂交过程中也可能出现双亲的劣势性状组合，或双亲所没有的劣势性状。育种过程就是要在杂交后代众多类型中选留符合育种目标的个体进一步培育，直至获得优良性状稳定的新品种。

由于杂交可以使杂种后代增加变异性和异质性，综合双亲的优良性状，产生某些双亲所没有的新性状，使后代获得较大的遗传改良，出现可利用的杂种优势，因此，杂交育种是近代国内外果树育种中应用最普遍、最有成效的一种育种方法。

枇杷育种专家通过杂交育种先后培育出数千株杂交后代并初选出一批优良品种和单株。日本通过杂交育种已育出大房、富房、长崎早生、阳玉和凉风等杂交新品种。由福建省农业科学院果树研究所黄金松等利用日本引进的森尾早生为父本与我国大果型品种解放钟为母本进行杂交，成功培育了枇杷新品种早钟6号，该品种是国内第一个通过有性杂交培育成功的生产上大面积推广应用的枇杷新品种，表现特早熟、果大、优质、早结丰产、抗性强，是国内外早熟枇杷中果形最大的一个品种，经济效益高，深受果农和消费者欢迎，是福建省三大主栽品种之一，在广东、广西、四川、云南等地也得到推广应用。早钟6号问世标志着我国在枇杷以有性杂交为技术手段的品种改良方面取得了突破。另外，黄金松等选用解放钟和品质特优的香甜为亲本进行有性杂交育成香钟11号，具有糖多、酸少、香气浓特点，果实综合性状明显优于其亲本和国内外中晚熟主栽品种。

二、亲本选配

（一）应尽可能使亲本间优势互补

在选择亲本时，应该根据目标性状，选择综合性状好、重点优良性状突出、具有较多优点和较少缺点的枇杷品种类型作为亲本。但是任何一个亲本都不可避免地存在一些缺点和相对不足之处，在亲本选配时，必须注意亲本一方的每一缺点都要尽可能从另一亲本上得到弥补。根据这一原则，亲本双方可以具有共同的优点，而且越多越好，但不应具有共同的或相互助长的缺点。对于一些综合性状来说，还要考虑双亲间在组成性状缺点上的相互弥补。

（二）亲本中有适应当地条件的优良品种

亲本中至少有一个是适应当地条件的枇杷优良品种，在条件较差的地区，双亲最好都是适应的品种。

（三）应考虑主要经济性状的遗传规律

如果对目标性状的遗传规律有一定的认识，则在进行亲本选配时应做到有的放矢。对于质量性状，在选择和选配亲本时，都要着重考虑基因型和性状遗传规律。在枇杷杂交育种领域，这方面的理论数据还有所欠缺，以后需要加强各性状的遗传变异规律的探索。

（四）根据生态地理起源选配组合

应选配在生态地理起源上相距较远的双亲进行杂交育种。一方面要求亲本在重要经济性状上的育种值高，也就是较高的加性效应；另一方面亲本搭配上要求亲缘关系较远或生态地理起源上距离较远，以便在杂种中获得较大的非加性效应。即一般选用生态类型差异较大，亲缘关系较远的枇杷材料作亲本，具有不同的遗传基础和优缺点，杂交后，分离范围广，会出现较多的变异类型或产生超亲类型；双亲产生在不同的生态条件下，杂交后，容易出现适应性好、适应范围广的后代；有可能引进当地没有的新枇杷种质，克服当地材料的缺点；亲本的遗传差异大，后代的杂种优势就大，出现的变异类型就多，选择的机会就多。

这方面的工作可查阅已有的文献数据和采用分子标记的方法较为精确地测算杂交亲本间的遗传距离，以指导枇杷杂交育种工作。

（五）选拔优选率最高的理想组合

根据育种目标，参照品种资源本身性状特性及主要性状的有关遗传参数，可以使我们选配的枇杷杂交组合比较符合客观实际。在选配组合时，最好是从前人的实践中比较哪些组合是最符合育种目标、最有希望的。最理想的选择是既有大量试材，又有实际的数据资料，使组合间的比较分析更有说服力。在选配枇杷亲本缺乏经验或把握不大的情况下，可以适当多一些组合；在比较有把握的情况下，可以集中在少数组合，增加每一组的杂种数量，从而提高枇杷育种效率。

（六）选用遗传力强及性状有母性遗传倾向的亲本做母本

亲本之一的目标性状应有足够的遗传强度，并无难以克服的不良性状。杂种多表现母性遗传，为了加强与胞质基因有关性状的传递，在亲本选配时，应该把具备较多的优良性状和较强的遗传能力的枇杷品种作为母本，或者有意识地安排正反交对比试验，以便进一步研究不同性状在正反交情况下和胞质基因的关系。

（七）应考虑品种的育性和配合力

选择结实性强的枇杷材料作母本，而以花粉多而正常的作父本，以保证获得种子。通常雌性繁殖器官不健全，不能正常受精或不能形成正常杂交种子的枇杷品种或类型，不宜作为母本；雄性器官退化，不能产生正常花粉的，不能作为父本。

但是在实际工作中，亦存在父母本性器官均发育健全，但由于雌雄配子间互相不适应而不能结籽的现象，选配时一般就不能把这种不亲和的品种搭配成杂交组合。因此，应选用一般配合力好的材料作亲本，具有较好的杂交亲和性。一般配合力是指一个亲本品种与其他若干品种杂交后，杂交后代在某个数量性状上表现的平均值。亲本的一般配合力较好，主要表现在加性效应的配合力高。

（八）应考虑杂交效率上的因素

杂交亲本选配时还应考虑杂交效率上的因素。如枇杷品种间由于坐果能力以及每果平均健全种子数差异悬殊，在不影响性状遗传的前提下，常用坐果率高和种子发育正常的枇杷品种作为母本。在进行杂交育种时，先要了解亲本的开花习性，以及雌雄蕊的成熟期等。为了防止自然和非杂交花粉授入，杂交母本在授粉前进行去雄套袋；父本花粉在授粉前采集，也要防止混杂，可在花药未开裂前采集，使之干燥成熟。当母本柱头分泌黏液时，去套袋并用毛笔或橡皮擦进行授粉，授粉后重新套袋，并挂上标签，当柱头已变黄萎缩，即可除去套袋。杂交后获得杂种种子，还要进行定向培育和多次的选择淘汰，最后达到杂交育种的目的。

另外，从杂交技术的角度考虑，以晚花型或者物候期较晚的北方地区的枇杷品种作为母本较为方便。

三、杂种苗早期鉴别

（一）形态鉴定

形态特征是杂种区别于父母本的一个方面。

传统的鉴定方法主要是形态鉴定，从叶形、花形和果实等的特点进行鉴定，同时结合解剖结构、细胞学以及孢粉学等研究方法。

形态学方法具有简单、直观的优点，一直都是鉴别枇杷杂交种类和品种以及对资源进行多样性评价最基本的依据。但是所有形态指标均受环境的影响较大，枇杷是需要经过较长的营养生长期才能进入结果的多年生果树，利用此法进行杂种的鉴定，易受观察者等主观因素的影响，同时利用常规技术进行形态性状鉴定，花费的时间及资金较多。

（二）染色体鉴定

染色体鉴定是从细胞学上分析鉴定杂种的真实性。染色体鉴定可以从倍性上对杂种及其父母本进行鉴定，倍性鉴定的方法一直是枇杷倍性育种的重要内容之一，在成功获得枇杷单倍体和三倍体以及四倍体上发挥了重要的作用。实践证明，通过根尖染色体鉴定，可以有效鉴定杂种的真实性。

近几年来，分子生物学技术渗透到染色体组学中，染色体原位杂交技术在鉴定杂种方面发挥了更为突出的作用。染色体原位杂交是利用标记的 DNA 探针与染色体上的 DNA 杂交，在染色体上直接进行检测的分子标记技术。在枇杷自然和人工杂交产生的多倍体鉴定方面得到了很好的应用。梁国鲁等利用基因组原位杂交技术（GISH）对 12 个品种的天然三倍体枇杷的 30 个单株的起源方式进行了探讨，推断天然三倍体枇杷主要起源于由自花授粉产生的同源三倍体和卵细胞未减数而形成的同源三倍体 2 种方式。汪卫星等利用自然筛选获得的四倍体枇杷与二倍体枇杷通过有性杂交得到 F_1 代，筛选出三倍体枇杷，利用 GISH 进行三倍体枇杷杂种的鉴定。结果表明：三倍体株系在基因组重组过程中，父本即二倍体提供了 17 条染色体，母本即四倍体提供的染色体数目为 34 条，是由四倍体 2n 雌配子参与杂交形成；三倍体在形成过程中未发现明显的染色体结构变异如染色体的易位、倒位等。

（三）同工酶鉴定

同工酶是指功能相似而结构不同的一类酶，同工酶标记是一种共显性标记，多态性反应在蛋白质水平上。同工酶鉴定可以从受试苗是否具有双亲的互补位点以及酶的活性来鉴定是否为真杂种。蔡礼鸿等在枇杷等位酶方面的研究已经较为深入，可为枇杷杂种的同工酶鉴定提供方法和技术支撑。

虽然同工酶标记能够成功鉴定杂种苗，但是存在着多态性位点较少、费用较高等缺点。

（四）分子鉴定

随着分子生物学的发展，对杂种及其与父母本之间亲缘关系的分析上升到分子水平，可以对亲缘关系较近的种间杂种进行鉴定，在植株的早期鉴定上发挥了重要作用。分子鉴定具有不受环境影响的优点，是进行杂交后代鉴定较为理想的方法，逐渐成为枇杷杂种苗早期鉴定的重要工具之一。

RAPD（Random Amplified Polymorphic DNA，即随机扩增多态性 DNA）标记分析技术，是在 DNA 水平上迅速有效地鉴定体细胞杂种的方法。具有操作简便、成本低、样品需要量少、灵敏度高的特点，目前广泛用于农作物、果树、蔬菜等品种、品系鉴定。RAPD 技术是枇杷种质杂交鉴定相关研究中应用最广的分子标记方法。潘新法等运用 RAPD 分析技术，对 16 个枇杷品种的基因组 DNA 进行 RAPD 分析，表明不同枇杷品种基因型间存在着极为丰富的遗传多样性，扩增的 DNA 指纹图谱可将 16 个品种一一区分，为枇杷品种鉴定提供了新的方法，同时也为分子标记辅助育种提供了依据。陈义挺等应用 RAPD 分别对 11 个枇杷品种、65 份枇杷资源进行了鉴定、分类和亲缘关系的分析，同时利用 RAPD 技术对解放钟、森尾早生、早钟 6 号 3 个品种进行亲缘关系的研究，对子代与父、母本扩增带中共同带的分析表明，子代的谱带均存在于父本或母本的谱带中。从而在 DNA 水平上证实了早钟 6 号是解放钟和森尾早生的有性杂交后代。乔燕春等运用 RAPD 分子标记，对远缘杂交的枇杷苗进行早期杂种鉴定，根据有无父本的特征带或新带型来鉴定其是否杂交成功。

ISSR（Inter Simple Sequence Repeats），又称简单重复序列间扩增，是近年来发展起来的一类新型的分子标记技术，在枇杷种质资源研究和杂交鉴定方面也开始应用，如利用 ISSR 分子标记技术鉴定了枇杷新品种东湖早。

此外，SSR、SRAP、AFLP、Southern 杂交分析等都可用于对杂交苗进行早期鉴别。

◆ 主要参考文献

蔡礼鸿，李作洲，黄宏文，等．2005．枇杷属植物等位酶遗传变异及品种基因型指纹［J］．武汉植物学研究，23（5）：406 - 416．

蔡礼鸿．2000．枇杷属的等位酶遗传多样性和种间关系及品种鉴定研究［D］．武汉：华中农业大学．

陈义挺，赖钟雄，陈菁瑛，等．2004．枇杷品种早钟 6 号与解放钟、森尾早生亲缘关系的 RAPD 分析［J］．福建农林大学学报，33（1）：46 - 49．

董燕妮，邓群仙，王永清．2008．我国枇杷种质资源与育种的研究进展［J］．亚热带农业研究，4（2）：91 - 96．

高兴．2004．新一代水果——兴宁 1 号枇杷［J］．云南农业（8）：13．

梁国鲁，任振川．1999．四川 8 个枇杷品种染色体变异研究［J］．园艺学报（2）：71．

潘新法，孟祥勋，曹广力，等 . 2002. RAPD 在枇杷品种鉴定中的应用 ［J］. 果树学报，19（2）：136 - 138.

乔燕春，林顺权，何小龙，等 . 2010. 普通枇杷种内和种间杂种苗的 RAPD 鉴定 ［J］. 果树学报，27（3）：385 - 390.

沈德绪 . 2000. 果树育种学：第二版 ［M］. 北京：中国农业出版社 .

汪卫星，向素琼，郭启高，等 . 2009. 利用基因组原位杂交（GISH）技术进行三倍体枇杷杂种鉴定 ［C］//第四届全国枇杷学术研讨会论文（摘要）集 . 219 - 223.

王永清，李俊强，邓群仙，等 . 2009. 一种制备植物三倍体植株的方法：中国，200910309218. 4 ［P］.

张小艳，许奇志，李韬，等 . 2009. 枇杷种质资源叶斑病抗性调查 ［J］. 福建果树（1）：15 - 18.

张小艳，许奇志，谢丽雪，等 . 2009. 枇杷种质资源果实锈斑病抗性调查 ［J］. 福建果树（3）：34 - 39.

张宇和 . 1982. 果树引种驯化 ［M］. 上海：上海科学技术出版社 .

赵依杰，王江波，张小红 . 2010. 枇杷新品种'东湖早'的 ISSR 分子鉴定 ［J］. 热带作物学报，31（1）：72 - 76.

郑少泉，许家辉，蒋际谋，等 . 2010. 优质大果晚熟白肉枇杷新品种'黄蜜'选育研究 ［J］. 福建果树（1）：1 - 3.

郑少泉 . 2001. 福建枇杷良种选育与推广 ［J］. 中国南方果树（6）：28 - 29.

Liang, G. L., Wang, W. X., Xiang, S. Q., et al. 2007, Genomic in Situ Hybridization (GISH) of Natural Triploid Loquat ［J］. Acta Hort (750)：97 - 99.

Vilanova S, Badenesm L, Martinez-calvo, J, et al. 2001, Analysis of Loquatgermplasm (*Eriobotrya japonica* Lindl.) by RAPD Molecularmarkers ［J］. Euphytica, 121 (1)：25 - 29.

Soriano J M, Carlos R, Santiago V., et al. 2005, Genetic Diversity of Loquat Germplasm ［*Eriobotriya japonica* (Thunb) Lindl.］ Assessed by SSR Markers ［J］. Genome (48)：108 - 114.

第 三 章

枇杷的形态特征和生物学特性

第一节　枇杷的形态特征

一、树　冠

　　枇杷为常绿小乔木，高可达 10m。其树冠基本呈圆头形，但因繁殖方法、品种和树体年龄的不同，略有差异。实生树主干较高，中心干大多较为明显，树冠也较高，大多呈圆锥形。嫁接树在幼年时，不论何种品种，都因中心干顶端优势、顶芽及邻近的几个腋芽抽发长枝，表现为树冠层性明显；初结果期间，侧生枝上的顶芽所抽枝梢生长缓慢，短而粗壮；腋芽所抽枝梢，生长迅速而细长，使树冠向外开张，形成圆锥形树冠；进入盛果期，因果实重量使主枝下垂，树冠渐为圆头形（但夹脚等少数品种，因枝条直立，虽进入盛果期，仍保持圆筒形的树冠）。至于嫁接树在成年后有无中心干，则因枇杷品种类型不同而有差异：白沙类型多有较明显的中心干；红沙类型多数无中心干，但亦有中心干明显的。

二、芽

　　枇杷的顶芽分叶芽和花芽。芽体大而裸露，无鳞片包被，实际上是由 7～8 个大小不等的先出幼叶构成，外面密被锈黄色的茸毛。顶叶芽发育成主梢（中心枝）。顶花芽在夏、秋形成，随后即抽穗开花。

　　枇杷的腋芽（即侧芽）是在叶腋间形成的。腋芽只有叶芽而无花芽，芽体很小，扁平，绿色，呈三角形，宽 2～5mm，紧贴在靠近叶柄基部的茎体上，由于发育条件不同，有的腋芽极小，在很多叶腋间或叶柄痕上看不到芽体，芽体外面密被茸毛，对芽体起保护作用。

三、枝　梢

　　枇杷的新梢青绿色或青棕色，密生锈色或灰棕色茸毛，老熟后变为黄褐色或棕褐色。成年树的枝干，灰棕色或灰褐色，多数光滑。

　　枇杷的侧生枝比顶生枝长，顶生枝生长缓慢，停止生长较早，故短而充实。幼年树上的顶生枝，因生长势旺盛，长可达 20cm 以上；而成年树上的主梢，节间短，长度在

20cm 以下。由顶芽以下的侧芽抽生成的枝，是侧生枝。侧生枝比顶生枝细，节间长，枝也长，幼年树的侧生枝可长达 1m 以上，成年树的侧生枝也常在 25cm 以上。

枇杷幼嫩枝上，叶痕较为明显，至 3～5 年后，渐趋消失，枝条才平滑。

枇杷的老年树上枝节较为明显，因枇杷的顶芽大多能形成花芽，由侧芽抽生的侧枝延长，所以新生枝与基枝常呈一定的角度而弯曲。壮年树因生长旺盛，枝节不明显。而衰老树生长势减弱，枝节明显，枝条弯曲，这种现象俗称"多节枝"。

四、叶

枇杷的叶片由叶身、叶柄和托叶构成。叶身革质，披针形、倒披针形、倒卵形或长椭圆形，长 12～30cm，宽 3～9cm；先端急尖或渐尖，基部楔形或渐狭形，上部边缘有疏锯齿，基部全缘，叶面光亮、多皱，背面密生灰棕色茸毛，侧脉 11～21 对；叶柄短或几无柄，长 6～10mm，有灰棕色茸毛；托叶钻形，长 1～1.6cm，先端急尖，有毛。

叶片的大小，因品种、枝梢抽发的时期、立地条件和栽培管理水平等不同而有差异，如老仳种（浙江黄岩）的叶片较大，其叶长可达 50cm 左右，叶宽可达 15cm 左右；而牛奶枇杷（湖南沅江）叶片细小，长只有 16cm，宽只有 4.7cm。同一植株上，春梢上的叶片较大，夏梢和秋梢上的叶片小，冬梢上的叶片最小。在土质肥沃、肥培管理好、树势旺盛的树上，叶片较大；反之，叶片较小。

叶片色泽的深浅、叶背茸毛的稀密、叶缘锯齿稀密和深浅、叶脉间的叶肉皱褶程度等，都是鉴别品种的依据。

五、花

枇杷的花穗为顶生圆锥状混合花序，长 10～20cm。总花梗和花梗密生锈色茸毛；花梗长 2～3mm；苞片钻形，长 2～5mm，密生锈色茸毛；花直径 12～20mm；萼筒浅杯状，长 4～5mm；萼片三角卵形，长 2～3mm，先端急尖；萼筒及萼片外面有锈色茸毛；花瓣白色、绿白色或淡黄白色，长圆形或卵形，长 5～9mm，宽 4～6mm，基部具爪，有锈色茸毛；雄蕊每轮 10 枚，共 2 轮 20 枚左右，远短于花瓣，花丝基部扩展；花柱 5，离生，柱头头状，无毛，子房顶端有锈色柔毛，5 室，每室有 2 胚珠。

枇杷的花序由一个主轴和 5～10 个支轴构成，有的支轴上还有小分轴。每一花穗的花朵数因品种及花穗枝的营养状况不同而异，一般 70～100 朵花，多的可达 150～200 朵花，少的只有 30～50 朵或更少。

六、果 实

枇杷果实由花托和子房共同发育而成，构造上是仁果类，植物学上称为"假果"。果实直径 2～5cm。栽培品种一般单果重 15～50g。品种间差异甚大，如福建莆田的解放钟枇杷，最大单果重达 172g，更有西班牙品种 Peluches，其最大单果重达 250g，为迄今所知世界上最大的枇杷。而湖南祁东的红肉圆形枇杷，果实小，单果重仅 8g。

果形有近圆形、扁圆形、长椭圆形等多种。

果实由果梗、果皮、果肉、心皮和种子等组成，果皮剥离容易或较难，外有柔毛，充分成熟时，皮色有橙红、橙黄、黄色、淡黄等。广西桂林有一品种，从幼果到成熟，果皮上都覆盖着褐色的锈斑与茸毛，致使果皮粗糙，呈红褐色，状似荔枝，故群众称为荔枝枇杷。枇杷果肉柔软多汁，色泽从棕红至玉白，依果肉色泽不同而分红肉枇杷、白肉枇杷。果肉厚度多在 0.5～0.8cm，福建的太城 4 号果肉厚度达 1.21cm。正常成熟果实的可溶性固形物含量，每 100g 果肉一般为 7～17g，其中转化糖 6～12g，可滴定酸 0.1～0.7g，维生素 C 3.3～25mg。果实的可食率为 50%～75%。

七、种　　子

种子形状因果形及每果所含种子数不同而异，有卵圆形、倒卵圆形、近似三角形、长扁圆形等。

每个果实的种子数，常因品种而异，一般为 1～8 粒，如福建太城 4 号为 1.34 粒，而江苏的早黄则平均每果种子数多达 6.6 粒。种子直径一般 1～1.5cm，单粒重 1～3g。种子由子叶、胚和种皮等部分构成。种皮褐色、纸质，因品种不同，其色泽深浅不同。去种皮后基部具半圆形的沟纹，染有绿色，约占全核 1/3，称之基套。种皮内有 2 片肥大的子叶，富含淀粉。

八、根

初生新根白色，后转黄白色，最后变成褐色；侧根稀少，须根数量占总根量的比例较一般果树低。实生苗的根在正常情况下有一粗长的直根垂直向下生长，有的直根生长到中途分成 2～3 个支根，直根上稀疏地着生细侧根。除直根外，在近地表处有许多横生的粗根，移栽时，直根被切断，则由横生的粗根长成主要根系。

第二节　枇杷的生物学特性

一、树　　性

1. 树体与寿命　枇杷的树体与寿命依品种、繁殖方法、环境与栽培技术而异。实生繁殖者生长强，树势旺，树冠高大，寿命长。嫁接苗定植后，2～5 年开始结果，7～15 年进入盛果期，40 年后产量下降，寿命可达 70～100 年。

2. 干性与层性　枇杷的幼树，特别是实生繁殖的，干性较明显，进入结果期后，则不大明显，盛果期树体呈自然圆头形。由于枇杷的顶芽及其附近数芽萌发力特别强，并能成枝，而其中部及下部芽多不萌发，故造成树冠的层性明显。枇杷侧芽所抽枝梢，一般有 3～6 个，任其自然生长，中心主干上易形成轮生枝。

3. 生长与休眠　枇杷枝叶四季常绿，秋萌冬花，根系周年活动，即使冬季也无相对休眠，只是有时因为环境条件所限制，使其生理活动暂时减弱。

二、根　　系

1. 生长特性　早春枇杷新根生长约比春梢萌发早半个月，据陈文训（1957）观察，三年生实生苗，根系在土温 5～6℃时开始生长，9～12℃时生长最旺，18～22℃时逐渐缓慢，30℃以上停止活动。枇杷根系一年有 4 个生长高峰期，与新梢生长交替进行。

2. 根系的分布　枇杷根系需氧量大，再生能力弱，在土壤中的分布范围及发育状态与土壤性质有密切关系，以通透性良好者为佳。

（1）垂直分布　枇杷根系密集层的垂直分布深度大部分集中在 5～60cm，分布深度随土层深度和地下水位高低而定。

（2）水平分布　随树龄的增长，根系逐渐向外延伸，在 15～20 年，水平伸展范围常超过树冠的范围。如树冠的半径为 2～3m，则根系分布半径可达 2.5～3.5m。

三、枝　　梢

1. 春梢　枇杷春梢萌动抽生于早春，因气温较低，生长缓慢。春梢粗壮，节间密，叶片大，色浓绿，有光泽，梢长 5～15cm，幼年树及少花树，春梢多而整齐，当年萌发的春梢，大部分成为夏梢的基枝，一部分不抽生夏梢的，多变为春梢结果母枝。

2. 夏梢　通常在采果前后抽生，较细，长达 10～30cm，夏梢叶片较春梢小而狭长，幼叶淡绿色，成叶较春梢叶色浅。幼年树主要靠夏梢扩大树冠。福建、广东、广西及浙南产区，夏梢是主要的结果母枝，浙北、江苏、安徽产区，夏梢抽生较迟，一般当年较少能成为结果母枝。

3. 秋梢　幼年树在 8 月中下旬抽生，成年树在 8 月下旬至 10 月下旬抽生。幼年树抽生数量大，为扩大树冠的主要枝梢之一。其枝叶特点和夏梢相似，成年树的秋梢，往往成为结果枝。有少数从结果枝下方结果母枝先端的叶腋间萌发 1～2 个细长的营养性秋梢。

4. 冬梢　抽生时间从 11 月上旬开始，延至次年 2 月与春梢相连接，冬梢在秋冬温暖的华南，幼树上萌发较多，且能成梢；而成年树则较少。在苏、浙、皖地区，因气温逐渐下降，展叶成枝的很少。

四、开花结果习性

1. 结果母枝和结果枝　枇杷的结果枝自结果母枝顶端混合芽抽生，结果母枝大多数是生长充实的春梢及春梢发育枝上抽生的夏梢。采果后自果痕下方所抽生的夏梢中，停梢早、生长充实者，亦可成为结果母枝。枇杷的结果母枝，如由基枝顶芽抽生的，其枝短粗壮，叶密生，称短结果母枝；自基枝侧芽抽生的，枝较细长而叶疏生，称长结果枝。9～10 月间，枇杷顶花芽萌发后，逐渐伸长，抽生结果枝，结果枝基部着生 1～5 片小叶，上部着生花序，也有生长较弱的结果母枝，不抽叶片，直接自其顶端抽生花序开花。前者称有叶结果枝，后者称无叶结果枝。

2. 花芽分化　枇杷的花芽分化，因地区不同而时期有所差异。根据李乃燕等（1978—1981）、胡军（1981）、林铮等（1980—1981）分别在浙江黄岩的洛阳青及浙江杭州、福建三明的大红袍等品种上研究，开始分化时期为 7 月下旬至 8 月下旬，其分化进程如下：枇杷以春梢顶芽短枝最先分化，其次是春梢侧芽长枝，再次为夏梢顶芽短枝，最后为夏梢侧芽长枝。枇杷的花芽分化有两个特点：①分化时间短，开始分化于夏秋，从分化至开花，3 个月左右；②边生长边分化，从总轴出现到支轴分化，是在芽内进行，而支轴的延伸，小花的分化，是在芽外进行的。

3. 开花习性　枇杷自花穗能识别后，约经 1 个月开始开花，花期日平均气温若在 11～14℃，开花最多，10℃以下，则花期延长。开花期多在 9 月至翌年 2 月，主要在 10 月下旬至翌年 1 月中旬。但在福建、云南等温暖地区，亦有开二次花、三次花的现象，如福建 3 月底开二次花，5 月底开三次花，川西及云南有 5 月底开花，9 月底果实黄熟的所谓四季枇杷等，皆为特例。在福建，一花穗开完经 12～24d，全树开花期 46～72d；在江浙一穗花开完经 15～60d，全树开完花 70～120d。一朵花从露白到谢花约经 19d。江浙产区果农，把枇杷开花分成三批：在 10～11 月间所开的花称为头花，其所结果实由于生长期长，发育充实，果大品质好，但在有冻害的地区，受冻机会较多；二花在 11 月底至 12 月，受冻少于头花，果实质量次之；三花在 1～2 月，受冻机会少，但果实发育期短，果小品质差。

五、果实生长发育

1. 果实的发育时期　据陈文训（1957）在福州观察，果实体积的增长，自开花受精成幼果后，初期纵径增长较快，而至中期纵横径增长大体近于平衡，后期直至成熟，以横径增长较快。据丁长奎（1986）在武汉观察，枇杷果实的发育可分为幼果滞长期、细胞迅速分裂期、果实迅速生长期和果实成熟期 4 个时期。

2. 种子的生长发育　据叶瑟琴等（1987）在武汉的观察，种子增重在果实发育前期相当缓慢，主要增重高峰在果实发育中后期的 4 月中旬至 5 月中旬，此期内种子增重为最终重量的 90%，此后重量不再增加。

3. 果肉成分的变化　枇杷果实在成熟期以前，营养成分含量很低，而到近果实成熟 15d 左右的时间内，果肉成分发生显著变化，最显著的变化是糖和酸，成熟果所含的糖 90%左右是在成熟期内迅速积累起来的，在糖的成分中，以蔗糖的含量最多，其次是果糖和葡萄糖，另外还有部分山梨（醇）糖。在果实成熟过程中，酸的含量迅速降低，酸的主要成分是苹果酸，也有少量柠檬酸。

六、主要物候期

枇杷一年中的抽梢、开花、果实成熟等变化，和其他果树有很多不同之处，而且因各地区的气候条件和品种的不同，物候期亦有差异。兹将中国几个主要产区的物候期列于表 3-1。

表 3-1　枇杷物候期

产　区	福建莆田	浙江黄岩	浙江塘栖	安徽歙县	江苏洞庭山	四川双流
春梢抽生期	2 月上至 3 月中	2 月中至 5 月底	3 月上至 5 月上	4 月上至 5 月上	3 月上	2 月中至 4 月下
夏梢抽生期	5 月上中至 6 月下	6 月上至 8 月上	6 月上至 7 月下	6 月初至 7 月上	6 月上中	5 月下至 6 月下
秋梢抽生期	7 月中至 10 月中	8 月下至 10 月中下	8 月中至 9 月中	8 月上至 9 月下	—	8 月下至 10 月下
冬梢抽生期	11 月上	11 月上至 2 月上	—	11 月上	—	—
开花初期	10 月下至 11 月上	10 月下至 11 月上	10 月底至 11 月上	10 月上中	10 月下至 11 月中	10 月至 11 月上
开花盛期	11 月中下	11 月下至 12 月上	11 月中至 11 月底	11 月中	11 月上至 12 月下	11 月下至 12 月下
开花终期	1 月下	2 月上	12 月中至 1 月中	2 月上	12 月上至 1 月中	12 月下至 1 月中
果实成熟	4 月上至 5 月中	5 月中至 6 月中	5 月中至 6 月中	5 月中至 6 月上	5 月下至 6 月上	4 月下至 6 月上

七、生态环境条件要求

枇杷和生态环境是一个相互紧密联系的辩证统一体，所有的生态因子综合一起对枇杷发生作用。枇杷园就是一个动态平衡的人工生态系统。研究和掌握环境条件对枇杷生长发育的影响，是进行适地适栽的重要依据。影响枇杷生长发育的主要环境因子有温度、光照、水、风、土壤、地势等，以下分别叙述。

1. 温度　温度是植物生存因子之一。国内外在进行作物区划时，首先考虑的就是温度条件，其中主要是年平均温度、生长期积温和冬季最低温，影响枇杷分布最主要的则为冬季最低温。

枇杷原产北亚热带，在生长发育过程中要求较高的温度，一般年平均温在 12℃ 以上即能生长，15℃ 以上最为适宜。如我国目前主产区的江苏洞庭山、浙江余杭塘栖、福建莆田、四川双流、米易等地年平均温度都在 15℃ 以上。但枇杷发育不同阶段和植株不同部位对温度要求又不一样。因为它在秋冬开花，春季形成果实，冬季和早春低温对当年产量有很大影响，成为能否进行经济栽培的主要限制因素。虽然枇杷树（成年树）在 -18.1℃（1977 年 1 月 30 日，武汉）尚无冻害，然而刚移栽的幼苗即使在 -7℃ 时也会冻死，枇杷幼梢、花穗密被茸毛，故较柑橘耐寒，但在一般情况下，花和幼果能忍受的低温远比枝叶为弱，在 -6℃ 花器官严重受冻，幼果在 -3℃ 也会受冻。温度太低，还影响到授粉受精，所以北缘地区宜选择有调节气温作用的江河湖泊地域或有高山屏障阻挡寒流的地区栽培枇杷。如江苏洞庭山利用太湖调温，安徽三潭利用黄山挡风、新安江水库调温。同时，选择开花较晚的品种，以避过幼果受冻期；还有的利用某些品种花穗形态上的特性与抗寒力的关系，选出抗寒的类型。值得一提的是，枇杷花量大，陆续开花、花期长，在一般无大冻的年份，即使一部分花果受冻，也不会影响正常的结果。总的说来，适宜枇杷栽培的分布范围大致上与柑橘相似，往往分布在同一地区。枇杷发生冻害的温度（指明显减产的冻害）与柑橘相似，只不过前者冻花冻果，后者冻梢冻树。在区划上柑橘和枇杷二者兼顾而不要截然分开，因柑橘遭大冻后（－15℃以下）则枝枯树死，而枇杷只失当年之果，第二年树体生长健壮，又可结果。故枇杷的分布区较柑橘北缘稍广。枇杷不仅怕冷，也怕热，不耐高温，夏季气温35℃以上时，根系生长停止，幼苗生长不良，果实易日灼。

2. 光照　枇杷要求阳光充足，利于果实生长，且能提早成熟，品质和着色良好，并有利于花芽分化，但在果实由绿转黄时，烈日直射则易引起日灼，尤以雨后骤晴时影响最大。枇杷幼苗期喜欢散射光，适当密植，相互遮阴，有利于生长；而成年树过于荫蔽则生长不良，内膛枝易枯死，并增发病虫害。

3. 雨量　枇杷需要较多的降水量和湿润的空气才能生长旺盛，结果良好，除部分地区引水灌溉外，一般要求年降水量在1 000mm以上。但春季气温变化剧烈，雨水过多容易促使枝条徒长，影响结果。果实增大期若阴雨连绵，阳光不足，则果味变淡，着色不佳，成熟延迟，并增加裂果，且雨水过多会使排水不良的果园渍水烂根，早期落叶，影响花芽分化。枇杷在夏末秋初要求较为干燥的条件，使生长减缓，促进花芽分化。但这时往往过于干旱，而且温度较高，蒸发量大，影响枝叶生长，花芽分化不良，根系浅的植株更易受旱，故在山地栽培应注意加深土层，引根向下，并覆盖树盘以减少旱害。

4. 风　枇杷树冠高大，根系较浅，叶大而密集，适风性差，故遇大风易被吹倒。1956年，洞庭山因大风吹倒枇杷树达60%。因此，在沿湖海地区，尤要注意防风，应选择避风处建园或设置防护林带加以保护。在福建莆田地区，采取主枝上的分枝互相靠接的方法，把骨干枝连接起来，以防止大风摇动；洞庭山则用大石块压在树盘下根系分布区内，防止连根拔起。再者，冬季低温时，风愈大愈受冻，故有冻害威胁地区，也以设置防风林为宜。

5. 土壤　枇杷对土壤的适应性很广，一般砾质和沙质土壤或沙质黏土都能栽培，以土层深厚、土质疏松、富含有机质、保水保肥能力强而又不易渍水的为佳。这种土壤栽培枇杷，生长健壮，果实大，产量高，寿命长，对枇杷来说，肥沃而排水差的土壤，不如瘠薄而排水好的土壤。黏性重的土壤和地下水位高的平地不宜栽培，因为枇杷忌渍水，一般水位高的土壤，根部不能向下伸展，甚至引起根腐。如浙江塘栖地处平原水网地区，地下水位高，或因地势平坦排水不良，遇多雨极易积水成涝，引起枇杷烂根落叶，甚至死亡。如1980年8月长期阴雨，使土壤长时间渍水，造成大量死根；而1954年5～7月连续降雨65d，降雨量1 314.8mm，致使当年一个主产村损失枇杷树70%，全县面积减少17.2%，对整个塘栖的树势影响很大。因此，从这个意义上说，在一些低洼地区，枇杷的涝害问题比冻害更突出，这是因为涝害不仅影响当年产量，而且造成烂根落叶，树势大衰，影响数年，甚至一蹶不振，而冻害仅使花果受冻减产，而不影响树体健康，故山地栽培较平地结果好、寿命长，而在平地栽植则要开沟排水和抬高土层，才能获得丰产；沙土地栽培由于土壤干燥，果形小而果汁少，但果实味甜，品质较好，成熟早，适宜栽培早熟品种；在肥沃而深厚的土壤上栽培，树势易徒长，进入结果晚，果实成熟亦晚，适宜栽培中晚熟品种。枇杷对土壤酸碱度要求不高，不论在洞庭山石灰岩母质土壤上（pH7.5～8.5），还是莆田地区红壤（pH5.0 左右）上，都能正常生长结果，但以 pH6 左右最为适宜。

6. 地势及坡向 枇杷要求阳光充足，南向或西南向山坡（阳坡）栽培，日照时间长，辐射强度大，生长健壮，寿命长，着色好，成熟早、品质佳。但昼夜温差大，较易遭受冻害。北向或东北向山坡（阴坡）太阳辐射少，肉质细嫩、汁液丰富，但风味稍淡，成熟推迟。阴坡由于昼夜温差小、湿度大，开花迟，有时反而不易受冻。因此，枇杷栽培北缘地区的洞庭山果农，近年来在阴坡发展枇杷较多，有其特殊意义。在阴坡山谷地带，冷空气容易沉积的地方，不宜栽培枇杷。枇杷在平地或山地都可能栽培，以 5°～20° 斜坡最为适宜。近年来，浙江余杭枇杷从水网地迁到山地，获得很大成功。但如果山地坡度过大（超过 25°）或山脊突出地段，土壤瘠薄，保水力差，且易遭风害，不宜栽培枇杷。山坡方向一般以南或东南为宜，在南方没有冻害的地区，北向水热条件较好者，亦可栽培枇杷。

八、枇杷在四川不同生态型区的生态适应性

枇杷与其他果树春花秋实的发育不同，一般秋冬开花，春夏成熟，且在不同生态条件下具有特殊的生态反应和生态适应性。据四川省农业科学院园艺研究所研究报道（2010），四川省幅员辽阔，地形地貌复杂，气候类型多样，具有多个条件各异的生态型区，其栽培管理技术措施各不相同。

1. 不同生态型区的气候特点

（1）亚热带湿热生态型区 该生态型区主要包括四川盆地，是四川枇杷的主产区。其中，枇杷生产大县双流县，栽培面积 1.05 万 hm²，属大陆性季风气候，种植区域海拔435～794m，年均气温 16.3℃，最冷月平均气温 5.4℃，最热月平均气温 25.2℃，极端高温 39.4℃，极端最低气温 －5.0℃，≥10℃ 年积温 5 500～6 200℃，年均日照时数1 176.3h，年均降水量 867.6mm，无霜期 291d。该生态型区的气候特点是春季气温回升快，热量丰富，秋雨多，湿度大，光照少。

（2）南亚热带干热生态型区 主要指四川省的攀西地区金沙江、安宁河、雅砻江流域海拔 1 400～1 700m 范围内的枇杷栽培区。年平均气温 16～19℃。最冷月（1月）平均气温 10℃ 左右，≥10℃ 年积温多为 5 000～6 000℃，无霜期 300d 以上，≤－3℃ 低温频率极低，一般 10～20 年一遇。特别是中山区有逆温效应的地带，最冷时气温比谷底高，年日照 2 400～2 900h，年降水量 879mm。该生态型区的气候特点是光热资源丰富，气温年较差小，日较差大。旱季、雨季分明，蒸发量大。地形复杂，立体气候明显，有"一山分四季，十里不同天"的特点。

（3）南温带干暖生态型区 主要指四川省阿坝藏族羌族自治州的茂县、汶川县等海拔1 300～1 700m 的干暖河谷。该生态型区内年均气温 11～14℃，极端最高气温 31.8℃，极端最低气温 －11.6℃，年降水量 500mm 左右，年蒸发量 1 300mm 以上，年平均日照时

数1 400～1 800h，无霜期210～260d，该生态型区的气候特点是光照充足，气候温和，长冬无夏，春秋相连、雨旱分季，夏季冷凉干燥、昼夜温差大、空气湿度低。

2. 不同生态型区枇杷生态反应与适应性

（1）中亚热带湿热生态型区　枇杷在该区域树体长势较旺，一年能抽发4次梢，夏梢成花为主，开花期主要集中9～12月，果实快速生长期3～4月，集中成熟期5月，品质中上。该区域适宜枇杷生长发育及产量和品质的形成，无严重干旱、冻害及冰雹、台风等灾害影响，是枇杷生产的适宜区域。主要存在的问题是冬季花期及幼果期的低温冻害，春旱或绵雨影响果实生长；夏季高温干旱导致日灼，裂果，缩果；秋季绵雨导致花穗腐烂；枇杷生长量大，由于光照较少，树冠下部和内膛易郁闭早衰。主要病害是叶斑病、花穗腐烂病等。

（2）南亚热带干热生态型区　该区域枇杷幼树或旺树每年可以抽生4～5次梢。无人为控制条件下，成年树春梢和夏梢因停长时期不一，花芽分化早晚不同，而出现多次开花结果现象。春梢主要生长时期3～4月，停长早，停长后正值干旱季节，易于花芽分化，第一批早花6～7月开花，由于正值高温时节，花期短，花瓣难张开，柱头黏液少，不利授粉受精，落花严重，着果率很低；果实生长发育期短，9～10月成熟，果小质差，可溶性固形物含量低，早花发生会大量消耗树体营养，严重影响第二批和第三批花的分化，减少果园经济收入。8月至9月中下旬开第二批花，果实12月至翌年2月中下旬成熟；10月至11月下旬开第三批花，果实翌年3～4月上旬成熟。通过采取适当技术措施，人为调节结果母枝抽发时间，能避免自然早花，使开花期集中在8～10月。在冬季气温较高条件下，花期和幼果期基本无冻害，果实生长不停滞，无其他枇杷产区的"幼果滞长期"。果实12月至翌年3月成熟，是无需设施栽培的反季节特早熟枇杷生产地区。果实表面光洁，色泽好、无果锈或很少果锈，果大质优，商品价值高，极具市场竞争力。海拔和小气候对该区域枇杷影响很大。存在的主要问题是枇杷易大量形成早花，8～9月适期开放的花量不足，易发生枇杷枝干腐烂病、芽枯病和果实栓皮病。

（3）南温带干暖生态型区　在该区域较低海拔的河谷地带，枇杷生态反应与在中亚热带湿热生态型区接近，但物候期要晚20～30d，以夏梢成花为主，成熟期6月，果面光洁，色泽好，品质优，可溶性固形物可以达到15%以上。随着海拔上升，表现为年生长量逐渐减少，一般一年只抽1～2次梢，以春梢为结果母枝，开花期9月至翌年2月上中旬，大多以花蕾或开放的花朵越冬，由于花蕾耐低温冻害能力强，一般年份都有足量花安全度过低温冻害期，果实成熟期随海拔升高而推迟，一般成熟期为6月中旬至8月底。由于果实发育期长，昼夜温差大，每穗多个果都可以发育成大果，且糖分积累高，品质特优，可溶性固形物含量可以达到17%以上。存在的主要问题是海拔较高地带成花困难，有的年份冻害严重，导致大幅度减产。

3. 不同生态型区枇杷果实主要经济性状　取样分析表明，不同生态型区的枇杷果实大小、可食率、种子数差异不大，果实外观和内在品质差异较大。如大五星枇杷品种，在南亚热带干热生态型区（西昌、德昌）果实表面光洁，条斑不明显，果面橙红色，可溶性固形物含量可达14.9%～15.3%，比中亚热带湿热生态型区（成都龙泉、简阳石盘）高3～4个百分点，且含酸量较低，果肉柔软多汁，甘甜爽口，香味浓郁。在南温带干暖生态型区（汶川、茂县），该品种果实生长发育缓慢，糖分积累期长，可溶性固形物含量高达 17.4%，含酸量极低，果面条斑不明显，肉质柔软，汁多化渣，品质优（表 3 - 2）。

表 3 - 2   四川省不同生态型区大五星枇杷果实性状比较

地　　点	单果重 (g)	果皮 色泽	果实 条斑	可溶性固 形物（%）	含酸量 （%）	可食率 （%）	种子数 （粒/果）
成都市龙泉驿区	52.4	橙黄	中等	11.5	0.39	71.2	3.5
简阳市石盘镇	52.6	橙黄	中等	12.1	0.36	71.4	3.4
西昌市太和镇	51.2	橙红	不明显	15.3	0.28	71.5	3.2
德昌县王所小冯村	51.3	橙红	不明显	14.9	0.26	72.0	3.3
汶川县七盘沟乡	48.5	橙黄	不明显	15.6	0.21	71.0	3.4
茂县南新镇凤毛坪村	63.4	橙黄	不明显	17.4	0.19	72.3	3.4

4. 利用研究结果，进行枇杷产期调控，实现四川枇杷的周年生产　研究结果表明，在掌握枇杷品种特性，尤其是成花和花果抗冻特性基础上，采用不同成熟期品种组合，选择适宜生态条件，利用垂直气候差异，配合设施栽培技术和调控花芽分化进程等手段可以提早或推迟果实成熟期，使四川攀西地区枇杷 10 月至翌年 3 月成熟，四川盆地枇杷 4～5 月成熟，岷江上游河谷区（南温带干暖生态型区）的枇杷 6～8 月成熟，基本可以实现四川枇杷周年生产。

5. 根据枇杷在不同生态型区的表现，研究制订枇杷丰产栽培关键技术措施

（1）中亚热带湿热生态型区　枇杷丰产栽培的关键技术主要内容包括高光效树形培养与采果后重剪、重施采果肥；露地栽培综合防冻；简易大棚栽培；稻田枇杷园深沟，改善土壤通透性等措施。

（2）南亚热带干热生态型区　针对开花期不一致，早花量大，难着果，品质较差的问题，探索出以"春梢摘心培养侧梢结果母枝，适时促花，灵活施用花前肥，摘早花疏晚花，花期喷洒蜂蜜及辅助剂，果实带叶套袋"为主要技术内容的花期调控及果实管理措施，使枇杷结果母枝集中在 4～5 月抽发，在气温适宜的 9～11 月开花，果实集中在售价最高的 1～3 月反季节成熟。

（3）南温带干暖生态型区　提出 6 月中旬控水、断根、增磷钾肥降氮肥、拉枝、扭梢、喷施植物生长调节剂等综合促花芽分化的技术措施，实现连年丰产。

◆ **主要参考文献**

江国良，谢红江，陈栋，等 .2010. 枇杷在四川不同生态型区的生态适宜性研究与应用 ［J］. 中国南方果树（3）：40 - 42.

蔡礼鸿 .2000. 枇杷三高栽培技术 ［M］. 北京：中国农业大学出版社 .

陈其峰，等 .1988. 枇杷 ［M］. 福州：福建科学技术出版社 .

邱武陵，章恢志 .1996. 中国果树志：龙眼 枇杷卷 ［M］. 北京：中国林业出版社 .

王沛霖 .2008. 枇杷栽培与加工 ［M］. 北京：中国农业出版社 .

吴汉珠，周永年 .2003. 枇杷无公害栽培技术 ［M］. 北京：中国农业出版社 .

郑少泉，许秀淡，蒋际谋，等 .2004. 枇杷品种与优质高效栽培技术原色图说 ［M］. 北京：中国农业出版社 .

第 四 章

枇杷果实品质形成与调控

与其他果实相同，枇杷果实品质主要由糖、酸、色泽、香味物质、蛋白质、脂肪、维生素、矿物质等组成，是决定其商品性的重要指标之一，其中糖、酸的组成及其含量直接影响果实的内在品质。

第一节　枇杷果实糖代谢与调控

一、枇杷果实糖积累和代谢特点

（一）糖分代谢类型

果实糖代谢主要包括 3 种类型：蔗糖代谢、山梨醇代谢和己糖代谢。蔗糖代谢是糖积累的重要环节，糖主要以蔗糖形式运输，或在细胞壁结合的酸性转化酶作用下转化为果糖和葡萄糖后进入果实细胞内，这些糖进入果实内部后进一步转化或直接在细胞内进行区隔贮藏。山梨醇代谢主要存在于以山梨醇为主要光合运输产物的蔷薇科木本果树中。己糖代谢是将己糖经过磷酸化后进一步转化成为呼吸底物或合成其他成分。

（二）糖分积累代谢特点

糖是决定果实品质和风味的主要组分，其含量高低及组成直接影响果实品质和商品性。果实的糖种类主要有葡萄糖、果糖和蔗糖等，不同类型果实中糖种类、比例及其含量存在差异，通常随着果实生长发育糖不断积累，进入成熟衰老阶段则趋于平稳。倪照君等（2009）对枇杷果实糖积累与相关酶活性的关系进行了分析，结果表明：在果实膨大期（5月3日）之前，青种、霸红和鸡蛋白等枇杷果实的蔗糖、葡萄糖和果糖积累缓慢，之后则迅速积累，存在着明显转折点；果实成熟（5月23日）之后糖分积累速度趋于平稳。3 个品种枇杷果实在发育过程中转化酶、蔗糖合成酶和蔗糖磷酸合成酶的活性变化与蔗糖、葡萄糖和果糖积累的动态变化趋势相一致。中性转化酶（neutral invertase，NI，EC 3.2.1.26）和酸性转化酶（acid invenase，AI，EC 3.2.1.26）活性在果实膨大期前一直保持较低水平且没有明显变化，之后均快速上升；蔗糖合成酶（sucrose synthetase，SS，EC 2.54.1.13）和淀粉磷酸化酶（starch phosphorylase，SP，EC 2.4.1.1）活性在果实膨大期之前也很低且几乎没有变化，随后酶活性均迅速上升至果实成熟，其中鸡蛋白中蔗糖合成酶和淀粉磷酸化酶活性均高于青种和霸红。可见，枇杷果实膨大期是糖分积累代谢的活跃期，其糖积累受蔗糖代谢相关酶协同调控。在采后贮藏过程中，可溶性固形物、总糖和蔗糖含量均逐渐下降，其中蔗糖分解速度较快；贮藏10d时还原糖因蔗糖分解而略有上升，之后由于还原糖作为呼吸基质被消耗又不断下降（何志刚等，2005；郑永华等，1993）。郑永华等（1993）研究还表明，随着贮藏期延长，品质逐渐下降，主要是因为酸损失较多，使果实糖酸比例失调，风味变淡。对大红袍枇杷的研究发现，在贮藏过程中枇杷的主要品质变化有硬度上升、出汁率下降、糖和酸组分含量下降、糖酸比上升、类胡萝卜素含量在贮藏期间总体呈上升趋势，总酚含量下降等。

二、影响枇杷糖积累和代谢的因素与调控

果实糖积累的高低取决于内在的遗传特性和一些外在因素。遗传因子决定了果实含糖量和成分构成，外在的环境因子、栽培措施和采收时间等因素对果实含糖量高低和成分构成也有重要影响。果实含糖量是各种因素相互作用的结果。

（一）内在因素

大量研究表明，糖代谢相关酶对果实糖的积累、运输和转化起着重要的作用。果实的糖分组成及含量与糖代谢酶的活性变化有关（陈俊伟等，2010）。目前已经克隆到部分枇杷果实糖代谢相关酶编码基因，包括 $EjSUS$、$EjSPS1$、$EjSPS2$、$EjFRK1$、$EjFRK2$、$EjFRK$、$EjHXK1$、$EjHXK2$、$EjSDH1$、$EjSDH2$、$EjSDH3$ 和 $EjSDH4$ 等基因，并对一些酶的作用机理有了一些了解。

1. 山梨醇脱氢酶和山梨醇氧化酶　影响山梨醇代谢的酶主要有两类，一类是合成山梨醇的酶，主要是山梨醇 - 6 - 磷酸脱氢酶（sorbitol - 6 - phosphate dehydrogenase，S6PDH，EC 1.1.1.140）；另一类是氧化山梨醇的酶，包括将山梨醇氧化为果糖的酶：依赖于 NAD 的山梨醇脱氢酶（NAD dependant sorbitol dehydrogenase，NAD - SDH，EC 1.1.1.14）和依赖于 NADP 的山梨醇脱氢酶（NADP dependant sorbitol dehydrogenase，NADP - SDH，EC 1.1.1.42）以及将山梨醇氧化为葡萄糖的酶——山梨醇氧化酶（sorbitol oxidase，SOX，EC 1.1.3.x）。不同种或品种果实的山梨醇代谢不一致。

2. 转化酶　转化酶（invertase，IVR，EC 3.2.1.26）是蔗糖代谢的关键酶之一，它催化蔗糖水解成葡萄糖和果糖。植物体内通过这种蔗糖的水解可以调节韧皮部糖的卸载及贮藏器官中糖的组成与含量，保持植物体内蔗糖库与源之间的浓度梯度，从而调控果实中糖的积累（Sturm，1999；Klann 等，1996）。转化酶有几种不同的存在形式，主要包括两类，即酸性转化酶（AI）和中性转化酶（NI），它们存在于细胞的不同部位，分别有不同的生物化学特性。不同形式的转化酶在植物不同发育阶段和组织中作用不同。AI 又主要包括细胞壁结合转化酶（CWI）和可溶性酸性转化酶（SAI）。CWI 除了满足植物对糖的需要之外，还调节细胞周期，也就是通过糖信号机制来调节细胞分裂和衰老。SAI 主要存在于液泡中，在调控己糖和蔗糖水平的过程中发挥作用，并且与果实发育、成熟以及糖的积累相关。分子水平研究结果表明，这两种形态的转化酶由两类完全不同的基因家族成员编码。在多种植物中分离到编码该酶的全长或部分核苷酸序列，该酶有多种同工酶，分别分布在不同部位。陈俊伟等（2010）发现宁海白果实发育后期 AI 活性急剧上升，且活性

远高于大红袍。转化酶通常是库活性的重要指标，AI 定位于液泡中，而液泡是积累糖的主要细胞器。高的 AI 活性有利于将从叶片及果实胞质合成输入液泡的蔗糖快速分解，从而促进糖分运入液泡积累。因此，宁海白枇杷果实的高含糖量可能与其高的转化酶活性水平有关。

3. 蔗糖合成酶 蔗糖合成酶（sucrose synthase，SUS，EC 2.4.1.13）也是蔗糖代谢的关键酶之一，它是一种胞质酶，其生理功能主要有调控果实输入蔗糖多少和代谢蔗糖的能力，促使蔗糖进入各种代谢途径，参与细胞构建，调节淀粉合成，提高植物抗逆性等等。大多数植物果实中的 SUS 被确认有 2 种不同的同工酶 SUS Ⅰ 和 SUS Ⅱ。SUS Ⅰ 主要出现在幼果中，SUS Ⅱ 主要出现在成熟果实中。与转化酶相似，蔗糖合成酶由多个基因编码，且不同形式的 SUS 完成不同的代谢功能。拟南芥中编码 SUS 的是一个多基因家族，分别为 *AtSuS1*、*AtSuS2*、*AtSuS3*、*AtSuS4*、*AtSuS5* 和 *AtSuS6* 基因（Baud 等，2004）。这一基因家族中各个基因应对各种反应时的表达模式不同。

4. 蔗糖磷酸合成酶 蔗糖磷酸合成酶（sucrose phosphate synthase，SPS，EC 2.3.1.14）在蔗糖代谢中也起着关键的作用。它是一种可溶性酶，催化可逆反应：

$$UDPG + F6P \rightleftharpoons UDP + S6P$$

SPS 是以尿苷二磷酸葡糖（UDPG）为供体，以 6-磷酸果糖（F6P）为受体的糖转移酶，合成 6 蔗糖磷酸（S6P）。S6P 进一步在磷酸蔗糖磷酸化酶（sucrose-phosphate phosphatase，SPP，EC 3.1.3.24）的作用下脱磷酸并水解形成蔗糖和磷酸根离子。在此过程中 SPS 是关键的限速酶；而 SPS 和 SPP 又可以复合体的形式存在于植物体内，所以 SPS 催化蔗糖生成是不可逆的。SPS 在蔗糖代谢中的作用主要表现在 SPS 影响源强和库强，调节光合产物在蔗糖和淀粉的分配，参与细胞分化与纤维细胞壁合成。许多果实成熟过程中蔗糖积累与 SPS 活性的升高密切相关。SPS 分 A、B、C 3 个基因家族，这 3 个基因家族在染色体结构上有差异，且它们的表达在时间和空间上有所不同，如 B 家族在根中不表达，C 家族的拟南芥 SPS 启动子的表达受光暗调节。

5. 己糖激酶 己糖激酶是催化己糖进入糖酵解的第一步不可逆反应的酶，广义的己糖激酶包括己糖激酶（hexokinase，HXK，EC 2.7.1.1）、果糖激酶（fructokinase，FRK，EC 2.7.1.4）和葡萄糖激酶（Glucokinase，GLK，EC 2.7.1.2）。己糖激酶既调控植物体内己糖的利用率，也调控糖酵解和氧化戊糖磷酸途径的代谢速率。对 HXK 的研究中发现，植物组织中存在几种不同的己糖激酶同工酶，多数植物都有 1～3 个同工酶。FRK 也存在着同工酶，氨基酸序列分析发现不同物种间的果糖激酶基因间有较高的同源性，在 ATP 与糖结合的区域高度保守。FRK1 在番茄整个发育过程中均表达，而 FRK2 存在库特异性，它在源叶中水平较低。FRK1 在果皮细胞中广泛存在，在果实发育的不同阶段表现相对稳定。

由于遗传上的差异，不同品种间的枇杷含糖量也有差异，依果肉颜色枇杷主要分为红肉和白肉两类。白肉枇杷品质优异、价格高，但栽培较难且产量较低；红肉枇杷一般肉质较粗，但果形较大且产量高。白肉枇杷和红肉枇杷果实在糖含量与组成方面存在差异，前者总糖含量显著高于后者。从糖组分上看，白肉枇杷主要积累蔗糖，占可溶性糖比例的 60% 以上，显著高于红肉枇杷，而葡萄糖含量则显著低于后者；红肉枇杷品种果实中蔗糖、葡萄糖和果糖含量较为接近。不同品种枇杷果实的 SUS 分解方向活性和 IVR 活性均明显高于 SUS 合成方向活性和 SPS 活性，即成熟枇杷果实蔗糖代谢酶的净活性均为负值，表明果实组织中的蔗糖趋于分解。蔗糖代谢相关酶的综合作用是影响果实糖组成的重要因子，白肉枇杷果实中相关酶净活性较高可能是该类型果实积累较多蔗糖的主要原因。

（二）外在因素

1. 施肥 树冠喷施磷素营养，如喷 1％过磷酸钙浸渍液或 0.2％～0.3％磷酸二氢钾、0.5％～1.0％磷酸二铵溶液等，枇杷果实糖分增加，风味变甜，品质提高。另外，土壤增施钾肥也利于枇杷果实糖分积累。钙素和硫素结合使用不仅有利于增糖，还有利于枇杷果实着色，硼、铜、锰等微量元素的使用均对果实糖分的增加有促进作用（王沛霖，2008）。

2. 套袋 单层双色果袋、蜡黄袋和透明袋套袋后白沙枇杷果实的可溶性糖含量和可溶性固形物含量增加，如单层双色果袋的青种枇杷果实可溶性糖达到了 10.84％，而对照果实可溶性糖含量为 6.99％（王利芬等，2008）。

3. 化学处理 陈俊伟等（2006）研究了花蕾期 GA（0.5g/L 和 1.0 g/L）处理诱导的单性结实宁海白无核白沙枇杷的糖积累与代谢特性。结果表明：两种浓度 GA 诱导的无核枇杷中，其蔗糖、葡萄糖、果糖和总糖的含量均低于正常有核果，并随处理浓度的增加而下降，其中成熟时处理与对照之间各种糖的含量差异达到显著水平。不同浓度 GA 处理后，果实中蔗糖代谢酶（SS、SPS、转化酶）、己糖代谢酶（HXK、FRK）和山梨醇脱氢酶（SDH）等活力均低于正常有核果，并随处理浓度增加而下降。由此可见，GA 诱导无核，导致果实糖代谢酶活力下降，是无核枇杷果实含糖量下降的主要因子。

第二节 枇杷果实有机酸代谢与调控

一、枇杷果实有机酸积累和代谢特点

有机酸不仅是果实酸味的主要物质，其组成和含量也影响到果实的风味，糖酸比是决定果实风味的重要因子。成熟枇杷鲜果中的有机酸种类以苹果酸为主。通常有机酸在果实生长早期积累，随着成熟衰老趋于下降。枇杷采后低温贮藏时，酸含量急剧下降。

何志刚等（2005）实验发现，解放钟枇杷在 8～10℃低温贮藏过程中苹果酸含量迅速下降，在贮藏前 30 d 消耗速率较大，30 d 后仍略有下降，但变化幅度不大，贮藏 30 d 到 45 d 含量分别为 3.131mg/g、2.277 mg/g，消耗率分别达 66.2％、75.4％；乳酸和草酸总体呈下降趋势，贮藏 30 d 后略有回升；酒石酸含量在贮藏前 30 d 有上升趋势，而后下降，贮藏 45 d 后无明显差异。解放钟枇杷贮藏过程也产生柠檬酸，贮藏 15 d 后即产生 0.276 mg/g 的柠檬酸，而后保持相对稳定。与低温贮藏对照相比，1-MCP 处理能抑制解放钟枇杷贮藏期间的苹果酸消耗进而抑制总有机酸含量的下降，经 43 d 贮藏苹果酸含量仍达 4.09 mg/g，消耗降低了 19.6％，其他有机酸水平无显著差异。

二、影响枇杷果实有机酸积累与代谢的因素与调控

（一）内在因素

1. 品种　不同品种枇杷果实中有机酸的成分存在差异。对 18 个枇杷品种（小毛枇杷、夹脚、卓南 1 号、解放钟、富阳、森尾早生、华宝 2 号、香钟 10 号、白花、土肥、多宝 2 号、乌躬白、洛阳青、茂木、早钟 6 号、白梨、塘头 4 号和长红 3 号）的成熟果实果肉和 2 个品种（解放钟和早钟 6 号）成熟果实不同组织有机酸含量检测结果表明，成熟果肉中以苹果酸、奎尼酸、柠檬酸、异柠檬酸、α-酮戊二酸、富马酸、草酰乙酸、酒石酸 8 种有机酸为主，有的还含有微量的阿魏酸、顺乌头酸和 β-香豆酸。大多数品种果肉中苹果酸含量最高，平均含量为 4 399 mg/kg，占总酸的 62.7%；其次是奎尼酸，其平均含量为 2 042 mg/ kg，占总酸的 29.1%。通过对果肉可滴定酸进行聚类分析表明，可将 18 个枇杷品种分为五类：极高酸（小毛枇杷）、高酸（夹脚、卓南 1 号、解放钟和富阳）、中酸（森尾早生、华宝 2 号、香钟 10 号、白花、土肥和多宝 2 号）、低酸（乌躬白、洛阳青、茂木和早钟 6 号）和极低酸（白梨、塘头 4 号和长红 3 号）。解放钟和早钟 6 号果肉和果皮的总酸含量及可滴定酸均无显著差异。与果肉类似，果皮和种子的主要有机酸也是苹果酸和奎尼酸。果皮中苹果酸含量远高于奎尼酸，但种子中苹果酸含量比奎尼酸稍低。此外，种子中苹果酸和奎尼酸比果肉和果皮中的低得多（陈发兴等，2008）。此外，魏秀清等（2009）研究还发现白肉枇杷总酸含量平均为 0.30%，红肉枇杷总酸含量比白肉的高，平均为 0.33%。

2. 基因调控　不同枇杷品种的有机酸水平受有机酸代谢相关基因调控（谢成宇等，2008）。低酸和高酸枇杷品种果实发育期间的苹果酸含量受 NADP-苹果酸酶编码基因 *NADP-ME* 的转录调控；果实发育期间低酸品种的苹果酸积累和降解受磷酸烯醇式丙酮酸羧化酶编码基因（*PEPC*）表达调控，但高酸品种中的 *PEPC* 表达变化与苹果酸含量变化无明显的一致性；不同品种成熟果实中苹果酸含量的差异可能并不仅仅受 *NADP-ME* 和 *PEPC* 基因表达调控，可能还存在转录后和翻译后等调控机制。

3. 成熟度　不同成熟度枇杷果实中有机酸组分略有差异，七八成熟的枇杷果实中不含柠檬酸和丙酮酸，九成熟的果实中含有柠檬酸，在九成熟的解放钟枇杷中检测到有少量的丙酮酸。随成熟度的提高（七成熟至九成熟），果实中苹果酸、乳酸的含量均迅速下降，草酸的含量提高，而酒石酸及富马酸无明显变化，九成熟枇杷解放钟新增了柠檬酸和丙酮酸，早钟 6 号新增了柠檬酸。柠檬酸的酸味特征是温和、爽快、有新鲜感，入口时即达最高酸感，呈味时间短；苹果酸爽快、稍苦，呈味时间长；乳酸稍有涩感（何志刚等，2005）。

（二）外在因素

杨照渠等（2009）以洛阳青为试材，研究了疏果套袋对枇杷果实糖酸成分的影响。实验表明，随着单穗留果量的减少，果实总酸含量渐减，而可溶性固形物、总糖含量及糖酸比则呈上升之势。套牛皮纸袋或白纸袋后，果实的可溶性固形物、糖酸含量及糖酸比与对

照相比均无显著差异，但是套报纸袋枇杷果实在可溶性固形物及糖酸比两项指标上均极显著地低于对照；而且其含酸量显著高于套牛皮纸的果实，糖酸比则极显著地低于套牛皮纸的处理。套袋后枇杷果实可滴定酸含量明显降低，不套袋果实可滴定酸含量为 0.61%，而单层双色果袋、蜡黄袋、乳白袋、透明袋处理果实的可滴定酸含量分别为 0.34%、0.39%、0.58% 和 0.35%，其中单层双色果袋、蜡黄袋和透明袋处理果实可滴定酸含量与对照都存在显著差异。

第三节　枇杷果实色素代谢与调控

一、枇杷果实着色特点和色素代谢

（一）枇杷果实着色特点

枇杷果实的主要色素是类胡萝卜素，根据类胡萝卜素含量和组成差异，枇杷果实可分为两大类型，即红肉枇杷和白肉枇杷（Zhou 等，2007）。红肉枇杷品种如洛阳青、大红袍、红五星和宝珠等果肉积累较多类胡萝卜素（如 β-胡萝卜素）而显橙红色，白肉枇杷品种如白沙、宁海白、冠玉和白玉等果肉积累微量的类胡萝卜素而显乳白色。枇杷果实在幼果期的果皮和果肉中由于叶绿素的积累显绿色，类胡萝卜素在幼果期的组成主要为叶黄质和 β-胡萝卜素等。随着果实发育，枇杷果皮叶绿素开始降解导致其绿色消失，类胡萝卜素尤其是 β-胡萝卜素在后期的大量积累使果皮呈现橙红色或淡黄色，平均而言，红肉品种果皮所积累的有色类胡萝卜素含量（135.54～475.22 $\mu g/g$，DW）为白肉品种果皮（91.52～202.28 $\mu g/g$，DW）的 3 倍左右。随着以上两大类枇杷品种果实发育，果肉的着色与果皮存在一定的差异，幼果期两类品种都积累叶绿素而显绿色，到转色期果肉中叶绿素已降解，只含微量类胡萝卜素而显乳白色，随着果实进一步的成熟，红肉品种的果肉总有色类胡萝卜素得到大量积累（50.88～152.66 $\mu g/g$，DW）而显橙红色，其主要成分为 β-胡萝卜素和 β-隐黄质，而白肉品种的果肉其总类胡萝卜素一直维持在微量水平（2.85～27.39 $\mu g/g$，DW）而显乳白色，其主要成分为 β-胡萝卜素、叶黄质和 β-隐黄质（Zhou 等，2007）。

（二）枇杷果实色素代谢

类胡萝卜素含量和组成的差异导致了两类枇杷不同的色泽，研究其内在的代谢机制有助于调控果实类胡萝卜素水平。近年来通过模式植物的研究，类胡萝卜素代谢主要途径已基本明了，为研究枇杷类胡萝卜素代谢提供了借鉴。

类胡萝卜素生物合成途径如图 4-1。丙酮酸（$C_3H_4O_3$）和 3-磷酸甘油醛（$C_3H_7O_6P$）是类胡萝卜素合成的最初前体物质，它们在 1-脱氧木酮糖-5-磷酸合成酶（1-deoxy-D-xylulose 5-phosphate synthase，DXS，EC 2.2.1.7）催化下转化成 1-脱氧木酮糖-5-磷酸（1-deoxy-D-xylulose-5-phosphate，DXP，$C_5H_{11}O_7P$），再通过 MEP 途径合成 IPP 和 DMAPP，3 分子 IPP 和 1 分子 DMAPP 在牻牛儿基牻牛儿基焦磷酸合成酶（geranylgeranyl pyrophosphate synthase，GGPS，EC. 2.5.1.10）催化下缩合生成 1 分子牻牛

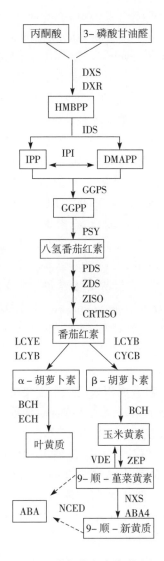

图 4-1　类胡萝卜素代谢途径

DXS. 1-脱氧木酮糖-5-磷酸合成酶　　DXR. DXP 还原异构酶

IDS. 3, 3-二甲基丙烯基焦磷酸合成酶　　IPI. 3, 3-二甲基丙烯基焦磷酸异构酶

GGPS. 牻牛儿基牻牛儿基焦磷酸合成酶　　PSY. 八氢番茄红素合成酶　　PDS. 八氢番茄红素脱饱和酶

ZDS. ζ-胡萝卜素脱饱和酶　　ZISO. ζ-胡萝卜素异构酶　　CRTISO. 胡萝卜素异构酶

LCYB. 番茄红素 β 环化酶　　CYCB. 有色体特异番茄红素 β 环化酶　　LCYE. 番茄红素 ε 环化酶

BCH. 胡萝卜素 β 环羟化酶　　ECH. 胡萝卜素 ε 环羟化酶　　ZEP. 玉米黄素环氧酶　　VDE. 堇菜黄素脱环氧酶

NXS. 新黄质合成酶　　NCED. 9-顺-环氧类胡萝卜素加双氧酶

儿基牻牛儿基焦磷酸（geranylgeranyl pyrophosphate，GGPP），2 分子 GGPP 在八氢番茄红素合成酶（phytoene synthase，PSY，EC 2.5.1.32）催化下合成第一个类胡萝卜素：八氢番茄红素（phytoene）。八氢番茄红素经过八氢番茄红素脱饱和酶（phytoene desaturase，PDS，EC 1.14.99）、ζ-胡萝卜素脱饱和酶（ζ-carotene desaturase，ZDS，

EC 1.14.99.30)、胡萝卜素异构酶（ζ- carotene isomerase，EC）和胡萝卜素异构酶（carotene isomerase，CRTISO，EC）下可生成红色的番茄红素（lycopene）。番茄红素在番茄红素 β 环化酶（lycopene β- cyclase，LCY - b）和番茄红素 ε 环化酶（lycopene ε- cyclase，LCY - e）的共同作用下生成 α- 胡萝卜素，而番茄红素只在番茄红素 β 环化酶的作用下可生成 β- 胡萝卜素。α- 胡萝卜素在胡萝卜素 β 环羟化酶（carotene β- ring hydroxylase，BCH，EC）和胡萝卜素 ε 环羟化酶（carotene ε- ring hydroxylase，ECH，EC）共同催化下生成叶黄质。β- 胡萝卜素在 β 环羟化酶催化作用下先形成 β- 隐黄质继而再生成玉米黄素。玉米黄素在玉米黄素环氧酶（zeaxanthin epoxidase，ZEP，E. C. 1.14.13.90）作用下先转化成环氧玉米黄质再转化成堇菜黄素，同时堇菜黄素脱环氧酶（violaxanthin de - epoxidase，VDE，EC 1.10.99.3）可催化完全相反的反应，此两酶催化的反应组成了著名的叶黄素循环。堇菜黄素可在新黄质合成酶（neoxanthin synthase，NXS，EC 5.3.99.9）催化下生成新黄质，这一反应是植物类胡萝卜素合成主链途径的最后一步。

类胡萝卜素降解途径：9 -顺-堇菜黄素或 9 -顺-新黄质通过 9 - cis - epoxycarotenoid dioxygenase，NCED，EC 1.13.11.51）进行催化降解生成 ABA，有些类胡萝卜素裂解加双氧酶（carotenoid cleavage dioxygenase，CCD，EC 1.13.11.51）可催化类胡萝卜素生成气态物质，包括果实芳香物质和信号物质。

转录调控被认为是类胡萝卜素合成积累的一个主要机理，即类胡萝卜素在不同品种间合成积累的差异主要是由类胡萝卜素基因表达差异所导致。

随果实发育和成熟枇杷果皮中 PSY 和 CYCB 的表达量逐渐上升，且在洛阳青（红肉品种）中表达量均要高于白沙（白肉品种）。PSY 是合成类胡萝卜素途径中的第一个关键酶，它在洛阳青中的高表达量与其高类胡萝卜素含量相一致；CYCB 是有色体特有的番茄红素 β 环化酶，催化番茄红素生成 β- 胡萝卜素。洛阳青果皮中 β- 胡萝卜素含量占总类胡萝卜素的 60%，而白沙果皮中 β- 胡萝卜素占总含量的 50%，这与 CYCB 在洛阳青中较高的表达丰度相关。与形成叶黄质相关的 LCYE 和 ECH 的表达量随着果实成熟而下降，与叶黄质含量下降成正相关。洛阳青果皮类胡萝卜素的合成能力要高于白沙，尤其是 PSY 和 CYCB 在洛阳青中的高表达水平可能是其积累高含量 β- 胡萝卜素的主要原因。在果肉中 CYCB，BCH 和 CCD 的表达量随着果实成熟而明显上升，其中洛阳青果肉中 CYCB 和 BCH 的表达含量始终高于白沙，而白沙果肉中 CCD 的表达水平则一直高于洛阳青果肉。CYCB 催化番茄红素生成 β- 胡萝卜素，BCH 催化 β- 胡萝卜素生成 β- 隐黄质和玉米黄质，这与洛阳青果肉中高含量的 β- 胡萝卜素和 β- 隐黄质有关联，CCD 则主要参与类胡萝卜素的降解，推测白沙果肉类胡萝卜素降解能力要强于洛阳青果肉，使类胡萝卜素不易积累。因此，基于基因表达研究结果，洛阳青果肉合成类胡萝卜素的能力也高于白沙果肉，而且类胡萝卜素降解能力则是白沙高于洛阳青，这可能直接导致白沙成熟果实的果肉较少积累类胡萝卜素。

二、影响枇杷果实着色因素与调控

（一）影响枇杷果实着色的因素

1. 遗传因素 遗传因素对枇杷果实着色即类胡萝卜素的积累具有决定性的作用，不同品种间类胡萝卜素含量的差异非常悬殊，红肉类品种如宝珠果皮有色类胡萝卜素总含量为 $266.51\mu g/g$（DW），洛阳青为 $390.25\mu g/g$（DW），早钟为 $347.24\mu g/g$（DW）；白肉类品种果皮总类胡萝卜素含量则低于红肉类品种，平均为红肉类的 1/3，如冠玉为 $145.64\mu g/g$（DW），软条白沙为 $122.21\mu g/g$（DW）；白玉为 $102.83\mu g/g$（DW）。在果肉中两大类间的差异更加明显，红肉中宝珠有色类胡萝卜素总含量为 $98.94\mu g/g$（DW），洛阳青为 $143.85\mu g/g$（DW），早钟为 $102.81\mu g/g$（DW）；冠玉为 $8.47\mu g/g$（DW），软条白沙为 $3.71\mu g/g$（DW）；白玉为 $2.85\mu g/g$（DW）（Zhou 等，2007）。枇杷不同品种的类胡萝卜素组分比较相似，以 β-胡萝卜素和 β-隐黄质为主。

2. 生长发育与成熟 除了品种是枇杷着色的主要影响因素，果实生长发育与成熟也直接影响枇杷果实着色。研究表明枇杷在幼果期为绿色，到了转色期果皮绿色开始消退逐渐呈现橙红色或淡黄色（品种差异）。对枇杷果实（浙江台州）发育阶段作了果皮颜色测定分析，发现绿果期（CCI-9 到-1，CCI 为颜色综合指标，通常小于 0 为绿色，等于 0 为中间色，大于 0 为橙色、红色或黄色）在 2 月底到 4 月底，转色期（CCI-1 到 1）一般需 1～2 周，转色期后到最后果实成熟通常也需要 2 周，尤其是最后一周，洛阳青（红肉类品种）CCI 可从 5 左右急剧上升到 9 左右。类胡萝卜素组分随着发育进程也有变化，如 β-隐黄质在洛阳青绿果期几乎不积累，转色期后得到迅速积累，并成为其果肉类胡萝卜素的重要成分之一。

3. 环境因素 光在植物类胡萝卜素代谢中起重要作用。在白玉枇杷（白肉品种）发育过程中进行套袋处理，发现除了套白色单层纸外，套黄色单层或双层纸袋，外灰内黑双层纸袋的果实光泽度都有提高，但着色度有所下降（徐红霞，陈俊伟等，2008）。对解放钟进行套袋处理，发现黄色纸袋使其果皮成熟时为橙黄色，蓝色和白色纸袋为黄色，绿色和牛皮纸为橙红色（郑国华等，2000）。由此可见，不同光波可直接影响果实的着色。

研究报道指出，过低温度不利于类胡萝卜素合成酶活性，也不利于类胡萝卜素合成积累。茂木枇杷在 20℃或 30℃贮藏前 30d 隐黄质含量增加 2.4 倍，而在低于 10℃条件下其含量仅呈略微变化（Ding 等，1998）。对洛阳青品种在贮藏期间 CCI 值的观测得到，在 20℃贮藏 15d 从 9.18 上升到 10.01，而在 0℃贮藏 15d 则降到 8.90，因此低温可抑制类胡萝卜素的合成，其内在机理有待进一步研究。

（二）枇杷果实着色的调控

1. 遗传调控 枇杷果实类胡萝卜素的积累主要决定于品种即遗传因素，通过遗传措施调控其类胡萝卜素代谢基因及其表达，是实现枇杷果实类胡萝卜素积累调控的途径之一。人们应用转基因技术已实现了黄金水稻（富含 β-胡萝卜素）的生产，对多年生木本植物进行转基因还为数不多。白肉类枇杷口感优于红肉类枇杷的很重要的原因是其糖含量高且其肉质细腻，但缺少类胡萝卜素的积累，如果能通过转基因手段使其能积累大量类胡萝卜素，可使白肉类枇杷果实的营养更为丰富。

2. 栽培与采后措施 栽培措施可通过调节环境因子实现对类胡萝卜素合成积累的调控，继而调控果实色泽。有报道表明，番茄合成类胡萝卜素的最佳温度为 22～25℃，高于 32℃时番茄红素停止合成和积累，低于 12℃时番茄红素积累被抑制。在最佳温度条件下，采用玻璃或塑料做遮盖处理番茄，所积累的番茄红素都要低于直接光照组。果实类胡萝卜素合成可受红光促进或远红光抑制，这种调控在果实转色期尤为明显（Lee 等，1997）。果实套袋可影响果实光照，有研究表明采用枇杷专用果袋或牛皮纸均可提高大五星枇杷果实的外观质量和促进果实着色（郑伟等，2009）。

水肥管理也对类胡萝卜素积累有一定的影响。在土壤水分胁迫的情况下番茄中番茄红素的含量有所提高，适度盐（0.25% NaCl，w/v）胁迫也可增加类胡萝卜素含量（Dumas 等，2003）。栽培番茄过程中矿质营养也可影响其类胡萝卜素的积累，如增加 P、K 和 Ca 元素可增加其含量尤其是番茄红素的含量，而低浓度的 N 则更有利于番茄红素的积累。

光、温度、水肥管理都可影响果实着色，因此可通过对套袋技术、控温技术和水肥管理技术来调控或改善枇杷着色。

3. 化学调控 三乙基胺类物质不仅促进番茄红素积累，还可提高总类胡萝卜素的含量，经 CPTA 或类似物 MPTA 处理后，类胡萝卜素合成途径上的上游关键基因 *PSY* 和 *PDS* 表达量增加，相应酶蛋白含量提高，直接促进其类胡萝卜素的合成（Al‐Babili 等，1999）。此外，目前已有少数研究表明乙烯对非跃变型果实类胡萝卜素合成也有促进作用。

第四节　枇杷其他品质形成与调控

一、枇杷果实大小调控

果实大小是评价果实外观品质的重要指标，常以单果重衡量。在优质果品商品化生产中，应达到该品种果实的标准大小，且果形端正。

（一）果实生长特点

枇杷果实从开始坐果到成熟需 4～5 个月，依地区环境条件不同而异。在武汉观察枇杷果实生长发育过程，可将其分为 4 个时期：（Ⅰ）幼果滞长期：花后 40d 内，幼果发育基本处于停滞状态，细胞分裂少；（Ⅱ）幼果缓慢生长期：花后 40～80d，细胞分裂旺盛，但果实增大缓慢，果皮绿色；（Ⅲ）果实迅速生长期：花后 80～150d，细胞迅速膨大，果实体积明显增加；（Ⅳ）果实成熟期：果实充分成熟。根据枇杷果实的纵横径的增长动态，也可以把果实发育分为三个阶段：阶段Ⅰ（Stage Ⅰ）为缓慢生长期即幼果滞长期，包括进行细胞分裂；阶段Ⅱ（Stage Ⅱ）为果实快速膨大期；阶段Ⅲ（Stage Ⅲ）为采果前 2 周左右的果实成熟期，此阶段果实大小变化不大，主要进行与成熟相关的生理变化。

（二）调控措施

1. 施肥 许家辉等（2005）发现早钟 6 号枇杷在开花 60d 后要特别注意肥料的管理，这直接影响果实大小。肥料最大效益期在花后 60~150d，此时适度增施肥料，增产效果较显著。由于早钟 6 号枇杷花后 60d 内与花后 130~150d 果肉的溶质积累速度高于果核，因而栽培上要增施花后肥与采前肥，以利于果肉内溶质的增加，果肉增厚。花后 60~130d，果核迅速发育，溶质积累迅速，果肉与果核对营养的竞争最为激烈，而树体因花期营养消耗极大，尤其是 P 与 K 的消耗。为满足果肉、果核对营养的强烈需求，栽培上应注意增施壮果肥，以及在始花前增施有机肥。壮果肥以复合肥土施为主，根外追肥为辅（每 15d 追肥 0.2％ 的硼砂与 0.2％ 磷酸二氢钾，共施 2 次）。

2. 温度 气候条件对果实的大小有不可忽视的影响，其中温度是最主要的因子。枇杷的花期长（跨越秋冬季节），同一枇杷品种其迟花果实普遍小于早花果实。王荔等（2009）以早钟 6 号、长红 3 号和解放钟 3 个枇杷品种为试材，早钟 6 号开花和果实成熟最早，花分批开放，其中在 10 月底盛花形成的果实在 3 月初成熟（早花果），果实发育期 133d，成熟时单果重约 37g；在 12 月上旬盛花形成的果实则在 3 月底成熟（迟花果），果实发育期 112d，单果重为 32g；长红 3 号早花果和迟花果盛花时间分别在 11 月初和 12 月中下旬，果实成熟期分别在 3 月底和 4 月上中旬，果实发育期分别为 140d 和 112d，单果重分别为 30g 和 25.5g。早钟 6 号和长红 3 号的早花果阶段 I 均长于迟花果，是早花果发育期长于迟花果的主要原因。早花果整个果实发育成熟过程中的平均温度明显高于迟花果，其中阶段 I 的平均温度比迟花果的高 4℃，因此，早花果阶段 I 延长并不是温度低引起。两个品种迟花果阶段 II 和阶段 III 期间的平均温度略高于早花果。解放钟花期相对集中，在 12 月中旬盛花，4 月中下旬成熟，果实发育期为 126d，单果重约为 53.5g。

3. 细胞数目和细胞体积 一般情况下，果实细胞分裂对果实重量的影响比与细胞膨大更明显，所有影响细胞分裂的因子均会影响果实的大小。果实的细胞分裂多发生在发育早期，因此果实早期发育状态对果实最后的大小有较大影响。

4. 疏花疏果修剪套袋 疏果可使留下的果实大小均匀，成熟期一致，有效增加枇杷单果重和商品果率，提高果实的商品价，同时还可能维持正常的树势，防止大小年结果。当花穗已明显，疏花穗在尚未开花时最好。早钟 6 号为大果型品种，一个枝条有 4 穗要疏去 2 穗，5 穗疏去 3 穗。留果量依叶片数而定，一般每穗留 3~5 个果，留下早开花的大果，果实要均匀一致，成熟时最好能整穗一次采收（陈义挺等，2005）。修剪量的大小对果实生长发育也是有一定影响的。周政华等（2005）发现修剪量在 10％ 以下，伴随修剪而剪去的果穗数只有 18.0％，虽然坐果率比原来提高了 10.5％，但对果实大小与产量则影响不大；随着修剪量增大，伴随修剪而剪去的果穗数也逐步增多，这样，坐果率不断提高，果实也在增大，但单株产量增大到一定程度后明显下降，甚至比不修剪的产量还要低 25％。可见，只有修剪量在 10％~25％，果实既大（比对照提高了 0.88％~3.24％），产量又高（比对照提高了 12.5％~50.0％），其中以修剪量在 10％~20％、去果穗数 30％~35％ 效果最理想。这是因为修剪量过小，不起作用；修剪量过大，果实虽有增大，但去果过多，果实数量少，产量反而下降。

5. 化学处理 王化坤等（2000）通过实验发现 CPPU 花后处理对白沙枇杷具有增大果实的作用，适宜时间为 2 月上旬，以喷雾方法为宜。试验还表明，CPPU 花后处理对果实形状没有多大影响，对果肉厚度有增加趋势，果实可溶性固形物下降，可食率提高。鲍滨福等（2006）通过田间试验发现竹醋液作为植物生长调节剂对枇杷的果实横径、纵径、单果重、可食率、可溶性固形物都分别有所提高，果实表面色泽无异，果实品质也同时具有较大幅度的提高。

二、枇杷的生物活性物质及其药理作用

枇杷果实生物活性物质的种类与含量，已经成为衡量枇杷果实内在品质的重要指标之一。

1. 枇杷生物活性物质的种类 枇杷中主要含有类黄酮化合物、萜类化合物、酚类物质、苦杏仁苷、有机酸类以及维生素 C 等生物活性物质。从枇杷分离得到的十几种黄酮类化合物中，黄酮醇-O-糖苷在枇杷中是普遍存在的，可以作为植物化学分类的一个指标；萜类化合物包括烃类化合物为主的精油、十几种倍半萜类、齐墩果酸和熊果酸等三萜类化合物以及类胡萝卜素等；枇杷中的酚类物质以绿原酸、新绿原酸为主；苹果酸是枇杷果实中的主要有机酸，约占总酸的 80％以上；苦杏仁苷为生氰糖苷，是枇杷仁中主要的药用成分（柴振林等，2003）。

对宝珠、大红袍、大叶杨墩、夹脚、软条白沙 5 个品种枇杷花之间其熊果酸、齐墩果酸和苦杏仁苷含量差别研究表明，5 个品种枇杷花 3 类生物活性物质的平均含量差别不大（Zhou 等，2007）；与其熊果酸、齐墩果酸和苦杏仁苷含量不同，5 个品种枇杷花之间类黄酮和总酚的含量存在一定差别，大叶杨墩最高，夹脚最低；相应地，其抗氧化活性也存在差异，3 种方法测定的抗氧化活性也以大叶杨墩最高，夹脚最低；枇杷花中含有多种类胡萝卜素，其中叶黄质含量最高，在测试的 5 个品种中，夹脚的类胡萝卜素含量最低，其他 4 个品种的含量接近。而不同组织之间，类胡萝卜素含量均存在显著差异，以萼片中含量最高。魏秀清等（2009）对 44 份枇杷种质资源进行检测，发现不同品种枇杷的维生素 C 含量差别较大（每 100g 果肉含量 3.4～25.0mg，平均 7.0mg）。在这 44 份枇杷种质资源中，维生素 C 含量最高的种质是龙才白，每 100g 果肉含量为 25.0mg，最低的是下郑 2 号，为 3.35mg；维生素 C 含量为 4.0～10.0mg 的种质较多，有 37 份，占 84.1％；小于 4.0mg 和大于 10.0mg 的分别仅有 3 份和 4 份，占 6.8％和 9.11％。但从试验结果可以看出，白肉枇杷维生素 C 平均含量为 8.2mg，是红肉枇杷含量（6.75mg）的 1.21 倍。

2. 枇杷药理作用与生物活性 枇杷因其生物活性组分种类和含量不同，具有不同的药理作用和生物活性，主要包括抗氧化作用、抗炎和止咳作用、治疗糖尿病、护肝、抗肿瘤活性、抗病毒作用、增强免疫功能等。

枇杷中具有抗氧化作用的生物活性组分主要是类黄酮、绿原酸、甲基绿原酸以及类胡萝卜素等，且抗氧化能力因组分和含量的不同而具有较大差异，同时其抗氧化作用机制也有所不同；枇杷叶乙醇提取物的醋酸乙酯和正丁醇萃取物对二甲苯引起的小鼠耳肿胀有明显抑制作用，对枸橼酸喷雾引起的豚鼠咳嗽有明显的止咳作用，其中从正丁醇萃取物中分离得到齐墩果酸、2α-羟基齐墩果酸、乌苏酸、2α-羟基乌苏酸和蔷薇酸等 6 个三萜酸类化合物（鞠建华等，2003）。乌苏酸、2α-羟基齐墩果酸和总三萜酸对二甲苯引起的小鼠耳肿胀显示很强的抗炎活性，乌苏酸和总三萜酸还对枸橼酸喷雾引起的豚鼠咳嗽有止咳作用（钱萍萍和田菊雯，2004）；从枇杷叶 $CHCl_3$ 提取液中分离得到的 3 - O - trans -caffeoyl-tormentic acid 可以明显减少鼻病毒的感染，megastigmane 糖苷和原花青定 B2 能抑制 Raji 细胞中由 TPA（12 - O - tetradecanoylphorbol - 13 - acetate）诱导的 Epstein - Barr 病毒早期抗原的激活，2α,19α-三羟基- 3 -氧-熊果- 12 -烯- 28 -酸是其中最具有潜力的抑制剂，使小鼠皮肤二期癌发生明显延缓（Ito 等，2002）；在从天然资源中寻找可能具有抗癌作用成分的研究中，发现从枇杷叶中分离的 Roseoside 明显延缓由过氧亚硝酸盐（诱导剂）和 TPA（促进剂）诱导的癌症发生，它的潜力可与在同一分析中的绿茶多酚 EGCG 相比拟，枇杷熊果酸对 S180 细胞呈细胞毒性作用，枇杷叶片提取物水溶性部分为高含量的原花色素，被鉴定为主要由十一聚合原花青定组成的花青定寡聚体混合物，对肿瘤和正常的齿龈纤维原细胞具有选择性细胞毒性，对人类嘴巴肿瘤（鳞状上皮细胞癌和唾液腺肿瘤）细胞株系具有细胞毒作用（Ito 等，2002）；枇杷核提取物改善肝纤维化的作用明显受肝脏纤维化病态的影响，CCl_4 肝损害模型肝纤维化的进展与 CCl_4 的给予时间相关。枇杷核提取物对 CCl_4 肝损害模型肝纤维化的改善作用与其抑制肝脏的炎症有显著关系（Nishioka 等，2002）。枇杷果实能显著降低糖尿病小狗血液中葡萄糖水平，同样它也能降低健康小狗血液葡萄糖水平（Qureshi 等，1988），倍半萜糖苷和多羟基三萜对小鼠糖尿病具有明显的抑制作用（De - Tommasi 等，1991）。

三、枇杷香气成分研究

目前已在枇杷果实中检测到 18 种挥发性物质，发现苯乙醇、3 -羟基- 2 -正丁醇等是枇杷果实香气的主要化学物质组成（张丽华等，2007）。总体而言，枇杷香气的研究更多地集中在枇杷花香气成分的鉴定。利用顶空固相微萃取（SPME）结合气质联用（GC - MS）的分析方法，从枇杷花中分离出 64 种化学组分，并鉴定出其中的 49 种香气物质，其峰面积占总挥发性香气成分峰面积的 93.34%。结果显示，枇杷花的特征香气成分主要由 5 种酸（20.69%）、6 种醛（16.86%）、6 种醇（13.2%）、6 种酯（8.18%）等组成，它们共占香气成分峰面积的 63%；此外，枇杷花还含有萘（3.35%）和苯酚（0.95%）等微量化合物。目前已经鉴定出的 49 种香气物质中，相对含量最高的是苯乙醇，约为 8.84%，其次为苯甲醛（7.00%）、丙炔酸（6.90%）、大茴香醛（6.84%）、乙酸（5.41%）、十六烷（4.71%）、4 -甲氧基苯甲酸甲酯（4.36%）、辛酸（4.21%）等（张丽华等，2007）。宋艳丽等（2009）从枇杷花蕾中分离出 12 种化学物质，鉴定出 10 种香气物质。这些已鉴定的香气物质成分占挥发性物质总峰面积的 98.63%，其中相对含量最高的是苯甲醛，占 62.3%，其次为乙醇（9.7%）和 4 -甲氧基苯甲醛（8.5%）等。同时，该研究小组还从枇杷花中分离出 17 种化合物，鉴定出的 13 种香气物质占总峰面积的 97.2%，其中的主要成分为苯甲醛

（67.0%），其次为 4 -甲氧基苯甲醛（15.96%）和苯乙醇（5.3%）（宋艳丽等，2009）。通过比较枇杷花蕾和花的挥发性成分，发现 6 种香气物质是二者共有的，其中以苯甲醛为主要成分（相对含量达 60% 以上），认为苯甲醛可能是枇杷花蕾和花的赋香成分，产生杏仁型香味。同时，具有蔷薇香气的苯乙醇是香料行业的大宗产品，也是吸引蝴蝶、蜜蜂授粉的主要香气成分，在枇杷果实发育过程中具有重要作用。但枇杷花蕾和花的挥发性成分存在差别，烃类化合物在花中的相对质量分数较高（花：3.1%；花蕾：0.56%），而酯类化合物在花蕾中的相对质量分数较高（花：3.66%；花蕾：8.57%）。与阴干枇杷花挥发性成分分析结果相比，新鲜枇杷花的挥发性成分与阴干枇杷花大致相同，都含有苯乙醇、苯甲醛、4 -甲氧基苯甲酸甲酯等，但主要成分的含量差异明显。新鲜枇杷花苯甲醛和苯乙醇分别为 67.02% 和 5.33%，而阴干枇杷花苯甲醛和苯乙醇分别为 7.0% 和 8.8%。说明新鲜枇杷花里含有的挥发性成分相对质量百分含量较高，随着放置时间的延长，香气物质的损失加大，香味逐渐丧失。

第五节　枇杷果实采后贮藏过程中品质劣变相关研究

一、枇杷采后衰老木质化

采后红肉类枇杷如洛阳青、大红袍等枇杷果实在 20℃ 下成熟衰老过程中，电导率（EC）增加，组织酶促褐变加剧，可溶性糖和有机酸含量减少；果实硬度持续增加，并与木质素积累呈显著正相关关系（$r=0.95**$）（Cai 等，2006c；蔡冲等，2006）。果实木质素合成相关酶 PAL（苯丙氨酸解氨酶，phenylalanine ammonia lyase，PAL，EC 4.3.1.5）活性在采后 3d 迅速增加，之后逐趋下降；采后 8d 中 CAD、G - POD 和 S - POD 等酶活性均持续增加，与木质素积累均呈显著正相关关系；果实组织中纤维素含量减少与木质素含量增加则呈显著负相关关系（$r=-0.98**$）。研究认为采后红肉类枇杷果实组织木质化是成熟衰老的重要特征之一。

相比较而言，白肉类枇杷如白沙等果实采后衰老过程则没有木质化现象，质地变化为软化。因此，采后贮藏过程中具有不同木质素积累状况的两类枇杷为研究果肉组织木质化现象提供了良好的研究材料。目前已在洛阳青枇杷果实的果肉组织中克隆得到了 6 个与木质素合成相关的 cDNA：$EjPAL1$、$EjPAL2$、$Ej4CL$（4 -香豆酸辅酶 A 连接酶，4 - coumarate：coenzyme A ligase，4CL，EC 6.2.1.12）、$EjCAD1$（肉桂醇脱氢酶，cinnamyl alcohol dehydrogenase，CAD，EC 1.1.1.195）、$EjCAD2$ 和 $EjPOD$（过氧化物酶，peroxidase，POD，EC 1.11.1.7）。这 6 个基因在不同组织器官中具有不同的表达模式，在洛阳青和白沙两个枇杷品种果实发育和成熟衰老过程中也不同，其中 CAD 和 POD 酶活性、$EjCAD1$ 和 $EjPOD$ 转录水平与枇杷果肉组织的木质化进程有密切关系。乙烯处理上调 $EjCAD1$ 的表达水平，加速了洛阳青枇杷果实采后成熟衰老过程（Shan 等，2008）。

为全面了解采后枇杷果肉组织木质化现象，宋肖琴等（2010）应用质构仪，采用质地多面分析（TPA）方法，对洛阳青、大红袍、夹脚和大叶杨墩 4 个枇杷品种果实的采后质地变化进行了研究。结果表明，在 20℃ 贮藏温度下，4 个品种枇杷果实的硬度、黏着性、凝聚性、弹性、咀嚼性和回复性都随贮藏时间延长而增加，而出汁率均明显下降；4个品种枇杷果实各 TPA 参数与出汁率间均呈显著负相关性，而绝大多数 TPA 参数间呈显著正相关关系。

对于红肉类枇杷果实组织中的木质素含量、木质化细胞染色、木质素单体含量、木质素合成相关酶的酶活性和其编码基因表达情况的综合分析为诠释果肉木质化现象提供了一个较为完整的模型（Shan 等，2008；Li 等，2010）。

二、枇杷采后冷害木质化

研究表明，洛阳青枇杷果实 0℃贮藏易发生冷害，其主要症状表现为组织木质化，果肉出汁率下降，O_2^- 积累，EC 增加，果实组织褐变等，木质素生物合成相关酶 PAL、CAD 和 POD 等活性增加，木质素积累；经 39～60d 贮藏的果实转置 20℃货架期，冷害木质化症状更为明显（Cai 等，2006a）。

适宜低温（5℃贮藏或 5℃预贮 6d，0℃贮藏的 LTC 贮藏方式）、$5\mu l/L$ 1 - MCP 和 1mmol/L ASA 等处理在推迟采后枇杷果实衰老进程或减轻冷害程度的同时，减缓了细胞木质化作用和果实硬度增加；相反，$100\mu l/L$ 乙烯处理则加速枇杷果实衰老进程或促进冷害的发生，增强细胞木质化作用，促使果实硬度增加（Cai 等，2006a，b，d）。调控枇杷果实衰老或冷害进程等措施，均可有效调节木质化引致的果实硬度增加。

对调控枇杷果实冷害木质化的相关机制研究表明，$EjEXPA1$ 基因可能参与了洛阳青枇杷冷害木质化的调控，1 - MCP 和 LTC 等调控冷害措施均能有效抑制该基因的表达（Yang 等，2008）。最近，通过对枇杷冷害木质化相关的乙烯信号转导机制研究表明，$EjETR1$、$EjCTR1$ 和 $EjEIL1$ 基因都对低温有响应，其中 $EjETR1$ 和 $EjEIL1$ 和枇杷冷害木质化的相关性尤其高；进一步研究表明 1 - MCP 可能通过调控 $EjETR1$ 的基因表达进而调控洛阳青枇杷的冷害发生，而 LTC 可能通过调控 $EjEIL1$ 的基因表达进而调控洛阳青枇杷的冷害木质化（Wang 等，2010）。

研究认为，洛阳青等红肉枇杷果实采后衰老木质化与冷害木质化具有相似的生物学特征，其内在机制仍不清楚，需在现有研究的基础上，进一步从组织学、发育生物学和分子生物学等层次深入探讨。

◇ **主要参考文献**

鲍滨福 . 2006. 竹醋液作为植物生长调节剂的开发研究［J］. 浙江农业学报（4）：268 - 272.

蔡冲，龚明金，李鲜，等 . 2006. 枇杷果实采后质地的变化与调控［J］. 园艺学报（4）：731 - 736.

柴振林，陈顺伟，童晓青 . 2003. 枇杷仁成分组成及其综合利用可能途径［J］. 浙江林业科技，23（3）：30 - 32.

陈发兴，刘星辉，陈立松 . 2008. 枇杷果肉有机酸组分及有机酸在果实内的分布［J］. 热带亚热带植物学报（3）：236 - 343.

陈俊伟，冯健君，秦巧平，等 . 2006. GA₃诱导的单性结实宁海白白沙枇杷糖代谢的研究［J］. 园艺学报（3）：471 - 476.

陈俊伟，徐红霞，谢鸣，等 . 2010. 红沙枇杷大红袍与白沙枇杷宁海白糖积累及代谢的差异［J］.

园艺学报 (6)：997 - 1002.

陈义挺，等 . 2005. 无公害高优早熟枇杷基地建立及配套技术 [J] . 中国南方果树 (1)：38.

丁长奎，章恢志 . 1988. 植物激素对枇杷果实生长发育的影响 [J] . 园艺学报，15 (3)：148 - 153.

丁长奎，等 . 1989. 生长调节剂对枇杷成熟期和品质的影响 [J] . 中国果树 (1)：13 - 15.

何志刚，李维新，林晓姿，等 . 2005. 枇杷果实成熟和贮藏过程中有机酸的代谢 [J] . 果树学报 (1)：23 - 26.

鞠建华，周亮，林耕，等 . 2003. 枇杷叶中三萜酸类成分及其抗炎、镇咳活性研究 [J] . 中国药学杂志，38 (10)：752 - 757.

倪照君，沈丹婷，顾林平，等 . 2009. 枇杷果实发育过程中糖积累及相关酶活性变化研究 [J] . 西北植物学报 (3)：487 - 493.

钱萍萍，田菊雯 . 2004. 枇杷叶对小鼠的止咳、祛痰作用 [J] . 现代中西医结合杂志，13 (5)：580 -663.

宋肖琴，张波，徐昌杰，等 . 2010. 采后枇杷果实的质构变化研究 [J] . 果树学报 (3)：379 - 384.

宋艳丽，于慧斌，姬志强，等 . 2009. 枇杷花挥发性成分分析 [J] . 河南大学学报 (2)：105 - 106.

王化坤，徐春明，娄晓鸣，等 . 2000. 花后 CPPU 处理对白沙枇杷果实发育的影响 [J] . 中国南方果树 (5)：29 - 30.

王利芬，沈珉，蔡平，等 . 2008. 不同套袋处理对白沙枇杷果实品质的影响 [J] . 江苏农业科学 (3)：158 - 160.

王荔 . 2009. 枇杷早花果和晚花果大小不同与温度的关系 [J] . 贵州农业科学 (5)：150 - 151.

王沛霖 . 2008. 枇杷优质高效栽培实用技术 [M] . 北京：中国农业出版社 .

魏秀清，邓朝军，章希娟，等 . 2009. 枇杷种质资源果实维生素 C 与总酸含量分析 [J] . 福建果树 (3)：30 - 33.

谢成宇等 . 2008. 枇杷果实发育过程中 *NADP-ME* 和 *PEPC* 基因的表达 [D] . 福州：福建农林大学 .

徐红霞，陈俊伟，等 . 2008. 白玉枇杷果实套袋对品质及抗氧化能力的影响 [J] . 园艺学报，35 (8)：1193 - 1198.

许家辉，张泽煌，等 . 2005. 早钟 6 号枇杷果实发育研究 II. 果形、干重变化动态及溶质的需求与分配 [J] . 云南农业大学学报 (3)：394.

杨照渠，夏銮彬，刘才宝，等 . 2009. 疏果套袋对枇杷果实糖酸含量的影响 [J] . 浙江农业科学 (2)：279 - 281.

张丽华，等 . 2008. 枇杷花香气成分固相微萃取 GC-MS 分析研究 [J] . 食品科技：109.

郑国华，等 . 2000. 套袋材料及时期对枇杷果实的影响 [J] . 福建果树 (114)：1 - 4.

郑伟，蔡永强，等 . 2009. 不同果袋对大五星枇杷果实品质的影响 [J] . 贵州农业科学，37 (12)：186 - 187.

郑永华，席玛芳，应铁进 . 1993. 枇杷果实采后呼吸与乙烯释放规律的研究 [J] . 园艺学报 (2)：111 - 115.

周政华，邓秀玉，等 . 2005. 大五星枇杷花期修剪试验初报 [J] . 特产研究 (1)：27.

Al-Babili S, Hartung W, Kleinig H, Beyer P. 1999. CPTA modulates levels of carotenogenic proteins and their mRNAs and affects carotenoid and ABA content as well as chromoplast structure in narcissus pseudonarcissus flowers [J] . Plant Biology (1)：607 - 612.

Baud S, Marie - Noëlle V, Rochat C. 2004. Structure and expression profile of the sucrose synthase multigene family in Arabidopsis [J] . Journal of Experimental Botany (55)：397 - 409.

Cai C, Chen KS, Xu WP, Zhang WS, Li X, Ferguson IB. 2006a. Effect of 1 - MCP on postharvest quality of loquat fruit [J]. Postharvest Biology and Technology，40 (2)：155 - 162.

Cai C，Li X，Chen KS. 2006b. Acetylsalicylic acid alleviates chilling injury of postharvest loquat (*Eriobotrya japonica* Lindl.) fruit [J]. European Food Research and Technology，223 (4)：533 - 539.

Cai C，Xu CJ，Li X，Ferguson IB，Chen KS. 2006c. Accumulation of lignin in relation to change in activities of lignification enzymes in loquat fruit flesh after harvest [J]. Postharvest Biology and Technology，40 (2)：163 - 169.

Cai C，Xu CJ，Shan LL，Li X，Zhou CH，Zhang WS，Ferguson IB，Chen KS. 2006d. Low temperature conditioning reduces postharvest chilling injury in loquat fruit [J]. Postharvest Biology and Technology，41 (3)：252 - 259.

Chen KS. 2008. Characterization of cDNAs associated with lignification and their expression profiles in loquat fruit with different lignin accumulation [J]. Planta，227 (6)：1243 - 1254.

De - Tommasi N，De Simone F，Cirino G，Cicala C，Pizza C. 1991. Hypoglycemic effects of sesquiterpene glycosides and polyhydroxylated triterpenoids of *Eriobotrya japonica* [J]. Planta Medica (57)：414 -416.

Ding CK，Chachin K，Hamauzu Y，Ueda Y，Imahori Y. 1998. Effects of storage temperatures on physiology and quality of loquat fruit [J]. Postharvest Biology and Technology (14)：309 - 315.

Dumas Y，Dadomo M，Lucca GD，Grolier P. 2003. Effects of environmental factors and agricultural techniques on antioxidantcontent of tomatoes [J]. Journal of the Science of Food and Agriculture (83)：369 -382.

Ito H，Kobayashi E，Li SH，Sugita D，Kubo N，Shimura S，Itoh Y，Tokuda H，Nishino H，Yoshida T. 2002. Antitumor activity of compounds isolated from leaves of *Eriobotrya japonica* [J]. Journal of Agricultural and Food Chemistry (50)：2400 - 2403.

Klann EM，Hall B，Bennett AB. 1996. Antisense acid invertase (*Tw7*) gene alters soluble sugar composition and size in transgenic tomato fruit [J]. Plant Physiology (112)：1321 - 1330.

Lee GH，Bunn JM，Han YJ，Christenbury GD. 1997. Ripening characteristics of light irradiated tomatoes [J]. Journal of Food Science (62)：138 - 140.

Li X，Xu CJ，Korban SS，Chen KS. 2010. Regulatory mechanisms of textural changes in ripening fruits [J]. Critical Reviews in Plant Sciences，29 (4)：222 - 243.

Nishioka Y，Yoshioka S，Kusunose M，Cui T，Hamada A，Ono M，Miyamura M，Kyotani S. 2002. Effects of extract derived from Eriobotrya japonica on liver function improvement in rats [J]. Biological & Pharmaceutical Bulletin (25)：1053 - 1057.

Postharvest Biology and Technology，49 (1)：46 - 53.

Qureshi MA，Ali MR，Jafri SA. 1988. Antidiabetic effect of *Eriobotrya japonica* (loquat) in dogs [J]. Pakistan Veterinary Journal (8)：95 - 97.

Shan LL，Li X，Wang P，Cai C，Zhang B，Sun CD，Zhang WS，Xu CJ，Ferguson IB，Sturm A. 1999. Invertases primary structures，functions and roles in plant development and sucrose partition-ing [J]. Plant Physiology (121)：1 - 7.

Wang P，Zhang B，Li X，Xu CJ，Yin XR，Shan LL，Ferguson IB，Chen KS. 2010. Ethylene signal transduction elements involved in chilling injury in non-climacteric loquat fruit [J]. Journal of Experimental Botany (61)：179 - 190.

Zhou CH，Xu CJ，Sun CD，Li X，Chen KS. 2007. Carotenoids in white - fleshed and red - fleshed loquat fruit [J]. Journal of Agricultural and Food Chemistry，55 (19)：7822 - 7830.

枇杷育苗和建园

第一节 苗木繁育

栽培果树，品种是关键；品种纯正，苗木是关键。苗木是果树生产的物质基础。其质量的好坏，直接影响到果实的产量和品质，从而影响到果树生产的长远经济效益。故必须下大气力认真抓好育苗这一关，清除那些假劣病杂的不良苗木，改进育苗技术，提高管理水平，培育出品种纯正、质量优良、无检疫性病虫害的健壮果树苗木。

枇杷可用实生、嫁接和压条（高压）等方法繁殖。为了适应枇杷果品的良种化和商品化，应尽量采用嫁接繁殖。

一、实生育苗

枇杷用实生繁殖，方法简便，苗木生长健壮，寿命也长，但有一定程度的变异性，有的不能保持母本固有特性，所以，实生繁殖多用于培养砧木。但在某些特殊情况下，如老品种需要更新复壮，或在新发展区域，嫁接苗一时无法供应时，也可暂时采用。

枇杷实生树，果实性状有变异，若母树品种优良者，后代中品质优良的倾向性亦大。如浙江丽水、永嘉、富阳等地有一部分用塘栖枇杷种子来繁殖，其实生后代也普遍表现果形较大、品质较好，甚至不少还超过了塘栖的原种。再者，实生栽培后，如发现有果实性状不良者，还可进行高接换种来补救，故过去很多采用实生繁殖。

1. 苗圃地的准备　苗圃应选择地势平坦，排灌方便，土壤肥沃中等，土质较为疏松的土壤。在过于黏重土壤上育苗，往往根系发育不良；但在特别肥沃的土壤条件下培育的苗木，栽到比较瘠薄的山地上，多表现成活率不高。土壤 pH 在 5 以下、8 以上者均不宜育苗。低洼盆地不但易汇集冷空气形成霜冻，而且排水困难，易受涝害，故也不宜选作苗圃。专业苗圃还要注意轮作，育苗后还需改种其他作物 1～2 年后再育苗。苗圃地连作，不但生长衰弱，而且病虫害多，播种前宜深翻晒匀，耙细整平，每 667m² 施钙镁磷肥40～50kg、硫酸钾 20～25kg 作基肥。并用 3kg 丁硫克百威、0.5kg 多菌灵撒施防治病虫。苗床一般做成宽 1m 左右，如图 5-1 所示。每隔 15～20cm 开出或用木棍压出一条深 2～3cm 的播种沟，在播种沟内每隔 4～5cm 播一粒种子，用细土将种子盖平即可。

2. 种子的准备　为了获得优良的实生苗木，对所用的种子要严格选择。采种时需做到选树，选果，选种子。

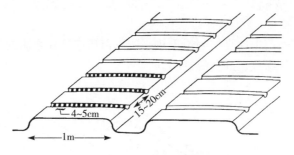

图 5-1　实生播种苗床

（1）选树　选择品种优良，树势健壮，连年丰产，果大肉厚，种子少，品质好的单株作为母树。母树要加强肥水管理，减少病虫害，以提高优良种性。

（2）选果　待果实充分成熟后，选择种子少，最好是独核，最多是两核的果实作种果。这种果实果肉多，种核饱满，对今后苗木生长有利。

（3）选种子　种子要粒大、饱满，播后出苗早，整齐健壮，生长快。如图 5-2 所示。

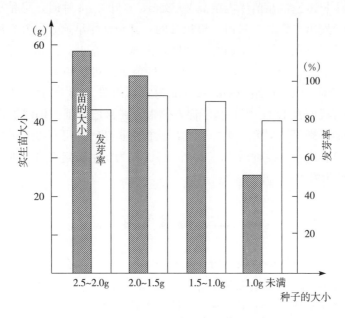

图 5-2　种子的大小和实生苗的发育

3. 播种及管理　枇杷的种子没有休眠期，采种后即应洗净播种。播种量每 667m² 约需 100kg。1kg 种子 400～600 粒。因播种时期适逢炎夏高温来临，为提高成苗率，应做到以下几点：

（1）浅播　枇杷虽为大粒种子，但其幼芽顶土力弱，容易发生弯曲，播种太深，会影响出苗率与成苗率，故盖土宜浅，一般以不见种子即可或者不开沟，在畦面上把种子播下后用木棍滚压种子入土亦可。

（2）覆盖　为使表土保持湿润，不板结，以利出苗，播种后应立即在畦面上覆盖稻草或苔藓，等到种芽出土后又应及时揭除芽上的覆盖物，以保证种苗直立生长。

（3）浇水　每日或隔日浇水一次。15～20d 后，发芽出土，发芽率一般达 90％～95％，且生长健壮。

（4）遮阴　枇杷幼苗本性喜半阴怕干热，所以苗床应选在半阴的果树行间，疏林内或搭制阴棚，或利用套种绿豆、豇豆等遮阴。

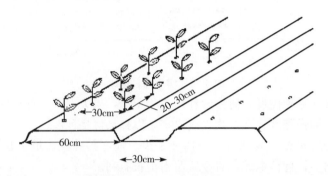

图 5-3　实生苗移植的方法

枇杷实生苗生长迅速，在苗床内苗高 2～3cm，真叶 2～3 片时，可稍稍间苗，主要是除掉那些一粒种子发出二芽的，只留一根粗壮的，其余则尽早除去，并在灌溉水内掺和少量尿素或稀薄人粪尿。在容易发生病害的地区，因秋后易落叶，故从夏季到秋季宜喷 1～2 次 1∶1∶160 的等量式波尔多液为好，一般实生苗年内可长到 10～20cm，翌春 2 月中、下旬移栽到露地苗圃，以株行距 20cm×25cm 为宜，如图 5-3 所示。过密则根系生长不良。如移栽时将直根剪去 1/3，则有利于促发侧根。在露地苗圃内仍需加强肥水管理与病虫防治。在良好的管理下，到第二年 9～10 月秋梢生长期时即可芽接；若要枝接最好再过一冬，在第三年早春应用（播种后 19～20 个月）。作为实生苗定植者，亦于第三年早春苗高 1m 以上时出圃为好。

二、嫁接育苗

嫁接育苗可保持母株优良性状，而且效率高，投产快，故在目前广泛采用。

1. 砧木　当前应用或以后有希望的砧木，有以下几种：

（1）共砧（普通枇杷）　应用普遍，嫁接后生长结果良好。

（2）榅桲（*Cyaonia vulgaris* Pers）　嫁接后生长良好，矮化、结果早；但根系较浅，寿命较短。适于低湿平地栽培。

榅桲砧木可用扦插繁殖。

（3）石楠（*Photinia serrulata* Lindl.）　江苏吴县光福乡常有应用。嫁接后生长良好，根系发达，丰产，寿命长，耐旱耐寒力也较强，且不受天牛为害。但初结果时果实大小不一，品质不佳，着色也较差，需经几年后才渐渐变好。当地经验，石楠有紫皮种和白皮种之分，以白皮种较好。嫁接易成活。一般在 3 月播种，经 1～2 年定植，再过一年后进行坐地嫁接。

另外，在台湾等温暖地区，也有用台湾枇杷作砧木的，生长结果亦好，唯不耐寒，再有牛筋条、小叶枇杷亦为有希望的矮化砧木。

2. 嫁接前的准备

（1）嫁接前半月　给砧木苗床除草、松土并施一次肥，如遇干旱，应在嫁接前 5d 灌透水，以利于提高嫁接成活率。

（2）准备好工具用品　嫁接刀和剪刀需磨得特别锋利；裁剪好绑扎用塑料带（枝接用塑料带 1.5cm×30cm，芽接用 1cm×20cm）；抹布，用于包接穗或擦刀具。

3. 接穗的采集和贮藏　接穗应选择适应当地环境条件的丰产优质品种的青壮年结果树，亦可从品种纯正的幼龄结果树上采取。福建莆田、湖南沅江多用夏梢作接穗，浙江塘栖、江苏洞庭山多用春梢，以往不少地方还喜欢用多年生枝。据浙江的试验，以一年生枝成活率最高，达 80％，二年生枝为 68％，多年生枝为 60％。莆田农民经验，接穗应选择生长充实、节间稀、叶柄小、芽点处覆盖有白色茸毛的 1～2 年生枝，成活率高，发芽健壮。总之，接穗以选择生长充实，芽体被白毛，粗细适中的 1～2 年生春梢或夏梢为好，又以一年生生长充实的夏梢和春梢的中下段为最好。尽量不用内膛枝或徒长枝。

采接穗，应选在无风的晴天。如果在雨天采穗，应把接穗晾干后再贮藏。接穗采后应立即剪除叶片，以防止叶片蒸发失水而影响活力。以随采随接最好。如需贮藏，可扎成 50 根一捆，标明品种和采穗日期，用塑料袋包扎密封。贮于 10℃ 左右冰箱或冷库内，贮藏时间短的，存阴凉处即可。没有冷藏设备也可用湿沙分层贮藏，上面盖沙 15cm，湿沙以手插入沙后能黏上，而指甲内不黏沙为度。沙藏切忌过湿，否则易霉烂或发芽。只要贮藏时温度、湿度保持得当，不会影响嫁接成活率。

4. 嫁接方法　枇杷的嫁接一般采用枝接，小砧木多用切接或腹接，大砧木大多用劈接或嵌接。近年来福建进行了芽片贴接、舌接及剪顶留叶切接等试验，认为这几种方法都是枇杷育苗上简便易行的方法。兹将我国枇杷育苗上习惯用的切接法及新近推广的其他嫁接方法介绍如下：

（1）切接法　这是我国江苏、浙江、福建等老产区常用的方法。其方法与一般落叶果树基本相同，唯在切接时期、接穗采穗、砧穗切削、接后管理上各有不同而已。

切接时期：切接愈合最好的时期，以砧木树液已旺盛活动而枝梢将要萌动而没有萌芽时最好。这种状态表现的具体时间因年份及地区而异。如福建、台湾等地约在 1 月下旬至 2 月中旬，江苏、浙江、安徽、湖北一带，约在 2 月上旬至 3 月上旬。如能在春梢萌动前先将接穗枝条采下，并妥为贮藏，则依标准时间迟一个月嫁接也无妨碍。以上所述为"地接法"所用时期，若采用"掘接法"，则可延迟半个月至 1 个月。地接，又称居接，指在砧木栽植的原地位置，就地嫁接；掘接，又称扬接，指把砧木挖掘起来后嫁接，接好后再栽到地里。地接法成活率较高，且以后的生长亦好；而掘接法则稍差。故就地育苗者，多行地接，只是在从外地调入砧木时，才采用掘接。

切接步骤：

①剪断砧木　选 1～2 年生、生长健壮、粗度在 0.6cm 以上的砧木，清除表面杂物浮土，在距地面约 5cm，选择光滑处剪断。

②切砧　选择砧木平滑一面为嫁接面，先用刀斜削去一小块，再在木质部和韧皮部之间向下切成 2.5cm 左右长的切口，以略削掉木质部为度，应尽量使砧木木质部的宽度与接

穗木质部的宽度相一致，其削面长度略短于接穗削面长度 3mm 左右为宜。

③削接穗　每接穗带 2～3 个芽。在芽上方 0.3cm 处剪断，接穗长度为 5～6cm。在较平直的一面做长削面，先在背面用刀呈 30°削一刀，然后翻转削一长削面，以削去韧皮部，微露木质部为度（即所谓见白留青），削面长 3cm 左右，要求削面平整光滑，保持新鲜状态。

④插接穗　将接穗长削面靠砧木内侧插入切好的砧木内，并使接穗和砧木形成层（即木质部和韧皮部之间的分生组织）对准。如砧木接穗粗细不等，应靠一边插入，使一边的形成层对准即可，并使接穗切口高于砧木 2～3mm 为好。

⑤包扎　用薄膜带先将砧木和接穗扎紧。然后把接穗和砧木的切口部分扎紧密封，而将芽眼稍许外露。注意包扎时松紧适度，并防止已对准的位置移动。在干旱地区或干旱年份，则还须套上适当大小的塑料薄膜袋，其外面被以旧报纸等，以遮蔽阳光，保持湿度，则可大大提高成活率。要注意套袋者，经 20～30d 后，见接穗发芽，需剪开塑料袋上方，待新芽苗壮能适应外界气候时，再完全除去塑料袋。

（2）贴皮芽接法　先在砧木离地 10～20cm 树皮光滑处，用刀尖自下而上划两条平行的切口（宽 0.6～0.8cm，长 3cm 左右，深达木质部）。切口上部交叉连成舌状形，随后从尖端将皮层挑起往下撕开，并切去大部分。接穗的芽片比舌状形的嫁接位略小，不带木质部。芽片插入后，用宽 1.2cm 的薄膜带自下而上绕缚，上下圈重叠 1/3，并在芽点附近留有一小孔隙，这样，在雨水多的季节有利于通气，可显著提高成活率。嫁接后约经 25d，当愈合组织生长良好后，将薄膜带解开，解绑后 6～10d 检查成活率，同时，对成活的植株进行折砧处理，以促进接芽萌发。

（3）剪顶留叶切接法　该方法与切接相似，只是在温暖地区，枝叶生长特别迅速，在播种后不行移栽，而播后 1 个月按 10cm×15cm 株行距间苗，待第二年春季，砧木顶端粗度达 0.8cm 以上时，可在顶端叶片深绿色与浅绿色交界处剪断嫩梢，并保留剪口下的叶片，以保持较强的代谢生机，然后在砧木横断面上切口嫁接。运用该法可较普通切接法提早一年成苗。

上述后两种方法，均系福建近年来试验推广的新方法。其中贴皮芽接具有嫁接季节长，成活率高，节省接穗，工效快等优点，且因接芽成活后才进行折砧，因此成活率和成苗率都有所提高；缺点是在苗圃的时间较长。而剪顶留叶切接法，操作易，成活率高，时间快，苗势好，不失为一种多快好省的育苗新方法。

5. 嫁接苗的培育管理

（1）破膜露芽及除薄膜带　嫁接后 20d，接芽开始萌发，用刀挑破薄膜以免阻碍芽的萌发。8月底至9月初解除包扎薄膜，此时正值苗木旺盛生长时期，过迟解膜，不利于接口愈合，过早易导致死亡。

（2）及时除去砧木的萌蘖，以集中营养供接穗生长　芽接苗要待接穗芽萌发、叶片展开、表面茸毛脱落后进行剪砧，剪砧过早影响成活，过迟则会抑制接芽生长。

（3）立支柱及遮阴　枇杷新梢枝嫩叶大，为防大风吹折，应插立竹竿绑缚。枇杷苗喜半阴湿润，而嫁接苗木在炎夏高温季节，应搭棚遮阴，或适量套种绿豆、豇豆等豆科作物。

（4）施肥及防治病虫　同实生苗培育。除草松土应及时进行，避免苗圃地杂草丛生；还要做到苗圃地不淹水、不渍水。

三、压　条

湖南沅江、福建莆田、江苏洞庭山等地，都有用高压繁殖的。高压繁殖，即选用 2～3 年生枝，在离分枝基部 7～8cm 处行环状剥皮，宽 3～4cm，将形成层刮净，然后用园土、火烧土、混合苔藓等，适当加水作为发根基质，外用 30cm 见方塑料薄膜包扎，以保水和防止雨水渗入。在沅江，大多在春梢萌动前 2 月下旬至 3 月上旬进行，5～6 月发根，翌年 2 月锯下栽植。在莆田，一般多在枇杷采果后进行，秋季栽植；或在秋冬进行，春季栽植。此法能保持母树优良性状，且可做到大苗定植。但因手续麻烦，繁殖系数低，在生产上广泛运用受到限制。

四、容器育苗

容器育苗是利用人工培养土为培养基质，在塑料钵或塑膜袋内人为创造适合果树苗木生长的良好条件下，培育砧木苗、嫁接苗的一种现代化技术。容器育苗多在温室或塑料大棚中进行。日本的枇杷容器育苗，是将每株苗种植于一个小容器中，加上滴灌控制水分，保持一定的干湿度，以保证嫁接成活，特别是嫁接前后，土壤表面要为白色状态。嫁接方式是切接。温室育苗能避免病虫害，提高成苗率，加快育苗速度。因使用营养钵，也无连作之虞，再者，容器育苗带土移栽，可避免根系损伤，有利于提高栽植成活率。我国江苏吴县也已试验成功，直接将种子播于容器内，可提早一年成苗。

1. 容器育苗的意义　与常规育苗相比较，容器工厂化育苗的意义是显而易见的。

（1）不受自然条件的影响，即使在自然条件恶劣的地区也容易进行生产。

（2）实现无病虫化，且保持繁殖品种的固有特性，保证了苗木的高质量。因容器内的人工培养基质经过化学或蒸汽高温灭菌，完全避免了土传病虫害。同时，也可克服土壤肥力下降、劣化引起的各种不良影响。

（3）可实现无农药培育。植物工厂内部和外部完全隔离，场地、容器和培养基质都经过杀菌，不需要使用农药。

（4）可采用自动化机械，计算机智能化控制，实现高效率的生产。

（5）育苗过程标准化，保证苗木的整齐一致，能大大提高建园质量。

2. 容器的种类与选择

（1）浅盘　一种底部有排水孔的木质、塑料或金属浅盘，用隔离板将其分为一个个的小格。可用于播种砧木种子，在幼苗生长过程中能很方便地移动地点。

（2）陶钵　栽花的钵子是一种常用的容器，可以重复使用，也能蒸汽灭菌，因其多孔，容易损失水分，灌水时要注意，连续使用后会出现有害盐分聚积物，需在水中浸泡后再用。

（3）塑料盆　有圆形和方形的不同规格，用聚氯乙烯制成，方形盆可制成 8 只或 12

只为一套，供播种砧木苗用。塑料盆质轻，可套起来贮藏，不渗水，优点很多。不能用蒸汽灭菌，可用 70℃热水 3min 灭菌。

（4）纸杯 可用于培育和移栽砧木苗，常用蜡处理，防止水湿后变软破损。

（5）泥炭或纤维块 由泥炭加一些非移动性肥料（如钙、磷等）装入小网加高压做成圆饼状。使用时，在水中浸胀 1～3h，使膨胀到合适的大小，变软到能使种子植入。用塑料盘一个个并列放置于温室或大棚内。这种块体与植物小苗形成一整体，与植物一同移栽入土。不仅代替盆，也代替繁殖混合土。作砧木苗培育十分方便。

（6）聚乙烯袋 底部带排水孔的聚乙烯黑色小袋，果树上常用 20cm 直径的规格，约 0.20 元一个。价廉物美。

3. 常用容器育苗培养土配方 容器育苗成功与否与人工培养土关系很大，现将美国加州大学河边分校、我国湖南省零陵地区柑橘示范场、湖南省农业科学院园艺研究所各自采用的容器育苗培养土配方介绍如下，供各地因地制宜选用。培养土配方见表 5-1。

表 5-1 几种培养土配方

1. 美国加州大学改良的柑橘混合培养土

培养土成分		用 量
基质	细沙	1/3
	红杉木屑（Red wood sawdust）	1/3
	泥炭苔藓（Peat moss）	1/3
大量元素	过磷酸钙	1.70（kg/m³）
	碳酸镁岩	2.25（kg/m³）
	碳酸钙	1.0（kg/m³）
微量元素	$CuSO_4 \cdot 5H_2O$	85（g/m³）
	$ZnSO_4$（30%Zn）	34（g/m³）
	$MnSO_4$（28%Mn）	37（g/m³）
	$FeSO_4 \cdot 7H_2O$	48（g/m³）
	$(NH_4)_6Mo_7O_{24} \cdot H_2O$	0.25（g/m³）
	H_3BO_3	0.75（g/m³）

2. 湖南省零陵地区容器育苗改进培养土配方

培养土成分		用 量
基质	沙	1/4
	锯木屑	3/4
其他	过磷酸钙	10（kg/m³）
	K_2SO_4	1.25（kg/m³）
	尿素	1（kg/m³）
	$FeSO_4$	1.5（kg/m³）
	白云石粉（Dolomite lime）	3（kg/m³）

3. 湖南省农业科学院容器育苗培养土配方

（续）

培养土成分		用　量
基质	沙	1/3
	锯木屑	1/3
	腐叶土	1/3
其他	菜枯	7.5（kg/m³）
	白云石粉	2.0（kg/m³）
	钙镁磷肥	0.5（kg/m³）
	尿素	0.5（kg/m³）
	氯化钾	0.5（kg/m³）
	氮磷钾复合肥	6（kg/m³）

配制和消毒：用人工或建筑沙浆搅拌器均匀混合培养土的各种成分，然后加入肥料拌匀。培养土中含有病原微生物，因此使用前需要消毒。常用高温蒸汽消毒，在120℃下维持0.5～1h就可以杀死培养土中的病原微生物、有害昆虫及杂草种子。消毒设备也可用高压蒸汽灭菌锅或蒸汽灭菌车。除了培养土外，温室内的所有设备、器具均要进行严格消毒（可用福尔马林熏蒸）。此外，美国加州大学的混合培养土，需用荷格兰（Hoagland）营养液1/2的浓度浇灌，以补充完全营养。荷格兰营养液配方见表5-2。

表5-2　荷格兰（Hoagland）营养液配方

成　　分		用量（g/L）
大量元素母液	$Ca（NO_3）_2 \cdot 4H_2O$	0.94
	$MgSO_4 \cdot 7H_2O$	0.52
	KNO_3	0.66
	$NH_4 \cdot H_2PO_4$	0.12
	络合 Fe	0.07
	将上述成分溶解于蒸馏水中，定容至1 000ml	
微量元素母液	H_3BO_3	0.28
	$MnSO_4 \cdot H_2O$	0.34
	$CuSO_4 \cdot 5H_2O$	0.01
	$ZnSO_4 \cdot 7H_2O$	0.22
	$（NH_4）_6Mo_7O_{24} \cdot H_2O$	1.01
	H_2SO_4	50μL
	称取上述成分溶解于蒸馏水中，定容至100ml	

荷格兰营养液：取1 000ml大量元素母液和1ml微量元素母液，混合调pH至5.7左右。

4. 容器苗的管理　容器培育苗的灌溉是一项主要工作，常用毛细管滴灌和空中移动式喷灌。

施肥是与灌水结合进行的，但盐分过多，将降低植物生长量、焦叶甚至植株死亡。为防止培养土中盐分积累，每隔一段时间应该用水淋洗容器或育苗台。如灌溉水中含盐达250mg/kg，每12周淋洗一次；500mg/kg 时，每6周一次；1 000mg/kg 时，每3周一次。用于容器施肥的尿素还应进行缩二脲检查，含量超过1%者应停用。缩二脲毒性很大，引起叶尖发黄，叶小不长。

做好容器苗防病虫工作。应注意人员进出消毒，环境消毒，与外界隔离。

五、苗木出圃

苗木出圃是无病毒苗木繁育工作的最后一环，出圃工作做不好，则整个育苗工作前功尽弃。出圃准备工作及出圃技术的好坏，直接影响苗木质量，定植成活率及其后的生长发育。

1. 出圃前的准备 出圃前的准备工作主要有苗木调查和制订出圃计划等。按品种、苗木种类、苗龄分别调查苗木质量，为做好苗木生产、供销计划提供依据。苗木调查要求90%的可靠性，产量精度达到90%以上，质量精度达到95%以上，其方法详见《GB6001—1985 育苗技术规程》。在苗木调查的基础上，制订出圃计划和操作规程，使出圃工作有计划、有准备、有步骤地进行。

2. 起苗

（1）起苗时期 若用容器育苗，随时均可出圃，但为避免夏季高温和冬季低温的不良影响，多在春秋两季出圃栽植，多数地区则以春季出圃栽植为主，一般于2月至3月上旬挖苗定植。

（2）起苗方法 苗木挖取方法十分重要，挖掘中应避免苗木损伤与混杂，必须注意以下各点。

①挂标签 在挖苗前，要做好起苗准备，对苗木挂牌标明品种、砧木类型、来源、苗龄等。

②灌透水 土壤干燥，则挖苗困难，而且易伤苗，除刚下过雨土壤潮湿外，一般应于挖苗前3～5d将苗圃地灌透水，待收汗（土壤稍疏松、干爽）后再起苗，则可不伤根系或少伤根系。

③深挖取苗 应根据土壤质地、繁殖方式与苗的大小适当深挖以保全根系。挖苗时，一般先在苗株周围15cm 以外把土挖松，深度25～30cm，大苗还应适当加大加深，然后从深处将主根切断。操作中要仔细，须根应多保留。提起果苗时，手捏根颈部分，以防嫁接口折断。

④保护根系 起苗过程中，应尽量减少根系损伤。一般要保留苗木长10～15cm 以上的侧根2～3 条，侧根上的须根要尽量保留。因此，当主根尚未切断时，不可用手强行拉扯，以免损伤侧根和须根。

⑤保护枝芽 挖苗中要注意保护苗木的地上部分免受伤害，尤其不能损伤整形带内的芽或副梢。

⑥带土挖苗 挖苗分带土和不带土挖取两种方法。只要条件可能，应尽量采用带土移栽，一则可减少根系伤害，缩短缓苗期，二则可不受季节限制，随时移栽。枇杷苗挖取

时，尚有多量枝叶继续进行蒸腾作用，故不论什么季节，最好都要带土挖苗，二年生以上的大苗，则一定要带土球。挖苗时需仔细操作，不使土球散开，土球外覆以稻草、蒲包或塑料布，绑牢捆实。若远运带土不便，挖苗时应尽量减少须根损伤，并及时蘸泥浆护根。长距离运输，最好选用一年生小苗，不带土的大苗移栽不易成活。

⑦苗木修剪　苗木挖起后，要对地上部分和根系进行适当修剪整理。地上部分要剪除枯枝、病虫枝、枝梢未成熟部分及砧木萌蘖。主枝一般不剪，但如果生长过长，有碍包装运输，可适当短剪。根系伤口应剪平，以利愈合，过长的主、侧根及畸形根也应适当短剪或疏除。枇杷为常绿果树，叶片多，容易萎蔫，挖苗后应立即剪除部分小枝和叶片，以减少水分损失。

3. 苗木分级　苗木挖起并经过修剪整理后，应该立即运往蔽荫无风处，以利减少苗木蒸腾和免使根系风干，并进行苗木分级。凡不合规格的苗木，一律不能出圃，应继续培养。凡病虫严重，机械损伤过大，无根，嫁接口破裂的苗木，都应视作废苗剔除，切忌滥竽充数。

苗木分级标准，应根据有关规定执行。

不论何品种、砧木类型、繁殖方式，合格苗木的一般要求如下。

（1）接穗来源可靠，品种纯正无误。

（2）砧穗组合恰当，宜有 10 年以上的生产考核资料，确认该组合树势良好，优质丰产后，方可采用。

（3）枝条健壮，生长发育正常，组织充实，具有一定的高度和粗度。

（4）整形带内有一定数量充实饱满的芽或副梢，且分布均匀。

（5）接合部位愈合良好，无枯桩，砧木残桩不外露，砧木无严重损伤，根颈处不扭曲，弯曲度不大，以不超过 15°为宜。

（6）根系健壮发达，分布均匀，具有 2～3 条粗壮的侧根，并有较多的须根，断伤根少，根的长度、粗度和数目均合适。

（7）无严重病虫害和机械损伤。

以下列出浙江黄岩的枇杷苗木标准（表 5-3）以供参考。

表 5-3　**枇杷苗木分级标准**（浙江黄岩）

苗龄	一级			二级			三级		
	苗高 （cm）	苗粗 （cm）	叶片	苗高 （cm）	苗粗 （cm）	叶片	苗高 （cm）	苗粗 （cm）	叶片
单春砧 一年生苗	≥30	≥1	≥10	≥27	≥0.7	≥7	≥25	≥0.7	≥5
双春砧 一年生苗	≥35	≥1.3	≥15	≥30	≥1	≥10	≥25	≥0.8	≥8

注：苗粗是指嫁接口以上 1cm 处的直径；苗高是指嫁接口以上的长度。

4. 包装　外运的果苗必须进行包装。包装的目的在于避免机械伤害，防止苗木根系干燥，并有利于搬动和运输。

包装的场所最好选在阴凉处，包装材料需用稻草、塑料薄膜、草绳、蒲包、编织袋、草袋及苔藓、锯末或其他疏松保湿的填充物，以达到不霉、不烂、不干、不冻、不发热、不受损伤为准。

枇杷最好是单株带土球包装，挖苗时仔细带好土球，用谷草捆紧，然后从根部至果苗地上部 1/2～2/3 处用塑料薄膜包捆，远运者最好装入木箱。若是裸根起苗的，应剪除部分枝叶，捆前必须仔细将根系充分均匀浸蘸泥浆，每 50～100 株为一捆，注意根部保湿，内以稻草或蒲席包捆，根隙间填充苔藓，外用塑料薄膜包成筒状，至少包到苗高的一半，最好仅留顶部，捆扎牢固。容器育苗的应有完整的原装容器。

为防止品种混杂，包装物内外均须挂标签，写明品种（品系）、砧木、等级、数量、接穗来源、起苗日期和育苗单位等。同时出圃 2 个以上品种的，应分别包装，做出明显标志。

苗木出圃前，必须先经县以上农业主管部门田间检验，并出具苗木质量合格证明书。

5. 运输 起苗、包装和运输三个环节要扣紧，做到挖好就包、包好就运，运输途中必须轻拿轻放，注意遮阴。汽车运苗，应有帆布篷覆盖，严防日晒、雨淋、风吹，特别要保持根部湿润，防止根系受干，干燥时根部要及时淋水。装运中不能堆积过高、过厚或排列过紧，以防果苗压伤和发热。果苗最好直立放置，起运覆盖篷布前果苗枝叶宜喷水一次。上下车船，应防止机械损伤，避免造成不应有的苗木浪费。到达目的地后，要立即打开检视，及早定植或假植，远地购入或发现苗木有干燥迹象，应立即喷水，裸根苗则解包浸根一昼夜，充分吸水后再行栽植或假植。

6. 假植 凡挖起来后不及时栽植或运走的苗木，分级后必须立即假植。从外地运进的苗木，如不立即栽植，也要假植。假植就是临时性的栽植，以防止苗木干枯，并可促进苗木受伤根系愈合。枇杷苗最好随挖随栽，不宜长期假植，以免影响成活率。

假植应选择避风、高燥、平坦、土壤疏松、排水良好、无鼠害和土壤病虫害的地方进行。假植前清除杂草，进行翻耕耙碎，然后分段开沟，土壤消毒。假植沟应相互平行，中长期假植，培育大苗时，间距宜大，沟间间隔 80～150cm。一般沟宽 50～100cm，深30～50cm，依苗的多少决定沟的长短。沟的方向最好顺东西延伸，以便苗木的梢端向南，防止阳光直晒，沟底铺湿润的细土或湿沙 10cm 厚。假植时不同品种、不同级别的苗木应分区、分段假植，严防品种混杂，要分别点清数量，做好明显标志。假植时先将苗木一株一株地排于沟中，再在根际之间填塞疏松的土壤或湿沙，并摇动苗木使土或沙与根密接，然后以松土壅培至苗高的 1/3～1/2 处，即沟面覆土高出地面 10～15cm，地表填土呈锥形。然后充分浇水，上面再撒一层薄土。周围挖排水沟，以防雨水流入。如冬季假植在有寒害的地区，树冠要覆草，以防冻伤。越冬假植要掌握疏摆、深埋、培碎土、踏实不透风的原则。假植后要经常检查，防止苗木风干、霉烂和遭受鼠、兔危害。假植完毕，应立即绘制假植平面图，供起苗时使用。

第二节　建　园

枇杷是多年生经济树种，与其他果树一样，栽植后需经数年才能产生经济效益，且一旦栽下去，就要影响多年。所以建园时，一定要坚持高标准，严要求，高水平，高质量。

要根据当地的自然条件，劳力情况，投资能力，交通条件，果品长远要求等因素，综合考虑品种的安排和发展速度，以便形成具有特色的品种结构。

一、园地选择

枇杷为多年生果树，根据其对环境条件的要求，慎重选择园址。枇杷易受冻害，宜种植于温暖地带或有小气候条件的避冻区域（如北有天然大屏障，靠近大水体或利用山坡逆温层等），其经济栽培区划大致与柑橘相近。

山地建园应选在土层深厚、土质疏松、坡度在30°以下的坡地。坡度大的不仅肥力差，而且以后操作管理不便，山谷洼地冷空气易沉积，有冻害危险，不宜建园。

平地建园以选择在地势高，地下水位低，排水良好，土层深而疏松的沙质土壤种植为好。

枇杷忌地现象严重，老枇杷园挖掘后，一般不宜立即栽枇杷。但若无轮作地，有条件采用土壤消毒的，也可连续栽植。具体做法是：全园更新时，挖掘老树后，深耕除净老根，在夏季天热时（气温25℃以上）进行消毒。每45cm²，挖一个深30～60cm的小洞，用注射器注入10ml氯化苦（硝基三氯甲烷），然后用土把洞塞好，踏紧土壤，再用塑料薄膜覆盖，封闭10d后揭膜中耕，约再过20d，气体完全消失后即可种植。局部更新时，消毒时应注意不使氯化苦气体伤害未间伐的枇杷树根，要以新栽苗位置为中心，局限于附近消毒即可。试验结果表明（表5-4），连作土壤经氯化苦消毒后，可以完全消除忌地现象，生长发育的表现与新土种植一样良好。

表5-4 枇杷忌地与改植生长状况（村松，池田，一濑）

		干粗 （mm）	主枝长 （cm）	叶数	副梢长 （cm）	叶数	全长 （cm）	全叶数	地上 部重 （g）	地下 部重 （g）
连 作 土	氯化苦	11	48	29	45	34	93	63	200	87
	二溴氯丙烷	9	42	24	11	12	53	56	92	72
	无处理	9	36	23	11	9	47	32	81	88
新 土	氯化苦	10	47	28	40	28	87	56	164	61
	二溴氯丙烷	10	41	26	27	17	68	43	126	83
	无处理	10	41	26	22	17	70	43	130	86

二、建　　园

1. 道路规划　3.3hm²以上的大型枇杷园，应有道路的规划。首先根据工作需要和地形，规划好几条上山下山的干道。干道依山势盘旋而上。干道坡度在5°以下，路面宽4～6m，路基坚实，可通行大型机动车。支道通小型农机具，路面宽3～4m，沟通干道。根据地形把果园隔成几个小区。在支道之间规划好田间便道，利于行走。果园面积小于3.3hm²的，一般不设干道。

2. 水利设施

(1) 避水沟 在大山坡下部建园时，为了防止山水冲入园内，应在果园最上部掘一条深而宽的避水沟，把山水引入通向山下的排水沟，一般要求宽 1m 以上，深 50cm 以上。

(2) 排水沟 可根据地形设置几条，设在干道和支道两侧，一般沟宽、深各 50cm，为缓和水势，应开成梯形排水沟，每级沟内深外高，以缓和水势和阻止水土流失。平地果园必须高标准建好排水系统，努力降低地下水位，否则地下水位高，排水通气不良，枇杷极易烂根死亡，寿命很短。有条件的地方，可采用塑料管、瓦管或卵石等做成暗沟或半暗沟，形成地下排水系统，将地下水位降低到最少 50cm 以下。近年亦推广起垄栽培，即将拟建园全园耕翻，深度 20cm 以上，按定植行把耕翻的松土培成高度 30～40cm 的高垄，直接在高垄上栽苗，并在垄间耕翻层以下开深度 30cm 左右的排水沟，建成深沟高畦。

(3) 有条件的地方选择水源丰富的适当地形修建小水库和小水塘，以便利抗旱、喷药、施肥等。若能建立喷灌或滴灌系统，则更为理想。

3. 修筑梯田 福建莆田、江苏洞庭山等地的枇杷园建在坡地梯田上，光照良好，管理方便，保水、保土、保肥效果好。梯田修筑一般要求畦面水平，或向内倾斜 5°左右，宽不小于 2.5m，梯壁坚实可靠。10°以下的缓坡地也可以不做成梯田。

梯田根据等高原则修筑，步骤如下：

(1) 设定基点 基点是每条等高线的起点，要在具代表性的坡面选点。在上下坡度较一致、坡度大小适中的地段选基点，这样可避免测得的等高线过稀过密。做法是：自上而下，用一根长 3～5m（根据梯田宽度而定）的竹竿，一头放在第一个基点上，另一头执在手中和坡向一致，使之水平，手执端垂直地面点即是第二个基点。以此类推，得第三、第四……及所有各点。

(2) 测等高线 测得基点后，用水平仪测等高线，连接各测点，即成一条等高线。这样测得的等高线，因山坡凹凸不平而等高线弯曲不齐，疏密不均，因此要调整，将弯曲过度的等高线画直，过密的地方删掉一段，过稀的地方加上一段，大弯就弯，大包就包，小弯小包裁直裁平。

(3) 梯田修筑

①砌梯壁 一般自下而上进行，沿最低一条等高线挖一条宽 50cm、深 15cm 的梯壁基脚（即砌梯壁沟），梯壁用石块从基脚开始像砌墙一样往上砌，要求砌得牢固可靠，并向内倾斜 5°～10°。无石块的地方，直接以土坝做壁也可，但最好在土壁上种草或种植护壁植物（如金花菜、紫穗槐、黄荆、马桑等），每年可以刈割数次，并可将割下来的茎秆作为果树的覆盖物，既可防止水分蒸散，又可增加土壤的有机质，砌壁时要向内倾斜 10°～20°。

②翻土 在砌壁的同时，把上坡土壤翻到下坡，做成略向内倾的水平梯面，同时深翻土壤。梯面下宜抽通槽，槽深不小于 60cm，槽宽不小于 80cm，若条件允许，最好深宽均 1m 以上，以保证充分利用自然肥水，减少日后的培肥和水分管理。槽内加入有机物质，以利改土，槽底铺以粗大的石块、卵石或石屑等透水材料，以利排水。梯面外侧应做一小土埂，以阻水土流失。

③开保水沟 梯面筑成后，要在梯田内侧离梯壁 20cm 开一条保水沟，宽深为 30cm，

并且保水沟和排水沟相通，这时，山地建园基本完成。

近年因劳动力用工成本大幅上升，一般建园均采用挖掘机抽槽，降低建园成本并可保证抽槽的深度和宽度。不管采用人工或机械抽槽，均要求从坡上到坡下，槽槽相通，不使槽底渍水，最下面的槽底要与排水沟、贮水池相通。

④鱼鳞坑式单株小梯田的修筑　在地形复杂、坡度较大的山地，修筑成片梯田，不仅投资大用工多，而且效益也不理想。安徽歙县绵潭一带，地处皖南山区，地貌复杂，采用石块砌成鱼鳞坑式单株小梯田，获得高产。一般要求每小块面积 4m² 以上，外缘用石块砌成梯壁，内面大量客土，因其形似花坛，黄岩又称之为"花坛式梯田"。

4. 设防风林带　枇杷树大枝多叶密，加之根系又浅，故既惧夏日之台风，又怕严冬之寒风，所以成片栽培时，一定要设置防风林带。果园防护林规划必须从当地具体情况出发，实行山、水、园、林、路综合治理，全面规划，统筹安排。建立防护林，应本着因害设防，适地栽培的原则，达到早见效益的目的。在坡地上，必须在靠山峰一侧设置为阻断上部来的冷空气所必要的紧密结构防风林带（主林带），系由几层大乔木、中等乔木和灌木树种所组成。又因为还有从下向上吹的冷风，故还必须设置坡下的防风林带，但又不可因之而阻滞上部沉降的冷空气，因此以建立不是过密的透风结构防风林带（副林带）为妥，即由一层高大乔木和一层灌木或仅一层高大乔木组成。常用树种有杉树、柳杉、池杉以及泡桐、喜树、樟树、刺槐、紫穗槐、油茶和马甲子等。平地果园防风林的效果与主林带同当地主要风向的交角有关，所以原则上要求主林带应与当地有害风或常年大风的风向垂直。副林带是主林带的辅助林带，常与主林带相垂直。其作用是辅助主林带阻挡由其他方向来的有害风，以加强主林带的防护作用。

三、定　植

枇杷的定植，一般都栽嫁接苗，但在有特殊要求或新产区嫁接苗供应困难时，也有先栽实生苗，待实生苗结果后，发现不良单株，再用高接法改接优良品种的。不论嫁接苗或实生苗，均宜采用大苗定植，定植的苗龄通常用二年生的，如果苗木生长良好，也可用一年生的。枇杷部分品种有自花授粉结实不良的情况，对于该类品种要注意选配授粉品种混栽。

1. 定植适期　各地不尽相同，华东地区多在雨水到清明期间，这时天气转暖，雨水渐多，是栽枇杷的最好时节，其他时间移栽或定植，只要带土、少伤根系，随挖随栽，也可成活。但刮西北风、炎热、雨天或土壤过分潮湿等情况下不宜定植。总的来说，栽植时期最好选在春芽萌动前夕。在华南地区通常自 12 月至翌年 2 月均可。在华东、华中及西南大部地区，因冬季温度较低，宜在 10 月份或翌年 2～3 月间栽植。

2. 定植距离　定植的株行距应视品种、气候条件及土壤肥瘠而定，一般在 4～6m。土层深厚、土质肥沃、质地疏松的园地易长成大树，株行距离宜大；土壤瘠薄、地下水位高的园地，树形较小，宜适当密植。

为提高土地的利用率，在平地及缓坡亦可实行计划密植，以提高早期产量（图 5-4）。计划密植时，宜行宽行密株，如在栽植时采用 2m×5m 的株行距，沿行向栽枇杷的位置做成宽 1m 的垄带（果树带），两行之间亦做垄带（间作带，宽 3m）。这样做便于枇杷小树的相对集中管理，光照亦好，以后若有缺株，也好就近挖苗补栽。且行间垄上可种植绿肥及其他低秆经济作物，这样，夏季可防止水土流失，降低土温，增加空气湿度和抑制杂草生长。同时可以及时大量补充土壤有机质，改善理化性状，提高肥力。尤其是种植低秆经济作物（包括豆科植物），能显著增加早期收益，做到以短养长，易为群众接受。随树冠扩大，逐年边深翻边施肥边扩宽果树栽植垄。此法还便于灌溉和排水，利于提高土壤的透气性，改善根系呼吸。待

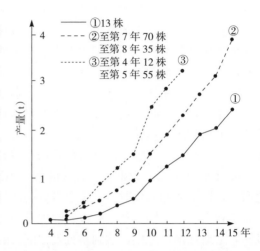

图 5-4　每 667m² 栽植株数与累计产量

树冠扩大至相互影响时，则应立即将临时植株移栽或间伐。而在树冠高大后，又可在树下种植茶叶等耐阴作物，形成立体农业。计划密植具有结果早、投产快、抗性强、土地利用率高等优点，目前正在推广中。

计划密植的枇杷园，其大树的移栽应按以下方法进行：移栽前半年应围绕树干挖半径 60cm 左右（以见到部分细根为度）的深沟，切断根系，填入好土，使之生出新根。移栽时再在预先断根处稍外方开始掘树，为了保护根系，宜采用大坑带土移栽，并在移栽时，视带土多少及树体大小对树冠进行适度修剪。树小带土多者，可少剪甚至不剪；树大而带土少时，伤根多，则应稍重修剪。但应以不破坏骨干枝和结果枝组的骨架为度，使根系和枝干取得平衡，以提高成活率。

栽植方法可参考一般栽树方法，但栽植穴一定要比土坨稍大，穴内施入有机肥料，栽时边培土边压实，栽后在风大地区应设立支柱，并应及时大量灌水，10d 以后再灌一次，及时作好保墒工作。为了减少体内营养消耗，促进树势恢复生长，宜将花序全部或大部摘除，并根据情况，将部分叶片剪成半叶。

3. 栽植方法

（1）定点挖穴　无论平地建园或山地建园，均应按规划要求测量出栽植点，并在测好的定植点上挖栽植穴，表土和底土分别放置，挖掘栽植穴可用人工挖穴，也可用挖坑机进行挖掘。在土壤黏重、排水不良的地方，挖定植穴易造成渍水烂根，而以开定植沟（抽槽）为好。定植沟与排水沟或梯田两端相通，沟深宽一般为 1m 左右。将表土和心土分放两边，然后放入有机肥，每株施有机肥 100kg，酸性土壤加施钙镁磷肥，碱性土壤加施过磷酸钙，与土拌匀。山地和坡地果园，土层较薄，而土下为岩石的地区，可采用炸药爆破，栽植穴或栽植沟最好于栽植前一年挖好，在其上种一季或二季绿肥，使下层土壤充分熟化，又增加了有机质来源。定植穴的大小，应根据土层厚薄、坡度大小、地下水位高低及土壤墒情而定。在有条件的地区宜挖大坑栽植，下层具有卵石层或白干土的土壤必须客土或换土，然后栽树，否则其根系发育受到抑制而导致地上部发育不良。栽植穴的直径不应小于 1m，深度不可小于 0.8m，如用油压装置的挖坑机，每小时可挖宽、深 1m 的坑 40～50 个。水网地区要把降

低地下水位放在突出位置，多采用深沟高畦或起垄、筑墩栽植。

（2）苗木准备　不论自育或购入苗木，都应于栽植前进行品种核对、登记、挂牌，发现差错应及时纠正，避免栽植中的混乱。此外，还应对苗木进行质量分级，要求根系完整、健壮，枝粗叶大，无严重病虫害，并达到30cm以上高度，对畸形苗、弱小苗、伤口过多和质量很差的苗木，应及时剔出，另行处理。如就地假植，加强管理，待养壮后再栽植。远地购入苗木，因失水较多，应即时解包，裸根苗浸根10h以上，充分吸水后，用泥浆蘸根，再行栽植或假植。为了早结果，可以采取就地假植1～2年，集中管理，使树体生长健壮，然后将大苗带土栽植于果园中，效果良好。

（3）栽植技术　先将底土和表土的一半混好，加入腐熟的厩肥或堆肥，备用。在栽植穴中首先加一层有机物和石灰，再加一层备用的肥土，然后再加一层有机物，又是一层肥土，直至接近与地面相平，再将另外一半表土与充分腐熟的厩肥及堆肥混好，未腐熟的有机肥易伤害苗根，故切勿使之接触或接近苗根，然后按品种栽植计划将苗木放入坑内，使根系均匀分布在坑底，同时进行前后、左右对正，校准位置，使根系舒展。再将肥土分层填入坑中，每填一层都要用脚踏实，并随时将苗木稍稍上下提动，使根系与土壤密接，直至定植穴上的土墩高出地面20～30cm（为补充下沉的土壤）。栽后立即灌水，要求灌足灌透，切忌浇浓粪水或浇到树干和叶子上，1个月内需经常浇水或稀粪水，保持土壤湿润。若栽前未剪成半叶的，应于栽后剪去叶片的上半部，仅留半叶或1/3，而不宜将整叶去掉，去整叶则易伤害叶腋的芽体。

（4）栽植的注意点

①不能栽得太深，要使土壤下沉后，苗木接穗与砧木接合部位露出地面，如果栽得太深，不仅生长受影响，而且容易感染烂脚病。

②栽苗时，一定要使根理直舒展，不使弯曲，苗根尽量保护，对于受伤严重的苗根，应作适当修剪，以免栽后烂根，影响生长。

③除有自花受精不良品种外，要做到分品种栽植。

④将苗木栽正栽直，在有大风的地方，栽苗后要插立支柱。

◆ 主要参考文献

蔡礼鸿.2000.枇杷三高栽培技术［M］.北京：中国农业大学出版社.

陈其峰，等.1988.枇杷［M］.福州：福建科学技术出版社.

江国良，谢红江，陈栋，等.2006.枇杷栽培技术［M］.成都：天地出版社.

林良方，林顺权.2010.枇杷果实套袋技术［J］.亚热带植物科学（2）：84-89.

邱武陵，章恢志.1996.中国果树志：龙眼 枇杷卷［M］.北京：中国林业出版社.

王沛霖.2008.枇杷栽培与加工［M］.北京：中国农业出版社.

吴汉珠，周永年.2003.枇杷无公害栽培技术［M］.北京：中国农业出版社.

郑少泉，许秀淡，蒋际谋，等.2004.枇杷品种与优质高效栽培技术原色图说［M］.北京：中国农业出版社.

［日］村松久雄.1972.枇杷［M］.东京：家之光.

［日］农文协.1985.果树全书：梅 无花果 枇杷［M］.东京：农山渔村文化协会.

第六章

枇杷栽培管理

常言道"三分栽，七分管"。枇杷树栽好后，必须要从小就精细管理才能优质高效，丰产稳产。搞好幼龄枇杷树的管理，既是为加速树体生长，提早结果，又是为建立丰产树形，打下丰产的基础。如浙江黄岩路桥乡对岙村一农户，开垦荒山，种植二年生嫁接苗 9 株，由于管理得法，第三年就长成树高 2m、冠幅 2.5m，共结果 50kg，收入几百元。搞好枇杷成年结果园的管理，就能够保持连年优质丰产。如黄岩民主乡上山童种植枇杷树，一般每 $667m^2$ 产量 $1\,000\sim2\,000$kg，除了严重冻害年份外，没有大小年现象，有的丰产园甚至每 $667m^2$ 产量达 $2\,500$kg 以上。枇杷在采果后抽发的夏梢，能够在当年形成花芽，开花坐果，所以，只要肥培管理得当，既结果又抽梢，就能够连年丰产。

枇杷园的日常管理主要包括土肥水管理、树体保护、整形修剪和花果管理，其中树体保护包括防病治虫和防止冻害。枇杷园的土肥水管理，就是协调供给水、肥、气、热的外部环境，及时有效地供给枇杷根系以适当的矿质元素、水分、氧气和热能。

枇杷根系一年有 4 个生长高峰，比其他果树都要多，其根系生长与新梢生长交替进行。冬春之际，作为常绿果树的枇杷，比之柑橘等更早地开始了它的枝梢和根系的生长，而且具有秋萌、冬花、春实、夏熟的特点，为了满足冬季开花、坐果的需要，其根系连相对的休眠期都不存在。再者枇杷的冠根比（T/R 值）特别大，和地上部相比，地下部所占的比例非常小，尤其是须根与全根重量以及叶重量相比，所占比例就更小了。故枇杷树常有"头重脚轻根底浅"之说（表 6-1、图 6-1）。

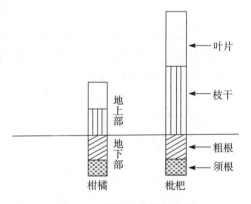

图 6-1　柑橘与枇杷树比较

表 6-1　柑橘和枇杷的比较

部　位	温州蜜柑	枇杷
地上部/地下部	1.24	3.64
须根/全根	0.265	0.156
叶重/须根	2.33	8.57

由于枇杷的单位根，尤其是单位须根所担负的地上部供给任务特别大，故其根系的代

谢特别强，对氧的需求量也特别大，因此，枇杷比之其他果树，尤忌渍水。栽培管理中要精心呵护好根系，特别是须根。

第一节　土壤管理

枇杷多栽植在丘陵、山区、滩地上，一般土质较瘠薄，结构不良，有机质含量低，不利于丰产稳产。因此，千方百计提高土壤的有机质含量，改良土壤理化性状，才能使土壤中的水、肥、气、热供给协调。方法主要是采用深翻熟化，加厚土层，培土掺沙，酸性土壤施石灰和增施有机肥等。水网地区筑墩种植，也属土壤改良的特殊措施。

一、深　　翻

枇杷根系深入土层的深浅，与生长结果有密切关系。限制根系分布深度的主要条件是土层厚度和理化性状等。深翻结合增施有机肥，可改善土壤结构和理化性状，增加腐殖质，疏松土壤，提高通气性，促使土壤团粒结构的形成，加强保肥保水能力。枇杷根系分布浅而窄，且 T/R 值高。根系（尤其是须根）比例小，有"头重脚轻"之说，易受旱和因风折倒，故要特别注意深翻扩穴，诱根深入，为了多生须根，要使土壤中多贮空气，黏土园大多土壤空隙少，根系发育差。保持水、气平衡的方法，主要是结合深耕施入粗大有机物，如图 6 - 2 所示，深耕园枇杷根系分布得既深又广，未深耕园则局限于地表较广，而中、下部很少。

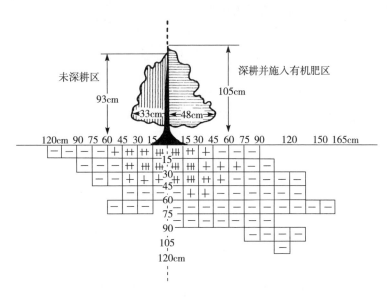

图 6 - 2　深耕和枇杷的生育及须根的分布

深翻可加深土壤耕作层，给根系生长创造良好条件，促使根系向纵深伸展，促进根系生长，使树体健壮，新梢长、叶色浓。

深翻四季均可进行，但一般是在秋季结合施基肥进行（也有在采果后进行）。秋季地上部生长较慢，养分开始积累，深翻后正值根系秋季生长高峰，伤口容易愈合，并可长出新根，如结合灌水，可使土粒与根系迅速密接，有利于根系生长，因此秋季是枇杷园深翻的较好时期。

深翻的方式，可以结合施基肥扩穴（又叫放树窝子），或称环状深翻，又可结合放射沟状施肥深翻，或隔行深翻，全园深翻等，几种方式应灵活运用。一般小树根量较少，一次深翻伤根不多，对树体影响不大，成年树根系已布满全园，以采用隔行深翻为宜，尤其是长期未深翻的园地，枇杷根系浅，多浮在表层，一次全园深翻往往伤根太多，弄得不好则事与愿违，不仅起不到好作用，反而可能严重削弱树势，此类园只能采用隔行深翻或放射沟状深翻。

二、红壤果园的改良

红壤广泛分布于我国长江以南地区，该地区高温多雨，有机质分解快，养分易淋洗流失，土壤呈酸性反应，结构不良，要改善红壤的理化性状，应采取如下改良措施。

1. 做好水土保持工作　做好梯田、鱼鳞坑等水土保持工作。

2. 增施有机肥　红壤土质瘠薄，主要是缺乏有机质，增施农家肥是改良红壤的根本性措施。如增施厩肥、沼渣，大力种植绿肥等，绿肥以种植肥田萝卜、豌豆、紫云英、苕子、黄花苜蓿、猪屎豆、胡枝子、紫穗槐、毛蔓豆、蝴蝶豆、葛藤等为宜。

3. 施用磷肥和石灰　目前多用微碱性的钙镁磷肥，可集中施在定植沟、穴中，如配合施用氮肥，不仅补充红壤本身缺氮，更可促进磷肥发挥作用，红壤施用石灰可中和土壤酸性，改善土壤理化性状，加强有益微生物活动。

三、培土及客土

培土及客土可增厚土层，保护根系，增加营养，改良土壤结构。高温多雨及河网地区，多采用高畦或高墩栽培枇杷。如广东潮安把树栽到定植墩上，以后在整畦过程中又大量客土，加厚土层。浙江的幼龄枇杷园，土壤大多肥力差，理化性状不良，除了增施有机肥料外，还大量把别处的肥土加到园地上，加速土壤改良。至于如何客土则要根据对象而定，山地宜增加水田土或河泥，平地宜增加山土，黏重的红黄壤应加沙泥，而沙质土应加塘泥、河泥等较黏重的肥土。每次客土不宜太多，如 2～5 年生幼龄树，以每株加土 15～25kg 为宜，绝不能使幼树的根颈部埋得太深而妨碍生长。成年园的客土工作也很重要，15 年生树，每株一年 100～150kg 为宜。

四、幼年枇杷园的土壤管理

幼树树盘多采用清耕法管理，耕作深度以不伤根系为度。有条件的地区，也可用各种有机物覆盖树盘。幼年果园空地较多，行间可合理间作，果园间作可形成生物群体，群体间可互相依存，还可改善微域气候，有利幼树生长，并可增加收入，提高土地利用率。合理间作既可充分利用光能，又可增加土壤有机质，改善土壤理化性状，如间作大豆，除收获豆实外，遗留在土壤中的根、叶，每 $667m^2$ 可增加有机质约 $20kg$。利用间作物覆盖地面，可抑制杂草生长，减少蒸发和水土流失，还有防风固沙作用，缩小地面温度变幅，改善生态条件，有利于果树的生长发育。若是条件允许，最好采用果树垄与间作垄的做法，既有利于灌水排水，又有利于果树管理，避免间作物根系与果树根系交叉及争夺肥水。间作物除上述介绍的绿肥以外，常用的还有印度豇豆、豇豆、绿豆、蚕豆等。

五、成年枇杷园的土壤管理

成年枇杷园管理方法，主要有覆草和生草法。

1. 覆草法　是在树冠下或稍远处覆以杂草、秸秆等，一般覆草厚度约 $10cm$，覆后逐年腐烂减少，要不断补充新草，平地或山地果园均可采用。覆草有防止水土流失，抑制杂草生长，减少蒸发，缩小地温季节和昼夜变化幅度，增加有效养分和有机质含量，有利于果树的吸收和生长，根系总生长量增加，坐果数增多，产量得以提高。但易渍水的园地，覆草没有什么效果，反而助长烂脚病的发生。排水良好的枇杷园，覆草时也要注意树干周围一定留出适当空隙，防止树干潮湿生病。除了容易发生烂脚病的园地外，覆草是一种较好的土壤管理方法，但在覆草有困难时，可以采用生草法。

2. 生草法　和覆草法相比，生草法在初期有和树体争夺养分的问题，但在坡地，防止水土流失的效果很显著。除树盘外，在果树行间播种禾本科、豆科等草种称之生草法，生草法在土壤水分条件较好的果园可以采用。选择优良草种，关键时期补充肥水，刈割覆于地面，在缺乏有机质、土层较深厚、水土易流失的果园，生草是较好的土壤管理方法。老产区的成年枇杷园，表土较为肥沃，通气性好，若行清耕，一雨一削土，就会在多雨季节与大雨天气使泥土大量流失。所以，提倡生草法，适时播下草籽或让其杂草丛生，既可避免泥土流失，又能在伏旱前刈割杂草，作有机质肥料使用，而且管理较省工。有的地区，枇杷果实发育期和梅雨期一致，在进入伏旱干燥前采收，果实发育初期，草还幼小，果实发育后期草正繁茂，同时进入梅雨期，而发育后期枇杷不需要过多的氮素，一定程度的氮素被草吸收也有好处。因此，与其他种类的果树不同，作为让草长到一定程度的生草法，对枇杷果实发育影响较小，采收结束后，雨期亦告结束，此时将草割下，铺放到树冠下，可以防止根系干燥，故枇杷园采用生草法，只要梅雨后立即刈割，养分、水分的争夺较少，7～8 月要补充部分草，刚开始行生草法的头 2～3 年，宜增施部分肥料。再者枇杷叶片既大又多，地面光照不良时，要注意利用耐阴草种。生草法果园土壤湿度较清耕园、覆草园均低，经常割草，可使禾本科草类根系显著变浅，利用表层水分。传统用于果园的草种有三叶草、紫云英、黄豆、苕子、草木樨、酢浆草等。近年试种成功的禾本科的百喜草和豆科的百脉根表现更佳。豆科与禾本科草种混合播种，对改良土壤有良好作用。在生草管理中，当出现有害草种时，应翻耕重播。

六、化学除草

主要指利用除草剂防除杂草，即将药液喷洒在地面或杂草上除草。方法简单易行，效果良好。喷洒除草剂后杂草死亡的快慢除与药剂种类、浓度有关外，还与杂草种类、物候期以及土壤、气候条件等有关系。使用除草剂时，要针对果园主要有害杂草种类选用。根据除草效能和杂草对除草剂的敏感度和忍耐力，决定采用浓度和喷撒时期。喷洒除草剂之前，应先做小型试验，取得成功后，再扩大面积应用。果园传统的除草剂有草甘膦、茅草枯、百草枯等。近年推出的嘧磺隆更是效力强大的灭生性内吸除草剂。使用除草剂主要用于清耕园和对付恶性杂草。以草甘膦防除多年生宿根性恶性杂草苋科空心莲子草为例，按每 $667m^2$ 用量 150g（有效成分）准备好草甘膦，将药剂溶于水中，水不宜过多，以每 $667m^2$ 10kg 为宜。用大雾点喷雾器，最好采用压力 1kg 的低压喷雾器，使用扇形喷头，使用压力 3～4kg 的圆锥喷头喷雾器亦可，只是不能使之压力过大，且于其上安置保护罩，不使雾滴喷到树上，喷药时行走宜快，只要草叶上喷到即可，不要流到地上，以免降低药效、浪费药液。喷药时期选在空心莲子草刚刚进入茂盛生长期时，一般喷 1 次即可解决问题，若根深蒂固，仍有部分发生，可隔 1 个月每 $667m^2$ 再用 100g 有效成分喷 1 次。若是使用嘧磺隆（果农乐），则在杂草萌芽前到萌芽初期，每 $667m^2$ 用 10％可溶性粉剂 10～20g，对水喷雾，持效期可达 90d 以上，全年使用 1 次即可控制杂草。喷药时压低喷头向下喷，严防雾滴飘移到果树叶上，沙性土壤药剂易被淋溶至土壤下层伤害树根，不能使用，各地在推广前应先进行试验。

七、地膜覆盖

地膜覆盖是近年来国内外作物土壤管理的一项新技术，经济效益明显。据江苏的试验，冬季在枇杷园使用地膜树盘下覆盖，有下列作用。

1. 叶片保绿　3 月 2 日观察叶色，地膜覆盖者枇杷叶色均较绿，对照叶色稍黄。

2. 提高地温　提高地温效果明显，1 月蓝色膜可提高 1～4℃，3 月银灰膜可提高 1.3～2.6℃。

3. 保持水分　保持土壤水分，银灰膜可增加 12％。

4. 提高坐果　提高枇杷坐果率，银灰膜可提高 2.7％～3.9％。究其原因，为采用覆盖后，增加了土壤湿度，提高了土壤温度，增强了根系活动能力，从而增强了抗寒性，提高了坐果率。

此外，在春、夏季使用地膜覆盖还有抑制杂草、控制土壤含水量、避免水土流失等多种作用。

第二节　营养与施肥

农谚曰："庄稼一枝花，全靠肥当家"。这里的肥应包括所有植物必需的营养物质。意即欲求作物高产，必须合理施肥。施肥是综合管理中的重要环节，但又必须与其他管理措施密切配合。因为只有良好的土壤结构和理化性状，才能促进微生物的活动，加速养分分解，促进根系吸收，肥料的分解、养分的吸收、运转、合成和利用，又必须在水的参与下进行。因此，施肥必须结合灌水，肥效才能充分发挥。

一、必需元素的作用及相互关系

枇杷正常生长发育需要多种营养元素，必须根据树体对营养物质的需求来调节施肥量。各必需元素的作用及其相互间的关系如下：

1. 氮　氮肥可促进营养生长，延迟衰老，提高光合效能，增进品质和提高产量。氮素缺乏时，叶片小而细长，色浅，长期缺氮，则树体衰弱，植株矮小，抗逆性降低，树龄缩短。但是氮素过多，会引起枝叶徒长，影响枝条充实及花芽分化，尤使果实着色推迟，糖分含量不高。因枇杷树花期特殊，开花前夕施用氮素，可延长花期，迟开花数增加，若有低温来临，可以躲避冻害。

2. 磷　磷能增强枇杷的生命力，促进花芽分化、果实发育和增进品质，尤使类胡萝卜素含量增高，红色增强，着色美观，而且对提高含糖量有显著促进作用。如果缺乏磷素，则会使叶片发紫变小、失去光泽，新芽变成黄褐色，树体发育不良。但枇杷对磷的需要量少于氮素，若磷肥施用过多，则易影响其他元素的吸收，故要注意与氮、钾等元素间的比例关系。

3. 钾　适量钾素可促进果实肥大和成熟，促进糖的转化和运输，提高果实风味品质和耐贮性、加工性，并可促进加粗生长、组织成熟、机械组织发达，提高抗逆性。枇杷果实含氮、磷、钾分别为 0.89%、0.81% 和 3.19%，说明枇杷果实需钾最多，氮、磷次之，故在枇杷栽培时尤应注意钾肥的施用。但过多施用也会影响其他元素的吸收，要注意施用比例。施用钾肥虽不能延迟枇杷的花期，但开花前后充分吸收钾的话，幼果的胚抗寒性增强，低温来临受冻而不死的果实增多。

4. 钙　钙在树体内起着平衡生理活性的作用，适量钙可减轻土壤中一些离子的毒害作用，使果树正常生长发育。钙素极端缺乏时，嫩叶先端变褐，内侧扭曲，新芽枯死，老叶浓绿，缺钙往往与土壤 pH 或其他元素过多有关。

5. 镁　适量镁元素，可促进果实肥大，增进品质，缺镁叶绿素不能形成，呈现失绿症，叶脉间绿色减退，逐渐变褐，植株生长停滞，酸性土壤上容易发生。在栽培上应注意增施有机肥，提高盐基置换量。在强酸性土壤中施用钙镁肥，兼有中和土壤酸性的作用，喷施也有良好效果。钾素过多易影响镁的吸收，故施用钾素应适量。

6. 钼　钼也是枇杷正常生长发育所不可缺的。若缺钼，则展叶后叶片局部枯萎凹陷，易落叶，新梢生长不良，发育显著变差。据研究，镍过多时，易表现缺钼，土壤镍素含量过多时，直接在土壤中施用钼肥亦无明显效果，而以叶片喷施钼肥配合土壤增施石灰，降低土壤酸性为好。

以上简要介绍了枇杷正常生长发育所必需的营养元素。这些元素供给不足时，则表现为缺素病。但在更多的情况下，并不是土壤中没有这些元素，而是土壤 pH 或是其他元素的影响而导致的表面缺素。

在 pH4.5 时，枇杷的生长发育极端不良。以 pH5.5～6.5 为最好，pH 过高亦不相宜。但也有报道在 pH7.5 以上亦生长结果良好者。但一般还是以 pH6 左右为最适宜。在强酸性园地，长期不施用石灰而偏多施用氮肥，则易致使锰的过多吸收，叶面产生累积的锰斑，树势弱、叶片少。如果枇杷树发育不良、叶片小、易落叶，首先要调查土壤的酸碱度，不可盲目增施氮肥。每两年宜进行一次园土酸碱度的调查，一般在 pH4.5 时，每 667m² 一次施用石灰 300kg。

关于微量元素对于枇杷的影响，从表 6-2 的数据来看，镍的过剩吸收对枇杷有害无益。土壤中的各元素之间表现出相互促进或相互制约的关系，往往单独施用所缺元素，效果不明显。应着重进行土壤改良，施用各种农家肥，增加腐殖质，疏松土壤，提高通气性，促进土壤形成团粒结构，加强保肥保水能力和缓冲能力，常用的农家肥有人畜粪、绿肥、饼肥、鱼肥、生活垃圾、河塘泥等。

表 6-2　早期落叶园和正常园叶片微量元素含量（mg/kg）

（日本长崎，农林中心）

园　名	锌	铁	钼	镍
早期落叶园 A	43	175	4	29
B	27	108	5	29
C	29	109	4	13
正常园 D	62	125	2	8
E	39	95	3	8
F	38	95	2	8

二、施 肥 量

各元素对枇杷的正常生长发育都是不可缺少的，但各元素究竟应该施用多少才适宜呢？施肥量多少要与土壤理化性质相适应，一般山地、沙地果园土质瘠薄，施肥量宜大；土质肥沃的平地果园，养分释放潜力大，施肥量可适当减少。成土母质不同含有肥料元素也不一样，土壤酸碱度，地形，地势，土壤温度、湿度，气候条件以及土壤管理制度等，对施肥量都有影响。因此，确定施肥量应从多方面考虑。应充分满足树体对各营养元素的需要，既不过剩，又能经济有效地利用肥料，即所谓施肥要"看天、看地、看树"，灵活掌握。表 6-3 为中等肥力园地的参考施肥标准。幼树施肥以氮为主，磷、钾为 50%～60%。结果后，磷、钾逐渐增加，20 年以上的大树，每 667m² 氮为 20kg，P_2O_5 为 20×75%＝15kg，K_2O 为 20×80%＝16kg。表中所列的 N、P_2O_5、K_2O 是为了方便计算统计而指纯量，具体在施用农家肥时，可依表 6-4 换算之。

表 6-3　枇杷的施肥标准（每 667m²，kg）

树　龄	N	P_2O_5	K_2O
1	2.5	1.3	1.6
5	6.4	3.6	4.0
10	11.5	7.1	8.4
15	15.0	10.6	11.6
20	20.0	15.0	16.0

注：钙和镁也要适当补施。

表 6-4 主要农家肥的养分含量* （%）

项别	有机物	N	P₂O₅	K₂O	备 注
人粪尿	5～10	0.5～0.80	0.2～0.4	0.2～0.3	新鲜值
猪牛粪	25	0.5	0.25	0.6	新鲜均值
鸡 粪	25.5	1.63	1.54	0.85	新鲜值
鱼 肥	69.8	7.36	5.34	0.52	
蚕 豆	—	0.55	0.12	0.45	占绿色体的%
绿 豆	—	0.52	0.12	0.93	占绿色体的%
稻 秆	—	0.63	0.11	0.85	鲜物
紫穗槐	—	1.32	0.30	0.79	含水 61%
紫云英	—	0.48	0.09	0.37	含水 82%
大豆饼	—	7.00	1.32	2.13	
菜籽饼	—	4.50	2.48	1.40	
垃 圾	—	0.18	0.42	0.29	
河 泥	5.28	0.29	0.36	1.82	
塘 泥	2.45	0.20	0.16	1.00	
浙江泥炭	69.1	1.83	0.15	0.25	pH6.0
四川泥炭	54.1	1.61	0.34	—	pH5.0

* 本表只列出了 N、P、K 的含量，有机肥中一般还含有多种其他营养元素，如 Ca、Mg、Fe、Zn、B、Mn、Mo 等。

施肥量的确定一般有三种方法：

1. 参考先进果园 参考当地先进果园或类似地区先进果园的施肥标准，并在生产实践中结合树体生长结果反应，不断加以调整，这种方法简单易行，具有一定的实践和现实意义。如浙江黄岩某枇杷丰产园，树龄 18 年，每 667m² 常年产量 2 000kg 左右，其每 667m² 每年的总施肥量为：猪牛粪 2 000kg，人粪尿 2 000kg，硫酸铵 100kg，草木灰 400kg，过磷酸钙 100kg。

2. 田间肥料试验 按地区对不同品种进行田间肥料试验，根据试验结果确定施肥（表 6-3），这种方法较可靠，可指导当地生产。根据台湾的试验认为，在一般平原地区，幼年期氮、磷、钾的比率为 13：10：11 比较合适，三年生树每株施 2.2kg，分 6 次施给，外加花生饼或豆饼 6kg；四年生树每株施 3kg，分 4 次施，并在行间播种花生、绿豆等豆科绿肥；五年生树每株施 3.8kg，分 3 次施，不另加有机质肥料。

3. 叶分析 近 30 年来，广泛用叶片分析来确定和调整果树的施肥量。果树的叶片一般能较及时、准确地反映树体营养状况。分析叶片不仅能查得肉眼可见的症状，分析出多种营养元素不足或过剩，分辨两种不同元素缺乏引起的相似症状，且能在病症出现之前及早测知。采样时一般选代表性树 5～10 株，于树冠外围同一高度选 10～20 个枝梢，采不结果春梢中部叶片，叶龄最好为 5～7 个月，共 100～200 片叶。叶片营养元素含量常因地而异，故最好以当地叶片分析结果为依据。有时因元素间的相互作用而影响树体吸收所表现的缺素，仅用叶片分析尚不能准确诊断，还必须配合土壤分析，才能查明原因，对症处理。一般枇杷的施肥量以根据叶片分析、叶片颜色和枝梢长相结合土壤营养诊断来确定为好。以下列举几种主要元素含量的下限值，以供叶分析时参考（表6-5）。

表6-5　枇杷叶片分析结果（干物质％）

元　素	N	P$_2$O$_5$	K$_2$O	Ca	Mg
含　量	1.35	0.09	0.40	0.16	0.05

三、施肥时期和方法

枇杷施肥需要掌握其需肥时期。枇杷的需肥时期与物候期有关。养分供应首先满足生命活动最旺盛的器官，随着物候期的进展，养分分配中心也随之转移，而且枇杷在年周期内的不同时期，对三要素的吸收也是变化着的。再者土壤水分含量与发挥肥效关系密切，干旱时，土壤施肥有害无益，多雨时，则肥分易于淋洗流失。因此，只有适时施用适宜比例的复合肥料，才能提高肥效，才能达到提高产量、增进品质、增强抗性的目的。具体的施肥时期和方法，各地不尽一致，一般以3～4次施用为好。

1. 施基肥　基肥多在8月底至9月上中旬施用，若像其他果树那样在秋末施用，则适逢枇杷开花，但若早春施用又遇幼果发育期，两时期均不宜大量断根。故只有在伏旱过后，现蕾前夕施用为最佳时期，此时正值两次根系生长高峰之间，土温适宜，伤根容易愈合，切断部分细根，能起到根系修剪的作用，可促发新根。基肥应以有机质肥料为主，并加入适量速效性氮肥（占总量的1/3）。20年生树龄的枇杷施肥量可参考表6-6。

表6-6　枇杷的施肥时期和比例（20年生树）

时　　　　期	施用比例（％）			每667m^{2}施用量（kg）		
	N	P$_2$O$_5$	K$_2$O	N	P$_2$O$_5$	K$_2$O
春　2月中（1月底至3月初）	20	40	30	4	6	4.8
夏　5月下至6月中（采收前后）	30	20	20	6	3	3.2
秋　8月下至9月上中（基肥）	50	40	50	10	6	8.0
合　　　计	100	100	100	20	15	16

注：根据地区不同，在10～11月追施一次氮肥和钾肥。

表6-6标准只是就一般情况而言，生产中要根据土壤、地区的不同而有所变动。如黏土园要增加10％～20％的磷素，减10％～20％的钾素。在易遭冻害地区，10～11月要追施一次氮肥和钾肥等。

基肥是较长时期供给树体多种养分的基础肥料，要以有机质肥为主，充分施入厩肥、粪肥、鱼肥、饼肥、沼渣、生活垃圾及作物茎秆等，并加入适量钙镁肥，让其逐渐分解，不断供给树体所需的大量元素和微量元素，施肥量占全年的一半。

枇杷根系浅，有趋肥特性，因此一般将有机肥料施在距根系集中分布层稍深、稍远处，诱导根系向深广生长，以形成强大的根系，扩大吸收面积。一般以树干为中心，挖若干条放射状施肥沟，近主干深约10cm，逐渐向外加深至30～40cm。沟的宽度近主干处较窄，逐渐向外加宽，成年树沟宽30cm，伸展至树冠外（图6-3）。所有肥料施入沟中后，宜与土壤拌和，再填土至高出地面。

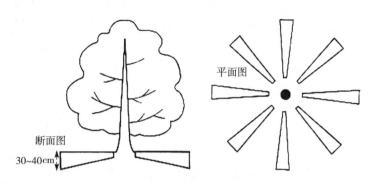

图 6-3　基肥的施用方法

浙江某些地区，基肥安排在 5 月下至 6 月上采果前后施用，施肥量为全年的 50％。以 15 年生树为例，其施肥标准是：每株施人粪尿 25kg，加尿素 1kg，饼肥 3.5～5kg，厩肥 25kg。主要在采果前施下，以利采果痕夏梢的早发壮发，成为良好的结果母枝。

2. 幼果肥　幼果发育期，新梢、根系都开始生长，需要大量营养。因枇杷花芽生理分化期早，仅靠采果肥尚嫌不足，且有时还赶不上；再者，果实的初期膨大主要吸收氮素，后期的发育是从枝叶中向果实调运钾素，迅速膨大。若叶面积大、叶质好，则从叶调运的养分多，果实发育充分、肥大；若叶片少、叶质差，则制造的有机营养少，果实后期就会发育不良。为防止隔年结果、促进花芽的生理分化与提高果实品质，幼果期必须适当追肥，但过早施用不利于形成花芽，过迟施用则影响果实着色，故以新梢抽生前夕为最好，一般在 2 月中、下旬，因地而异，暖地提前，北缘地区则推迟。此次着重施磷肥，以利于果实着色和增加糖分，氮过多则延迟着色，钾过多稍推迟着色，且果肉变硬，有些品种很显著。全部用速效性复合肥料，施肥量占全年总量的 20％，可将复合肥撒施于根际土表，并行轻度耕锄，经由雨水或浇水浸入土中，或将肥料溶于水，而后浇入根际亦可。

浙江某些地区，这个时期施肥 1～2 次，第一次 2～3 月，春梢抽生前，施肥量占全年用量的 20％～30％，15 年生树，每株施人粪尿 20～25kg（或畜粪 25kg，或鱼肥 2～2.5kg），加尿素 0.5kg；第二次，4 月上中旬，在果实迅速膨大期，对结果多、树势弱的树，施速效肥料，占全年施肥量的 10％左右，每株施人粪尿 25kg，或尿素 0.25kg，加过磷酸钙 1.5～2.5kg。

3. 采果肥　该次肥料对花芽分化影响最大，为了第二年结好果，需要及时恢复树势，调整、充实树体内部营养，为促进采果痕夏梢的充实，以采收前夕施用为好。一般多施用速效性肥料，占全年施肥量的 30％左右。也有的把这次肥作为基肥施，如上介绍的浙江施基肥法，那就要以迟效性肥料为主，配合施速效性肥料，施肥量为全年的 50％左右。

4. 花期肥　在有冻害威胁的地区，10～11 月要追施一次氮肥，增施 10％～20％的钾肥，可延长花期，提高幼果中胚的抗冻性，达到减轻冻害的目的。浙江一般地区在开花前夕，施用迟效保温性肥料，施肥量为全年的 20％左右，每株施厩肥 25kg，加草木灰 5～12kg 或泥炭 25kg，并加尿素 0.25kg。

5. 未结果幼树 对于未结果幼树的施肥，不考虑其开花、结果，只从枝梢的充实生长、扩大树冠考虑。其基肥在秋梢停长后的 10 月下旬或在春梢抽生前的 2 月上中旬施下，暖地以秋施为好。新栽苗木，春栽者 5 月末、秋栽者 2 月上中旬开始追肥，肥料以农家肥为主，尽量不用化学肥料，一般以腐熟的人粪尿、发酵过的饼肥，沼渣、堆制过的厩肥、沤制好的绿肥为好，并在冬季增施草木灰或泥炭等。追肥从 2～10 月，隔月施用一次。基肥施用可采用挖环状施肥沟（图 6-4）。主干周围浅，往外渐深，把堆、厩肥等与土混匀后施下，最初几年可以采用环状沟施肥，并逐年扩大沟的直径，以后可采用放射状沟施肥。

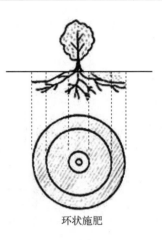

环状施肥

图 6-4 幼树基肥施用方法

近年来广大农村进行了改厨改厕，推广沼气池的兴建，为果园的培肥管理提供了新的思路，即"猪—沼—果"模式，就是猪的排泄物进入沼气池，沼气池产生的沼气为农户提供清洁能源，沼液是优质液肥，沼渣是优质有机肥，沼渣用量可参照厩肥使用。唯有在出沼渣时，必须特别注意甲烷浓度过大时易造成的安全问题。

此外，在南方红壤酸性土壤地区，宜每年或隔年施用石灰 75～125kg（每 667m²），以中和土壤过酸并供应适量的钙及镁等元素，对枇杷结果大有益处。

结果多的丰产树，或是遇到干旱天气，可以适当进行根外追肥，如用 0.3%～0.5% 的尿素、1% 的过磷酸钙浸出液、5% 的草木灰浸出液等，于每天下午 4 时后连续喷洒。

第三节 水分管理

农谚曰："有收无收在于水，多收少收在于肥"。以此足见水分管理在作物栽培中的特殊重要地位。

一、枇杷水分需求规律

水是枇杷的重要组成部分，根、茎、叶的含水量约为 50%，而果实含水量高达 80% 以上，枇杷在年生长发育中，如缺水则会影响新梢的生长、果实的膨大和产量的增加。果实临近成熟时，对水分极为敏感，若严重缺水，则因果实的水势比叶片的水势高得多，因而叶片从果实中夺取水分，使果实体积缩小、萎蔫，甚至脱落。但水分过多，又易造成裂果。

水是枇杷生命活动的重要原料，树体光合作用、蒸腾作用、物质运输、新陈代谢均离不开水。

水有调节树温的作用，可以借助蒸腾作用调节树温，使叶片、树干和果实不致因阳光强烈的照射而引起"日烧"。

水还对枇杷生长的土壤和气候环境有良好的调节作用。如在干旱时灌水，可改善土壤微生物的生活状况，促进土壤有机质的分解；在高温季节对果园进行喷灌，除降低土温外，还可降低树体温度，同时提高空气湿度；冬季土壤干旱，易引起或加重枇杷的冻害，如施行冬灌，既可提高土温和满足枇杷蒸腾作用的需要，又可减轻或避免冻害。

在正常年份，我国南方大多数地区自然降水的年周期基本上与枇杷的需水年周期一致，基本上能满足枇杷的生理需要，即果实发育期一般降雨充足，而后的少雨季节正好利于花芽分化，故一般年份不需灌水，7～8月适当干燥，则花芽形成得多，如图6-5所示，灌水区的着花率反而降低。土壤干燥时则花期早，土壤水分多则花期推迟，如图6-6所示。但近年来，一些地区由于生态环境恶化，打破了自然平衡，灾害性天气频度加大，旱涝灾害时有发生，故在干旱发生时，必须及时灌水。

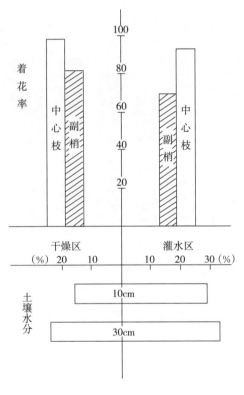

图6-5　土壤水分和着花

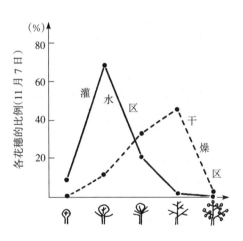

图6-6　土壤水分和花穗的发育

二、枇杷园排灌

灌水方法一般采用沟灌，灌溉水经沟底和沟壁渗入土中，对全园土壤浸湿较均匀，用水经济，对土壤结构破坏小。干旱时利用水沟蓄水浸灌，是常用的一种较合理的方法。此外，有条件的还可行喷灌或微喷灌。

枇杷根系尤喜通气性和透水性良好，最忌渍水。深层土壤渍水，根系易上浮，表层土壤渍水，则一死了之。如湖南沅江和浙江余杭，1954年因洪水和连续降雨，受灾区枇杷树死亡 70% 以上。地下水位高时，枇杷生长发育不良，如图 6-7 所示。严重渍水时，因影响根系正常的呼吸作用，妨碍有益土壤微生物的活动，并增加土壤中的一些还原性物质的生成，严重影响地下部和地上部的生长发育，甚至造成部分或大量烂根，致使树体衰弱，减少寿命，并可能死树。

枇杷对土壤水分的要求，如图 6-8 所示，以 40%～50% 为宜，过高过低均不相宜。

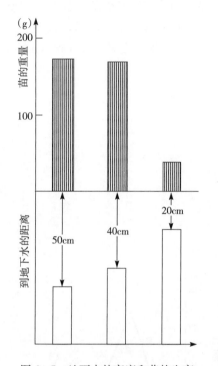

图 6-7　地下水的高度和苗的生育

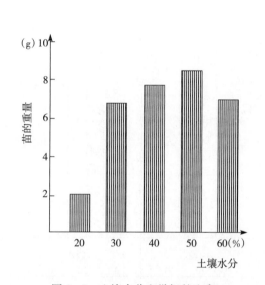

图 6-8　土壤水分和枇杷的生育

枇杷园建立时，要特别注意建立系统的沟渠，如行间深沟、山地枇杷园的避水沟、梯田内侧的排水蓄土两用沟等。力争做到雨住地干，有水能排，缺水能灌。对于排水性差的园地，一定要开好行间深沟，每一行或隔行开挖深、宽各 60～80cm 的深沟，以利排水。如前所述，山地建园修筑梯田时，要求梯面下抽槽，从坡上到坡下，槽槽相通。

一般平地果园的排水系统分明沟排水和暗沟排水两种。目前最新排水技术是用明沟除涝、暗沟排土壤水、井排调节区域地下水位，成为全面排水的完整体系。在土质黏重的园地，可采取埋石头、筑暗沟的方法。如面积较大、地势低洼、排水不良的枇杷园，可以结合开沟排水进行行间埋石头，在每隔一行的行间，开挖深 70～100cm、宽 50～80cm 的深沟，埋入大小不等的石块，或是用卵石再加石屑或砂石，上面覆以泥土，这样就可形成通水通气的暗沟，还应在枇杷园的外围开挖环园深沟大渠，接通各明沟暗沟，在地下水位高的季节，利用夜间用电低谷时段抽排环园沟渠中的积水。对地势较为倾斜，容易排地表水，但土质黏重的，可采用单株埋石的方法，即以树干为中心，在树冠外围的近根处挖深 70cm 的环状沟，并对着树干开数条放射状沟，然后埋入小石块、卵石、石屑等，并在上面覆土。

第四节　枇杷树体管理

枇杷的枝梢生长具有一定的规律性，若放任其自然生长，幼树则形成圆锥形；树龄增长后，顶部生长变慢；随着侧枝生长，树冠逐渐成为圆头形。因树冠构造富有规律性，即使放任生长，树形也不致紊乱，而且较老的大树也能继续结果，故以往栽培者，多对整形修剪不很重视。但是，放任不修剪的树，20～30 年后树冠高大，大枝密挤，内膛郁闭空虚，结果部位外移，易受冻害和风害，枝条细弱，对果实生长发育影响很大，病虫害也加剧，产量下降，品质变劣，易形成大小年，管理、作业均不方便。故为使其早果、优质、丰产、稳产，需要进行整形修剪。

适宜的树形因其生长结果习性、品种及果园环境条件、栽培管理水平而异。枇杷树的特点是：常绿小乔木、中心枝短、弓状曲枝多，易生成轮生枝，结果母枝类型多，愈伤组织不易产生，不耐重修剪。其整形修剪的目的是调整树冠结构，降低干高和冠高，促进内膛结果，增厚绿叶层，提高树体有效容积。

一、整形修剪常用的方法

1. 短截　又称短剪。即剪去枝梢的一部分，使其从阶段性较低的部位抽生新梢，节省运输养分之能量，有利于促进生长和更新复壮，但强枝过度短截，新梢徒长，下部梢弱，不能形成优良的结果母枝。短截还可控制树冠和枝梢，保持树体主从分明。

2. 疏剪　又称疏删。即将枝梢从基部疏除，可以减少分枝，使树冠内光照增强。疏剪可以削弱整体和母枝的生长势，但疏除结果枝又可加强生长势。

3. 缩剪　又称回缩。即在多年生枝上短截，一般修剪量大，刺激较重，有更新复壮的作用。多用于枝组或骨干枝的更新，其反应与多种因素有关，如缩剪留强枝、直立枝、伤口较小及缩剪适度，则可促进生长，反之则削弱树势、抑制生长。

4. 除萌和疏梢　抹除或削去嫩芽称为除萌或抹芽，疏除过密的嫩梢称为疏梢。其作用有选优去劣，节约养分，改善光照，提高留用枝质量，尽早除去无用的徒长枝、砧蘗等，以减少大伤口和养分的浪费。但减少生长点和枝叶量，会使同化养分积累减少，故要注意掌握轻重程度。对衰老病残树，保留干基萌蘗，还可以达到老树更新的目的。枇杷的芽因有集中抽生的特性，抹芽尤其重要。

5. 环割和环扎　即在直立枝、旺长枝的基部，以利刀划至木质部或用铁丝捆扎紧至压入树皮。环割或环扎因其能限制旺枝上的有机养分向根系输送，既促进了枝条上有机养分的积累，改变了碳氮比，又一定程度削弱了根系，使生长趋于缓和，故可促进花芽分化、提高坐果率、改进果实品质。注意在环割后伤口要消毒，环扎成花后要去掉铁丝。

二、修剪的程度

枇杷修剪最重要的是要掌握好修剪的程度，即使是培养幼树树形，也不要因过于强调树形而过多减少枝叶数量，以确保一定数量的枝叶为理想树形。尤其是改造放任树时，过于从形的方面考虑而修剪过重，会导致不良影响。枇杷因为是常绿树种，剪去的枝叶中带有大量养分，伤口既难以愈合，根系又很贫弱，故不耐重修剪。如果修剪过重，树势容易变衰。因此，即使树形紊乱，也不要急于一次就想把形整好，必须分多年、逐步进行才好。尤其是弱树，切不要行大量疏枝，回缩、短截也要少行，不要抹芽，而首先要加强培肥管理，尽量恢复树势。对树势强的幼树，也要求适当掌握修剪程度，力求把形整好。

疏大枝时，要从有分枝的地方下剪，务使剪口平滑，以利愈合。用锯处理大枝时，要注意不使其劈裂，待上下两边锯断后再将锯口用利刀削平，然后涂以接蜡，有癌肿病的地方，要涂以农用链霉素 1 500mg/kg 的凡士林糊剂。主干暴露的，则涂以石灰乳以防日灼。大枝的伤口易发生病害，大枝去得过多的甚至会导致全树枯死。

三、修剪时期

结果树的修剪有于采收后至 9 月进行的，也有 10～11 月修剪的，甚至也有至 3～4 月才修剪的地区。修剪时期因产地及立地条件不同而有所差异。凡易受冻害的果园，有的在冻害过后已经可以辨别幼果是否受冻的 3 月下旬至 4 月初，结合疏果同时进行修剪。但大多数地区一般多在花芽分化结束、花蕾刚开始显露的 8 月下旬至 9 月初进行修剪。

在夏秋间进行修剪时，修剪时期越迟，新梢生长越弱；反之，若采收后立即行重剪，则新梢强壮，但花芽着生不良，尤其是低温地区花芽常显著减少。因此，一般在采收后只行抹芽。为使新梢着花良好，大枝的修剪在 8 月下旬开始。在预计花芽量很大，而枝梢生长又较弱时，采收后应立即进行修剪为好，即使是减少部分花量，为使新梢发育良好，也是必需的。反之，若预计花量少，则到 9 月后再修剪，尽量不要减少花芽数。癌肿病多发的园地，7 月高温多湿，易加重发病，以 9 月后修剪为宜。

未结果树的修剪，因不考虑冻害和着花问题，只要求新梢多、生长强壮，故以春梢抽生前的 2 月中旬为好（因地而异），此时只要不是过于重剪，不会因修剪造成树体变弱，无论对促发春梢，还是树体整形，都是好时期。

四、各种树形的培养方法

1. 主干分层形 利用树体自然特性，稍加修剪即成，为目前采用最多的树形，中心干笔直向上延伸，每年把主干上间隔 50～60cm 抽出的轮生枝作为主枝配置。第一层主枝离地面 30～50cm，在 4～5 根轮生枝中选留位置适当、均匀分布的 3 根作主枝，其余疏去，每年选一层。若能及时抹芽，避免疏枝，则更好。要注意选用春梢或夏梢作主枝，尽量不用秋梢，上下层的主枝宜插空配置，不要重叠，至形成一定层次后，便将最高处中心干切除。凡生长势较强、树姿稍带直立性的品种如软条白沙、照种白沙及华宝 2 号、日本的茂木等，都适宜采用此树形。极性较强的品种，一般应多留几层；树姿半开张，极性较弱的大红袍、太城 4 号以及光荣种等，层次可稍减少，有 4 层足矣；茂木在土层深厚的地方，有留 8～10 层的。主干分层形树形容易培养，早期产量高，但后期因大枝太多，内部易枯死，易造成下部枝叶少，仅表面受光，结果母枝比例少，树体高大产量却不高，再者树冠高大，易受风害，作业亦不便利。

2. 双层杯状形　适于干性不强的开张性品种。在距地面30～60cm培养3个主枝，其上间隔1～1.5m，再选3个主枝。幼树两层中间还可增加1层，以后疏掉成为两层。双层杯状形结果母枝较主干分层形比例增加，树冠亦低，作业较方便，但干性强的直立性品种难以应用，土壤肥力过高的地区，开张性品种也容易发生徒长枝，可以再加1层，成为3层。直立性品种在瘠薄地上也可采用双层杯状形，极瘦的地方甚至可用单层杯状形。

其培养方法是：第一年选留3个临时主枝，若距地面过低，则其后的1～2年里，每年疏1根，最后只留1根，在第一年留的3根枝里选留方位高和基角大（可拉枝开角）的一根。第二年由新梢里，留两根作为第一层主枝，即由第一年和第二年的枝条作为第一层主枝，层内距不宜过大，以30cm为宜，为保持和主干的平衡，第二年的枝中尽量利用下位枝。若第一年春梢中心枝生长迅速，而且夏梢的副梢也抽得好，那么在第一年的春梢和夏梢中选留3个主枝也可以。同法选留第二层主枝。最后是落头开心，可在两层主枝配置完毕后进行，若树势强，也可以过2～3年再进行。可配置过渡性第二层主枝，待产量增加、树形稳定后，逐渐疏除过渡性第二层主枝，成为双层杯状形。如图6-9所示。

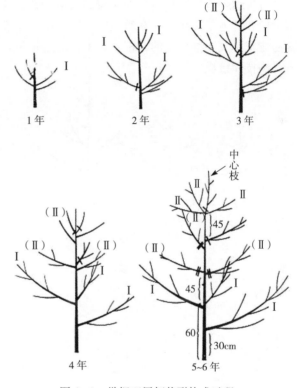

图6-9　枇杷双层杯状形构成过程

3. 变则主干形　变则主干形集主干分层形和双层杯状形之长，从距地面30cm开始培养第一层的1～2个主枝，隔30～45cm，再培养第二层，共4～5层上下主枝不重叠，幼树可培养5～6层，而后在合适的地方落头开心，成为4～5层。在主枝上配置侧枝，侧枝上再配结果枝组。此树形着叶多，光照好，结果枝组和结果母枝的更新也容易。

其培养方法是：第一年选留3根副梢，其余抹芽处理；第二年把第一年的去掉1根，再留3根；第三年把第一年的再去掉1根，留下的最后1根作为第一层主枝，同时把第二年留的3根中去掉1根，所剩两根翌年再去1根，余下的1根作为第二层主枝，当年再留3根，以此类推，选留各层主枝。如图6-10、图6-11。这种方法每层只有一个主枝，且不重叠，主枝数少，主枝上也少用剪截，多采用抹芽控制，避免削弱树势。每层主枝相隔30～45cm，7年左右配好6层主枝即落头开心。树势强的也可配7～8层，树势弱的可只配5层。配7～8层的，待低层主枝上结果母枝多了再回缩，成为6层主枝。变则主干形的第一、二、三主枝上配置5～6根侧枝，以后渐减。第一侧枝距基部45～60cm，两侧枝间相距30～45cm。要注意利用夏芽培养骨干枝，采收后第一次抹芽时，若留下主枝先端的夏梢中外侧的2根不加处理，则会形成生长势相同的两根枝，造成主从不分。因此，只让已选定的主枝及侧枝的延长线上的夏梢往前伸长，新培养的侧枝则在头年培养的对侧选留，并在9月中旬短截1/2。枇杷树上与主枝相匹敌的大枝较多，而侧枝和结果枝组太少，即一根主枝向前延伸，其上直接着生结果母枝，而且主枝是以弓形连续往前伸长。如此，枇杷只是从枝的顶端发生新梢，而不从斜生的横方向上发生，侧枝也无法培养。要想大量着生结果母枝，只得增加大枝的数量，其结果是，相对叶片而言，大枝数量过多。其实枇杷和其他果树相同，在斜生的方向上也发生新梢，但是枇杷主枝先端的中心枝粗短，容易成花，故以抽得长的副梢作为主枝的延长头，把斜生横方位上发出的副梢留下则易于培养侧枝和枝组。

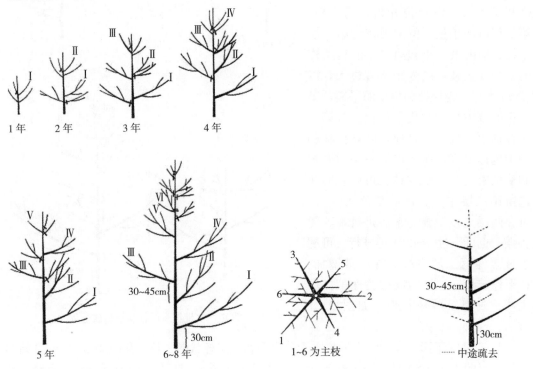

图6-10　枇杷变则主干形的构成过程　　　　图6-11　变则主干形的模式图

若将横生的副梢留得过多，则易于形成轮生枝或三叉枝，致主枝的先端转弱，故一个位置只能留一根斜生的副梢，为了保持树体平衡，需将作侧枝培养的副梢适度短截，无论侧面还是下面看，都是以主枝先端为顶点的三角形。如果发生紊乱，可适当疏枝。因枇杷枝上的芽多，即使从完全无叶的部位短截或回缩，也常有新梢发出，故只要注意修剪程度，短截是容易掌握的。只要很好地利用副梢，多培养侧枝和枝组，而在枝组上多培养结果母枝，即使不配备以往那样多的主枝，也可以结果良好，做到树不太高，又能优质高产。其具体操作为：①主枝的培养是沿主枝延伸方向，每次留一根副梢，作为主枝延长头。于需要留侧枝的部位，另选留一根副梢，并在9月中旬将其短截1/2，其余的抹芽处理。②分别在主枝的两侧配置侧枝。沿侧枝延伸方向，每次留一根副梢，作为侧枝延长头。另留一根副梢作枝组培养，也于 9 月中旬将其短截 1/2，其余抹芽处理。③结果枝组上，除中心枝外，每次在不同方向选留两根副梢。

4. 棚架形及矮冠整形法　现代的枇杷栽培均为集约管理，都要进行细致的疏花、疏果、套袋、喷洒药剂及精心采摘等各项作业，为提高劳动效率，低矮树冠整形修剪是必然趋势。台湾的枇杷整形，把树冠修剪成比人还低，不仅可以提高管理工作效率，而且对于防止自然灾害也有明显效果。实施大棚栽培，就必须应用矮冠整形。田中、瑞穗也作棚架整形。但完全搞成棚架形的很少，一般用竹竿在枝与枝间搭架，把枝拉成水平，棚架可以防止枇杷被风吹倒，管理作业变得非常方便，一般着生 4 个主枝，主枝上配置侧枝，侧枝上配结果母枝。

以往日本试行矮冠整形，但都不能控制徒长枝而失败，究其原因，是由于人为的抹芽，把侧生枝除掉了，过重的抹芽，全树大枝较多，而细枝，尤其是有叶片的绿枝较少，行矮冠整形时，更加促进了徒长枝的发生。台湾的枇杷矮冠整形与柑橘、桃一样，都要配置侧枝，巴西的枇杷都是以骨干枝上长出侧生枝而不行抹芽。本来，枇杷的枝条具有从一个地方长出数根而容易形成轮生枝的特性，一旦从主干上发出主枝形成轮生枝时，主干容易被削弱，如果对这种轮生枝加以利用，而且从幼树就开始整形，则由于主干生长削弱，更容易造成矮树冠。

枇杷整形要因地制宜，因树而异，合理选用，如树形直立的，还可采用打桩，牵绳拉枝，把枝条拉成 40～45°，以开张树形，增加立体结果的容积，日本长崎县果树试验场采用变则主干形、杯状形、桌状形，并设不整形区加以对照。结果显示：在生产上应用的只有变则主干形和杯状形，桌状形太低，冷空气下沉后易受冻害影响，实用性不大，杯状形产量最高，变则主干形的产量是杯状形产量的 60％，且杯状形的作业 95％可不用攀树进行，果大质优抗风性强，不整形的树则花穗着生率低，果小，质差。我国福建莆田、广东清远等地的拉枝矮冠整形也已进入实用阶段。

五、结果枝组的配置与培养

结果枝组和结果母枝是结果的基础，要在主枝、侧枝上很好地配置和培养，以充实内膛，增大结果容积。结果枝组着生在主枝或侧枝上，基部的枝组一般较大，间隔为 45～60cm，先端的枝组较小，其间隔为 15～20cm。结果枝组和结果母枝的培养各地因整形修剪及抹芽的方式而有所不同，抹芽重的产区，其结果母枝经 5～6 年后，常成为长的拐杖状枝（光腿细长枝），抹芽轻的产区则瘦弱结果母枝多。在结果枝组的培养上，应注意如下几点：

（1）在主枝或侧枝上如发生有强势枝梢，则宜从基部或靠近基部的枝组或结果母枝处回缩。有交叉的枝组，则视其和周围的关系，或从基部疏除或适当回缩。

（2）结果枝组回缩时，宜从基部剪平，则易于发生不定芽，伤口愈合良好。

（3）更新枝组及结果母枝时，要提早抹除发自切口的多余芽，选留从基部枝的两侧发出的芽梢，若仅留一芽，易于徒长，故应先留两芽，2～3 年后再根据枝梢的生长情况，选一根作枝组的基枝。

（4）徒长枝、密生枝、下垂枝的处理，枇杷有中心枝结果，副梢伸长的习性，主枝或侧枝上的中心枝一般保留作结果母枝，如果任其自由生长，则日后仍易成为徒长枝、密生枝。枇杷树冠内枝梢比较稀疏，而叶形较大，故很难掌握其修剪程度。如何正确处理徒长枝及密生枝，困难较多，宜尽早疏去多余的芽或及时回缩到中间有小枝处，从大枝上萌发的徒长枝，容易阻挡阳光，虚耗养分，如位置适当，可行重短截，使其基部分生新枝，形成结果母枝，一枝上分生 3～5 个副梢时，应去弱留强，选留 1～2 个。交叉枝、并生枝去一留一，下垂枝则视结果母枝的充实程度，回缩到着花良好的结果母枝部分，或待其背上发出新梢后，把前方下垂部分回缩。

六、结果母枝的培养与更新

不同树形的结果母枝数与产量之间呈极显著的正相关，故增加结果母枝可以增产；结果母枝上的叶片数与留果量之间，也呈极显著的正相关，故宜多培养健壮多叶的结果母枝。据浙江经验，采果后半月内完成修剪的，经修剪后萌发的夏梢，只要肥水充足，当年就能形成良好的结果母枝。剪得过迟，往往使抽生的枝梢先端来不及分化花芽，不能形成花穗，故掌握修剪时期对培养结果母枝非常重要。

结果母枝每年结果后，不断往前延伸，数年后成为细长光腿枝，易受风害，且仅先端着生叶片，叶数少，果实营养来源少，不易长大，即使长成大果含糖量也低。故应适当回缩，不断在侧枝附近培养叶片多的结果母枝。一般 5～6 年生的结果母枝从基部疏除或从有不定芽发生处回缩，以用 3～4 年生以下的结果母枝为好。若想发生强枝，则宜在春梢萌发前进行，为了使回缩枝尽早着花，宜在结果母枝基部留 10cm 短截，弱的结果母枝以 2～3cm 为好，这样可发出较强的枝，但过于重剪，反而对着花不利，故应视枝梢状态而异，强枝轻剪，弱枝重剪。从剪口下可发出数根新梢，只选留其中的两根，每年让一根着花坐果，两枝轮流，且不使两者靠拢，而往相反的方向延伸，这样可减少风害，数年后结果母枝变弱或密挤，再疏去一根。注意不要一年同时让两个花序坐果，否则果实长不大，又易削弱树势。总之，一个部位留两根枝条交替开花，可以早果、优质、丰产，且结果母枝不致延伸过长，但有时从剪口只发生一根枝，可以利用 2 根副梢，回缩宜短些。

枇杷结果母枝种类甚多，其结果性能各有不同，开花期、坐果率、成熟期、果实大小、品质优劣，各有所异。为了达到枇杷的优质、丰产和稳产，在修剪时应注意选留结果母枝，在冬季无冻害危险的地方，应选春梢、夏梢中心枝及采果痕的中心枝，冬季有冻害危险的则应各种结果母枝配合选留。

结果枝的修剪一般结合采收进行。衰弱者，剪除，强壮者，保留。

七、抹芽的方法

抹芽也应是修剪的一部分。即使是成年树，也常有数个芽集中于一处萌发的。为使留下的枝更好结果，就要整理这些芽。但程度过重易使树势变弱，果实变小。若只留一根春梢，其余的全部抹芽，则最初果实大，但绿枝过少，整树的产量还是因之下降，且又因预备枝缺乏，树势逐年减弱，易产生隔年结果；但若完全不抹芽，结果母枝数量太多，每根都很弱，也结不出好果，故要在最低限度必需的结果母枝以外，多留一部分芽做到双枝更新，每年交替结果。弱树抹芽会加速树体的衰弱，应该加强培肥管理，使树势转强，待叶数增多后再行抹芽。抹芽从夏梢开始进行，以采收后至 7 月上旬盛夏期中止，秋芽出来后，再处理秋芽。一般在新芽刚萌发时抹除，至迟也要在 2～3cm 以内抹去。暖地着花多的果园，采收后抹芽稍迟关系不大，但日照不充分、着花少的枇杷园，采收后应尽早抹芽。抹芽应分作 2～3 次为宜。

抹芽的程度应根据品种及当地环境条件决定，如收获期比较早的品种和地区，果实采收后在采果痕容易抽生新梢的，抹芽可稍稍多一点。相反，采收期较迟，采果痕抽枝较难的，必须留足预备枝，抹芽相应要少一点。以春梢及采果痕中心枝作结果母枝的，往往开花早，易于遭受冻害，宜在中心枝以外留一根副梢为好，选留的副梢在 9 月中旬留 4 个芽短截，翌年能成为良好的结果母枝，且可增加叶数，作为预备枝，易于结果母枝的更新。

未结果树也需要抹芽，抹芽的时间应视拟培养树形的需要来决定，最好每年春、夏、秋季抹芽 3 次，以避免修剪量过大，对树体发育有利。

枇杷危害大的病害之一是癌肿病，易于在抹芽后发生。但若不用手抹芽，而采用剪刀疏芽的话，可以显著降低发病率，故癌肿病多发园，以用剪刀疏芽为妥。

总之，枇杷树的整形修剪和其他果树一样，要因地制宜，灵活掌握，但总的要求是一致的，即骨干枝少，主从分明，结果枝组、结果母枝多，内膛充实，绿叶层厚，光照良好，也即是"大枝亮堂堂，小枝闹嚷嚷，通风透光好，树体寿命长，年年都丰产，果实大又香"。

八、衰老树的更新

枇杷生长势旺盛，抽枝力强，只要管理得当，一般不易衰老，从目前的情况看，枇杷树的衰老主要是施肥量不足，又没有整形修剪，致使新梢萌发少而短，枝细弱，老枝重叠，结果部位外移，结果量减少。有些年年、季季萌发短梢，枝条弯曲多节，浙江果农称之"多节枝"。这是一般衰老树的特征。更有些树，枝干上密生一层厚厚的地衣、苔藓，长势衰弱。

改造衰老树，主要是加强肥水管理，用硫酸亚铁溶液杀灭树癣，剃光霉桩，并进行更新修剪。

首先，需要疏除过多的大枝。先要决定主枝及侧枝，再逐渐处理那些对主、侧枝生长发育影响最大的大枝，主、侧枝上，即使有些枝组配置不太好，也要选用健全的大枝，而癌肿病及天牛为害严重的枝，即使位置再好也不选用。要注意掌握修剪程度，不要过重修剪。同时要降低树冠，在降低树冠时不能过急，先把上部密生枝中的强枝疏除数根，再从中间有绿枝生长的地方回缩，需要分年逐渐降低。

浙江黄岩的做法是：更新修剪在 3 月进行，夏季气温高，日光强，树干受强光照射，容易爆裂，不宜进行。更新的办法，可采用露骨更新和重剪结合，删疏和短截结合的"半露骨"更新。

"半露骨"更新分两年进行：第一年在树冠外围和顶上，疏除密生细弱的2～4年生枝条，对于生长健壮的2～4年生枝条除尽量保留外，还可以短截一部分（留5～15cm长）。短截的枝条当年可萌发1～2个夏梢（如萌发3个以上时，只选留强壮的2芽）。所保留的2～4年生枝上，除顶端花穗能够结果外，也能萌发夏梢，夏梢在秋季形成花芽。在树冠内部，对于主干上萌发的嫩梢，应尽量保留，对衰弱的2～4年生枝条，除剪去过于细弱枝外，大多进行短截，促使萌发新梢，形成树冠内部的绿叶层，这样的更新修剪，既压缩树冠，又可旺盛内膛枝，还能在当年结少量的果实。

第二年是整理工作。在树冠外围和顶上，短截原保留的2～4年生枝条，疏除密生细弱的结果母枝（即上年短截后萌发的夏梢），促使在树冠的外围又萌发一批新的夏梢，而在树冠内部，少量疏去上年萌发的细弱新梢。

在更新前夕，宜于树盘内以放射沟状施肥法增施有机肥，以切断部分根系，保持树体的地上部与地下部的平衡，并使更新后的树体有充足的养分来源，有利于树势的恢复。

九、间伐的必要性和方法

一般果树都认为密植可以丰产，枇杷则不然，密植园不但产量少，而且结果部位提高了，果实易受风害，疏果套袋和采收的劳动效率也会相应减低，故计划密植栽培园，一定要及时间伐或移出临时加密的植株。因枇杷是常绿果树，而且叶片也特别大，如果栽植过密，在开始结果后不久，树冠就会密接，使树冠内部日照不足，内膛叶少，结果母枝不易形成。密植园的结果情况如图6-12所示。除树冠上部外，其他各部大多阳光不足，"无水不长树，无光不结果"，故而结果层高而薄。

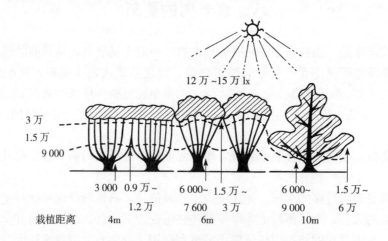

图6-12 枇杷园的栽植距离和受光量（lx）

为充实内膛，立体结果，必须使树冠内进入足够的阳光。密植园间伐后，枝梢逐渐扩展，着花量增多，如图6-13所示，产量也迅速提高，有些果园，比之增加施肥量，间伐增产的效果更好（图6-14）。

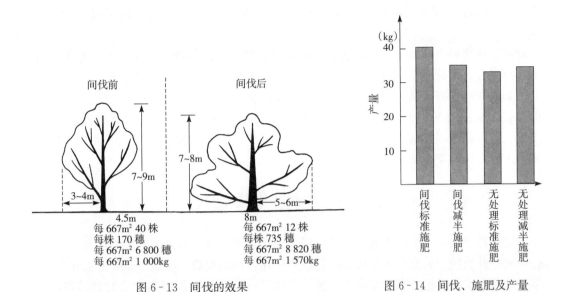

图 6-13　间伐的效果　　　　　　　　图 6-14　间伐、施肥及产量

　　间伐前，要认真调查各树的状况，然后决定选留的树。间伐的树以逐年回缩，在 3～4 年内疏除为好。

　　间伐时，一般隔一株留一株。留下的树尽量不回缩，以扩大树冠。回缩间伐树的枝条时，应距留下的树的枝梢先端 1m 以上，回缩部位尽量放在有小枝的地方，这样，间伐的树对留下的树就不会有干扰了。由于树冠周围进行了重回缩，树的内部及上部的枝则应该尽量不剪，以避免修剪量过大。

　　间伐后留下的树，光照得以改善，从内部会发出一些新梢，要利用其中的斜生枝作为侧枝培养。

十、高接换种

　　对已结果的劣种树，可行高接换种。高接换种一般以树龄较小，不超过 20 年者为好，管理得当的，高接后 2～3 年就可以恢复树势，3 年后就能恢复产量。高接最好安排在 3～4 月进行，不仅成活率高，而且有利于抽生健壮夏梢。高接多采用切接法，大枝也可以用劈接，高接部分通常在第 3～8 级位，嫁接级位越高和高接枝数越多，树冠恢复越快，但生长势不如嫁接级位低的强，嫁接级位因砧木的大小而定。接穗的数目，一般枝径 3cm 以下，可接 1 穗，3～6cm，接 2 穗，6～15cm，接 3 穗；15cm 以上，接 4 穗。为了使枇杷高接成功，应该做到三句话十二个字，即"多头高接，高低进行，二年接完"。

　　多头高接：就是整株树上接的枝条要多，这样能较快形成新树冠，恢复树势。

　　高低进行：多头高接时，应注意树形高低枝条的合理搭配，形成一个内外通风透光，合理分布结果部位，丰产的树体结构。

　　两年接完：每株枇杷树要分两年进行高接，使树上保持有部分枝叶，在夏季高温烈日下起遮阴作用，有利于高接成活。若全树实行一次性高接，则因枝叶一次去掉太多，树体地上部与地下部失调，加之接穗枝条裸露，会影响成活及成活后的生长。

此外，在高接换种前1个月，最好沿树冠滴水线向树干深翻，以见到部分细根为度，切断部分细根，保持地上部与地下部的平衡，同时增施有机肥，以利促发新根，更快恢复树势。如遇天旱，高接前一周灌一次透水。高接的接穗，生长极快，一年生优良者，当年内即可长达80～100cm，如遇风害极易脱离，故接穗削口宜长，以使结合部位较大。切口一定要光滑，砧木削切稍带木质部，垂直向下，长约7cm，接穗也削出7cm左右的斜面。新梢抽出后，应设支柱缚之，以防风折。

第五节　枇杷花果管理

枇杷树易于成花，管理不善，容易造成大小年结果。现代的果树专家们认为，大小年都是从大年开始的。只有在大年做好疏花疏果工作，均衡树势，才能使翌年也多开花，多结果。疏花疏果就是把过多的花和果摘掉，集中养分，使留下的果实充分发育增进品质，提高商品价值。同时也是克服大小年结果，避免树势衰弱的一项有力措施。

一、疏 花 穗

1. 疏穗的目的　疏果套袋是枇杷管理不可缺少的集约性工作。疏果是为防止隔年结果，提高果实品质而进行的，但为了提高其效果，以疏果前宜先行疏花蕾，疏蕾前先疏花穗为好。即疏果不如疏花，疏花不如疏芽。枇杷易于成花，一般春梢的70%～80%可成为结果母枝，而采果痕发出的夏梢，既有成花率达80%左右的，也有几乎完全不能成花的，采果痕副梢成花的多少，与当年的坐果以及采收时期、肥水管理水平有极大的关系。着果少、采收早、肥水管理好的，成花者多；相反，头一年着花多，并让其大量结果，消耗了大量养分，果实发育不良，第二年成花者也显著减少，尤其是头年的新梢着花率过高，即使是各果穗适当地疏果，第二年仍然成花不良，果实也不能充分肥大。为了防止隔年结果，获得品质优良的大果，不仅要疏果，而且需要将整个花穗摘除以使全部新梢的着花率控制在一定限度。

2. 疏穗的程度　为防止隔年结果，一般在大量着花的枇杷树上，以疏除全部新梢一半左右的花穗为好。仅疏除1/4的疏穗，仍然难以确保第二年充分成花，若于疏穗后再行疏蕾，也可一定程度地防止隔年结果，但一般让新梢的一半着花，可保第二年充分成花，对果实肥大亦有好处。年轻壮树上稍多留些花穗也不致形成大小年，而老弱树稍多留些花穗则极易形成隔年结果。

疏穗程度据品种、树龄、树势、环境及管理水平而异，实际应用时，将全树上生长较弱的细小花穗及过密的花穗，在10月上中旬疏去。全树着穗率达80%以上时，疏去50%花穗，对第二年产量影响并不明显，而果实级别则有显著提高，其大果率提高60%以上，小果率降低50%以上，且第二年的枝量，无论是春梢、夏梢以及结果枝均有所增加，故疏穗效果十分显著，如表6-7。

表6-7　疏花穗程度对翌年产量及花量影响

项　　目		对照	疏去50% 花　穗	疏去25% 花　穗	疏去25%花穗 摘去其上1/2
疏穗前全树着穗率（%）		89	87	83	72
疏穗后全树着穗率（%）		89	46	62	54
大小级别（%）	极大LL	0	1	0	
	大　L	9	22	15	
	中　M	61	63	64	
	小　S	29	14	21	
	极小SS	1	0	1.6	
产量（kg）		24	23.2	23.0	
翌年开花率（%）	春梢	38	80	72	41
	结果枝	1	81	11	99
	夏　梢	17	76	65	60
	平　均	14	79	53	69

疏花穗时，邻近接连有两枝的，宜去一留一，否则采果后，结果母枝上叶片脱落，成为光秃枝，消耗了大量养分，又没有叶片保证其有机营养物质的来源，树体就极易衰弱，自光秃的采果痕下，一般难以抽发壮枝，更难以形成结果母枝，就会导致大小年的出现，甚至一年大年后，连接着几个小年才能恢复产量。但是，管理水平高、肥水足、树势强的，也可两个花枝，一个叶枝（每枝叶数需10片以上）；管理水平一般、树势一般的，只能一个果枝一个叶枝（每枝叶数7片以上）；树势较弱的，则只能两个叶枝，一个果枝了。

3. 枝的种类和疏穗　枇杷因母枝种类不同开花特性各有不同，疏穗要根据各种枝梢的特点来考虑，再决定取舍。

一般中心枝上着生的花穗大，开花期亦早，而副梢上的花穗较小，花数也较少，开花期亦稍迟，因此，副梢所结的果实常比中心枝所结之果稍稍为小，成熟期亦稍迟，但正因其花期较迟，与中心枝比较，又常能躲避冻害。因此，无冻害的地区，以留中心枝上的果为好，而易遭冻害的地区，则既要利用中心花的一部分，也要注意疏除一部分。

中心枝上的果实大，成熟早，这是就同枝上无副梢而言，如果中心枝上抽生副梢时，中心枝上的果实也会发生变化。由于副梢的着生，中心枝上的花开花期稍迟，果实的成熟期也推迟，果重亦减少，但对躲避冻害稍稍有利。若是副梢上着生花穗，则中心枝上的花穗变得更小，特别是果实的肥大显著不良。即使副梢上不着花，而有两根副梢时，其中心枝的花穗也显著变小，开花期大为推迟，成熟期也比之一根副梢时更加推迟，但因花期推迟，对于躲避冻害则大有好处。如图6-15。

如上所述，因枝梢类型不同，各种花或果实均有变化，必须根据各产区的立地条件，很好地利用各类枝的特点。譬如，无冻害威胁的暖地，疏去副梢的花，只留下早开的中心枝上的花，可使果实长得大，品质好，上市亦早。与此相反，易遭冻害的地区，若只留中心枝上的花，则可能因冻害而造成颗粒无收，所以，应将中心枝上的花疏除一部分，副梢上的花也要留下 30%左右，同时在利用中心枝的花时，不仅要利用只有一根中心枝的，有副梢抽生的中心枝上的花也利用，这样，由于开花期拉长，而易于躲避冻害。但若只利用极端迟开的花，那么即使是避免了冻害，因成熟期过迟，果实太小，也会降低商品价值。故应根据当地的冻害程度，适当混合选留早开的花和稍迟开的花。

4. 疏穗的时期和方法　疏穗的时期越早越好，但若太早，疏完穗后，从副梢上还会有迟发的花穗抽出。故以能看清全部枝梢上的花穗后再进行为好，具体时间因地而异，大约在 10 月上旬前后，以花穗刚抽出、小花梗尚未分离时为佳。

疏穗的方法，自花穗基部剪去，留下母枝上的叶片，这样可促发第二年的春梢，使翌年再抽成结果母枝，达到防止隔年结果的目的。

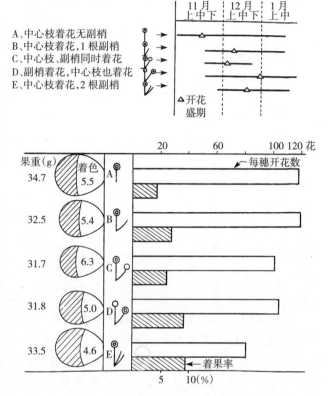

图 6-15　枝梢种类和花穗及果实的特点

二、疏 花 蕾

1. 疏花蕾的目的　枇杷一个花穗上有花 50～200 朵，若疏穗后不行疏蕾，放到以后再疏果，则会白白虚耗很多营养物质，故早期减少花穗上的花数，有利于果实肥大，防止隔年结果。

疏蕾还有防止冻害的作用。枇杷一个花穗上若着生很多花蕾时，这些花不会全部开放，一些小的花蕾长不大，中途脱落，即所谓退化现象。如若减少早开的花，则迟花不会退化，而继续发育直至开花。由此可见，利用疏蕾的方法可以增加同一花穗上迟开的花，从而避开冻害。

2. 疏蕾的方法　一个花穗中早开或迟开的花大致是确定的，疏蕾时，在无冻害区应选留早开的花，在有冻害区，则应选留迟开的花。疏蕾的方法，即留蕾的多少、留蕾的位置各有不同，应该根据调查的开花期、成熟期，以及和冻害的关系来决定。据疏蕾试验的结果如表 6-8、图 6-16，将花穗上部疏去 1/3 时（花穗主轴长度的 1/3），因上部的支穗轴较短，除去的花蕾数不到全部花数的 1/3，故该程度与未疏相差不大，对于冻害及坐果率都几乎无影响，着色尚好，但促使果实肥大的效果不显著，疏蕾效益低下。

表6-8　不同疏蕾程度与着果关系

项　　目	开花数	着果率（％）	果重（g）	横径（mm）	纵径（mm）	果型指数	着色
摘除上部1/3	447	18.7	33.5	37.6	44.2	1.17	9.7
摘除上部1/2	349	23.8	35.0	38.1	45.3	1.19	9.7
摘除下部二支轴	375	19.7	35.0	37.7	45.6	1.20	9.5
对　　照	560	16.3	31.7	35.0	44.7	1.25	9.2

疏蕾的程度再加重一些，将主轴上半部完全疏除，则可减少相当的花数，且减少了早开的花，明显增加了迟开的花，可避免冻害，提高坐果率，更由于大量减少了花数，开花期相对延迟，有利果实肥大及着色良好，在易受冻害地区是最实用的疏蕾方法。

疏蕾时不动花穗的上部，而只把最下部的2根支轴摘除，因下部的支轴较大，只去两根就可减少相当多的花数，因此，可致果实肥大较好，着色亦好，但开花期和不疏蕾相比几无变化，坐果率亦无大的差别，也没有防止冻害的作用。

无论采用何种疏蕾方法，比之不疏蕾，均可促进果实肥大，着色良好。尤其是疏除上部1/2的，开花高峰期从11月中下旬，延续到12月中旬，较多的花开放期推迟，对于有冻害的地方，无疑可以通过此项措施来推迟开花期，以躲避冻害，提高坐果率。此外，在完全没

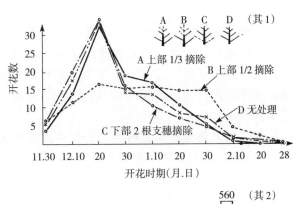

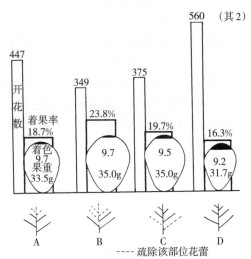

图6-16　疏蕾程度和开花数、开花时期及果实的特点

有冻害的地方，还可以只留下10朵左右早开的花，这样可以显著提早成熟，也利于果实肥大，但仅局限在少数安全地区。其留花根据来年疏果的需要，分别安排在几个支轴上，若准备留2果，则安排在2个支轴上，若留4果，则安排在4个支轴上，即疏蕾时留2个或4个支轴。

总之，疏蕾的方法要因立地条件而异，尽可能使所留下的果实早熟，充分肥大，着色良好。

3. 疏蕾的时期　在疏穗结束后不久，小花梗开始分离时为好。据试验，花穗大小为

4～5cm 时疏蕾，开花期比不疏蕾延长 2 倍以上，可显著提高坐果率。但过早不易按需要疏除，过迟则效果差。当然，一株树上各个枝条的花穗发育有迟早，还要因具体情况在 10 月中旬分为 2 次进行为好，可用手或剪刀疏除。

另外，药剂疏花效果也较好。一般用萘乙酸（NAA），浓度以 10～20mg/kg 为宜。萘乙酸只可疏去花朵，不能疏去幼果，一般在幼果发育达到所需数量时喷布该药，以疏除尚未结成果实的多余花朵。套袋前可人工补疏发育不良的果实。

三、疏 幼 果

1. 疏幼果的目的　疏蕾后，一花穗上不免仍有多数的花，经过授粉受精，仍然会结成不少的果实。大致一穗上通常仍有 10～20 个果实，若不疏果，则所有的果实发育均差，商品价值不高。经过一个冬季，有些幼果受到病虫为害，还有一些果实部分胚受冻，不能正常发育，形成畸形果，因此，在幼果期，需要分二三次疏果，以达到真正疏果的目的。

2. 果实的发育与疏果的时期　若仅从果实肥大的角度考虑，疏果愈早，效果愈好。枇杷花期较长，在长江中下游非至 2 月上旬，花期不易结束，然后发育为幼果，但在 3 月上、中旬，幼果发育缓慢，到 3 月底至 4 月初，才迅速发育，其后进入成熟期。故从果实肥大考虑，至迟应在 3 月中旬以前完成疏果，但疏果时，还应考虑冻害的影响，若过早疏果，留果数恰为所需果数，那么在以后遭受冻害时，产量显著减少。因此要在所有冻害的危险时期（−3℃以下）均过去后，所剩的果实仍过多时，再最后定果。故从果实肥大及冻害影响两方面出发，以冻害危险期过后尽早进行为好，这个时期因地而异，要根据当地气象站的长期观测结果和当年预测的情况来决定，通常早的在 2 月下旬至 3 月初进行；有冻害的地方，在最后的危险温度过后约经 1 周，至迟也不要晚于 3 月中下旬，再迟的话，果实已开始迅速发育，则疏果效果不好。疏果时，一般用手摘除，疏果后喷一次防病药剂。

3. 疏果的程度　疏果的程度要依据各植株的树势和每根结果母枝的生长强弱，及其上所有叶数（即叶面积）以及是大果品种或小果品种而定。疏果程度与果重及着色关系见表 6-9。

表 6-9　疏果程度对果重及着色的影响

一结果枝		果实横径（mm）	果实纵径（mm）	果重（g）	着色度
叶数	留果数				
7叶	3	38.2	47.4	37.3	9.7
	5	38.3	44.1	35.0	9.2
	7	36.5	41.9	30.2	7.5
14叶	3	38.6	47.4	37.7	9.1
	5	37.6	45.6	34.2	9.1
	7	37.2	44.8	33.4	7.7

由表 6-9 可知，一结果母枝上叶数较少，在 7 片叶左右时，留果量以 3 个为宜，过多则影响果实大小和着色程度，而一个结果母枝上有 14 片叶时，留果量可稍多，以 3～5 个果为宜。总之，既要保持品种特有的果实大小，又要使整树的产量尽可能多，要根据树势、枝势来决定。每果穗所留果数，大果种如解放钟、大红袍留 2～4 果；中果种如软条白沙、照种、华宝 2 号留 3～6 果；小果种如宝珠留 6～9 果。塘栖农民对枇杷疏果的口诀是"大果么二三，中果四五六，小果八九十"。树体强健时，可按上述口诀留果，但树体衰弱时，则应减少留果量。

疏果时，首先疏去冻害果（果细长，形不正，表面无光泽及茸毛已脱落，皮色青绿的幼果）、病虫为害的果实，以及有其他毛病的小果，若仍觉果实过多时，再疏去外张、平展或向下生长的果实，密挤的果实以及发育虽属正常但较迟缓的稍小的果实。如果一个支轴上着生有二果以上时，只可留方位好、果形端正的一果，其余疏去。

四、果实套袋

枇杷果实成熟期多在 4 月底至 6 月中，其间成熟的其他果实种类甚少，且绿叶丛生中的黄色果、橙色果格外醒目，易成为鸟类啄食及昆虫咬食的目标。再者，该时期常有雨后骤晴，易导致裂果。为此，常需套袋保护。日本套袋则主要是预防病虫害和使果实外观优美，毛茸完整，色泽鲜艳，满足高档消费的需要。另外，套袋后剥皮容易，有利于加工，且袋内温度高，可促进提早成熟。

枇杷果皮组织幼嫩，果肉柔软多汁，易受机械损伤和病虫侵害，导致果实品质和经济效益降低。各产区多年套袋试验表明，幼果套袋对抑制枇杷果锈发生、防止裂果、减轻病虫害、减少机械损伤、保持果面茸毛完整、提高外观品质及减少农药污染等方面均有重要作用。现将枇杷套袋技术介绍如下。

（一）枇杷套袋方式

果实直接套袋是目前应用最普遍的套袋方式，其效果最好。此方式依果实大小可采用单果套、双果套或整穗套，但此套袋方式所需劳力多，生产成本较高，操作技术要求也较高。受气候等因素影响，日本枇杷病虫害远比我国严重。日本是一个十分重视产品质量的国家，在枇杷生产中为了尽量减少果实的农药残留，套袋是必不可少的作业；但是，套袋甚为费工，每公顷约需 150 000 个果袋，依每人每天可套 1 000 个袋计，所需劳力 150 人。

（二）果袋选择

果袋质量优劣将直接影响果实套袋的效果。枇杷果实套袋一般采用纸袋，其抗水抗晒性能、遮光性能、防虫防菌性能、密封程度等是影响果实质量的主要因素。果袋要求纸质能经得起风吹、日晒、雨淋，同时透气性好、不渗水、遮光性好、纸质柔软、口底胶合好，最好袋口要有扎丝。因此，要选择正规厂家生产的、有注册商标并在枇杷产区应用效果较好的专用果袋，正规果袋一般经过抛光、打蜡、压膜、浸药等工艺处理，符合上述质量要求并具有驱虫作用,可减少侵染性病虫害及日灼病的发生。

目前使用的果袋除进口高品质水果纸袋外,我国已能自行生产品质优良的不同类型专用果袋,并在生产中取得较好的效果。需要指出的是,许多果农为了降低成本,往往使用牛皮纸、旧报纸等自行制作果袋,与专用果袋相比,这些纸袋虽然较为经济,但遇雨后吸水变软、霉烂,反而增加病虫为害,另外,报纸袋容易导致化学污染;有些果农用塑料薄膜做成果袋,这种袋子效果较差,容易导致日灼。

1. 果袋的规格 一般采用枇杷专用果袋,其形状大小依果实大小而定,一般为长方形,对解放钟、早钟 6 号等大果品种,套单果的果袋约为 17cm×20cm,套整穗的果袋为 17～30cm×20～40cm,袋顶两角剪开,以利通气和观察。

2. 果袋类型

(1) 按材料划分 依材料不同,可分纸质、塑料膜、泡沫塑料和无纺布等类型(图 6-17)。一般用的纸张类型有果袋专用纸(经抛光、打蜡、压膜、浸药等工艺处理)、牛皮纸、硫酸纸和废旧报纸。枇杷果袋最好选用全木浆纸质的专用果袋,这种果袋耐日晒、不易变形,风吹雨淋不易破碎。塑料膜袋具有提高果实含糖量和促进早熟的作用,但容易导致果实严重日灼,因而较少采用(最好不用)。有些地方用无纺布做果袋,这种果袋质量好,耐风吹日晒雨淋,不易变质和破损。废旧报纸制作的果袋经日晒和雨淋容易破损,而且效果不好,生产上已越来越少用。

1.报纸制作简易果袋

2.用白色塑料纸做成简易果袋

3.枇杷专用果袋(整穗套)

4.双套袋(内加泡沫网兜)

5.专用果袋整穗套

6.报纸带叶整穗套(订书机订)

图 6-17 枇杷套袋技术

(2) 按颜色划分 可分白色、黄色、蓝色、灰色、橙色、绿色等类型。对红肉品种而言,套白色纸袋的果实颜色较红、糖度高、果肉硬、果汁较少、果实相对较小,成熟提早

3～4d，但成熟期遇到高温干燥天气易发生缩果、日灼病等生理病害；套橙色纸袋的果实遇高温不易发生生理病害，果实最大，但是糖度降低、着色迟、成熟期推迟近1周；黄色纸袋的作用效应介于上述两种纸袋之间。试验表明，在不同套袋材料中，以绿色纸袋效果最佳，不仅能提高果实外观品质，而且果实中的维生素C、可溶性固形物含量、固酸比等指标也有不同程度的提高。

（3）按层数划分　可分双层袋、单层袋等。双层袋适用于需着色的果树种类，如苹果等，套袋后果实表皮细嫩，底色嫩白，着色后果皮色泽艳丽，但果袋的价格高且需两次解袋，较费工费时。单层袋适用于不需着色的果实，如梨、枇杷及桃等，套袋后果实色泽鲜艳。由于单层袋成本较低，省工省时省钱，深受果农的欢迎。对枇杷而言，以生产高档优质果品为目的宜选用质量较好的双层果袋，普通生产选用单层果袋即可。

（4）依透光性划分　可分为遮光袋、半透光袋和透光袋等。不同纸质的果袋对果实的色泽、品质和营养成分等均有不同的影响，就枇杷而言，生产上宜选用遮光、透气性良好的纸制果袋。

3. 果袋加工　袋底两角处应留有2～3cm的通气孔，确保袋内通风透气，以利于调节袋内湿度和光线，保证果实正常生长发育，防止糖度下降，同时亦便于观察果实的生长状况。但在有小实蝇为害的枇杷产区，果袋应以密闭为宜。

袋口中央应嵌有细铁丝，用来绑扎袋口，提高套袋工效。

利用旧报纸做成的纸袋，要刷上涂料防水。涂料最好用棕榈油和鲜桐籽油各半混合而成，也可单用棕榈油。

4. 果袋质量要求

（1）应具有一定的干强度，能适应机械化制作套袋的要求。

（2）应具有较高的湿强度，在果树上使用时，经多次雨水冲淋，能保证套袋不破不损、不变形。

（3）应具有一定的防晒、防紫外线、抗老化性能，保证在日光下4～5个月不因老化而自然破损。

（4）应具有一定的透气性能，果袋膨起后通气孔能充分打开，气流畅通，保证袋内果实能正常呼吸。

（5）应具有较好的疏水性，不渗水、不湿水，雨后纸袋不会紧贴果面而影响透气，造成日烧或使果皮变粗。

总而言之，果袋的种类繁多，选择时应根据枇杷的品种、长势、生产目标、经济能力等合理选择。生产高档优质果，宜选择质量较好的全木浆生产的枇杷专用果袋，及采用双层套袋（内袋为泡沫网兜）；若为防止果锈、提高果面光洁度，则可选用单层专用果袋；最好不要用废旧报纸和塑料纸的果袋。

（三）套袋时间确定

1. 套袋时期　枇杷果实的套袋时期，要根据品种、树龄、树势、物候期和不同果袋类型而定，一般而言，果实套袋时间越早（果实越小），对果锈的预防及提高果实的外观品质效果越好，反之则越差。但套袋过早，由于果柄幼嫩，易受损伤而影响果实的生长，同时由于果实太小，不易确定果实的形状和优劣，或可能因生理落果而影响套袋的成功率，增加成本，果实品质反而会下降。套袋太迟，果实过大会增加套袋的难度，且易导致果实脱落。对生理落果较重的品种，要延迟套袋时期，待生理落果后再套袋。

枇杷谢花后 20~30d 套袋效果最佳。此时为幼果发育时期，果实横径约 1cm，结合最后一次疏果后马上套袋，也可边疏果边套袋，以减少果实的机械伤（叶、果及枝条之间摩擦而造成）及果锈，提高果实外观品质。如果接近转色期再行套袋则效果较差。对于经常遭遇冻害的枇杷园，疏果套袋后若突遇寒流，可能造成全园失收的严重局面，合理的做法是在准确的中期天气预报指导下选择合适的疏果套袋时期，或者根据花期的先后，预留下一批可疏果套袋的果穗，待第一批果实长大不会受冻后，才将第二批的幼果全部疏去。如苏州地区的白沙枇杷，套袋时期一般在 4 月上旬为宜；福建莆田产区的解放钟枇杷在 1 月中旬套袋效果最好，此时为谢花后 20~30d，正值幼果发育时期，套袋防锈效果最佳。

2. 套袋时段　枇杷套袋宜在无风的晴天进行，一天中的套袋时段以上午 9~11 时及下午 2~6 时为宜，应避开早晨露水未干、中午高温和傍晚返潮 3 个时段，雨天、雾天不宜套袋。遇到特别干旱的天气，套袋前一定要进行全园灌水，而且要灌透，以防果实套袋后发生日灼。

（四）套袋操作要点

枇杷套袋前一定要经过一次严格的疏果和喷药作业。最后一次疏果后，立即喷洒杀虫杀菌药，喷药后 6d 内，在露水干后选择生长正常、健壮的果实进行套袋。雨后不能马上套袋，需待气温回升后才可进行。可一果一袋，或一穗一袋，大果品种、果梗长的一果一小袋，果梗短的一穗一大袋。套袋时宜从树顶开始，从上往下、从里向外进行。

1. 果袋潮润处理　果袋应选择正规厂家生产的专用果袋。套袋前一天先将整捆果袋放于潮湿处，使之潮润、柔韧，以便于操作；也可以往果袋上喷洒少量水雾，达到湿润的目的，但不宜过湿，以潮湿柔韧为度。

2. 套袋操作方法　选定幼果后，用左手托住纸袋，右手撑开袋口，或用嘴吹气使袋子胀开，袋底两角的通气孔、放水口张开后，用右手接过纸袋，左手食指与中指夹住果柄，使果实向外，右手将果袋剪口中缝穿过果柄，将果实全部装入纸袋（也可将果穗周围的 1~3 张叶片一起装入果袋内）。然后从袋口两侧依次按"折扇"方式折叠袋口于切口处，将捆扎丝扎紧袋口于折叠处，于袋口上方从连接点处撕开将捆扎丝返转 90°，沿袋口旋转 1 圈扎紧袋口，使幼果处于袋中央，在袋内悬空，以防止袋体摩擦果面。如果是套双层果袋，可先将内袋（网兜）直接套住果实，再依上述操作套外袋。

专用果袋袋口一般都嵌有捆扎丝，可直接捆扎袋口，没有捆扎丝的果袋，袋口可用细绳扎住或用回形针夹紧，也可用订书机订。袋口不宜过紧，以雨水不能渗入为度。

（五）套袋注意事项

1. 枇杷花期长，开花期不一致，果实成熟期也不一致，早抽花穗的开花期、果实成熟期早，应早套袋；迟抽的花穗，可迟套袋。但不同熟期的果实，在果袋上要作标记，以便分期采收。

2. 果园朝南面或日光直射的树顶，果实容易发生日灼、果皮皱缩、黑褐色斑点及紫斑等症状，因此，应选择具有遮光及透气性较好的套袋材料，如全木浆纸，以减少果实成熟期间的生理病害发生。

3. 一个果园中最好果实全部套袋，以便统一管理。套袋顺序为先上后下，先里后外，以免碰落果袋或碰伤果实。

4. 喷药后不能马上套袋，一定要等药液干后才能套，最好在喷药后 6d 内套完。

5. 一定要在晴天露水干后套袋，阴雨天不能套，气温太高时也不能套（不要超过 28℃，防日灼）。套袋期间若天气干旱，一定要浇水后再套袋，以免发生日灼。

6. 注意捆扎丝不能缠在果柄上，而是扎在袋口的折叠处，以防幼果果柄受机械损伤。套袋时用力方向始终向上，用力宜轻，尽量不碰到幼果，以免拉掉幼果；套袋时务必使袋内鼓起，以防纸袋直接接触果实。套袋期间，不要在主干、大枝上环状剥皮。

7. 套袋不慎易引发果实日灼，发生程度与果袋种类、质量和操作技术有关，塑料薄膜袋较严重，单层袋比双层袋严重，果园干旱也容易诱发日灼。

8. 果实套袋后有时会诱发生理缺素症，原因是套袋后影响果实对钙素的吸收，在氮素过多的情况下症状加重，因此，套袋后要适当施钙肥，控氮肥。

9. 套袋果实的风味普遍比不套袋果淡，主要是因为遮光后果实光照不良影响对硼的吸收；另外，由于果实套袋，在整体上影响了树冠内光照，使叶片光合作用受到一定影响。可适当喷硼肥及通过整形修剪增加光照。

10. 绑袋口时一定要注意，不可把袋口绑成喇叭状，袋口要扎紧，以免害虫入袋和过多的药液流入袋内污染果面，并防止果袋被风吹掉。纸袋的下端一角开一个小口，防止袋内积水。

11. 一般上午套树体西南方向果实，下午套东北方向果实，这样可减轻日灼病的发生。另外，套袋前后浇水可改变果园的微环境，也可大大减轻日灼病的发生。

12. 采果后要立即重施采果肥并灌足水分，以及时补充采果后树体养分及水分亏空，为来年的丰产稳产打下坚实基础。肥料以速效肥为主，适当配合施一些缓效肥，施肥量约占全年施肥量的 40%～50%。

第六节　植物生长调节剂在枇杷栽培上的应用

果树生产上应用植物生长调节物质已有数十年的历史，并取得了很大进展，它们对果树的生根、营养生长、花芽分化、保花保果、疏花疏果、果实发育及成熟等方面都有调节作用，同时解决了一些用一般农业技术不易解决的问题，日益受到果树工作者的重视。枇杷应用植物生长调节剂虽起步较晚，但近几年来也做了不少工作，取得了一些成绩。

一、生理效应及应用

（一）果实的生长发育与内源激素的关系

果实的生长发育与植物体内某些激素的存在具有密切的关系。枇杷果实的发育是以细胞数目的增多和细胞体积的膨大为基础的。表现出三个阶段即生长缓慢期（Ⅰ），细胞的迅速分裂（Ⅱ）和膨大（Ⅲ）。华中农业大学 1984—1987 年在枇杷果实上进行了试验，试验结果表明，在果实整个发育过程中，内源激素含量的变化具有如下规律。

①正常果 IAA（吲哚乙酸）在开花前含量较低，开花授粉后其含量迅速增加，形成一个高峰，然后再下降，在 3 月份果肉细胞迅速分裂期，又产生一个高峰。

②ABA（脱落酸）和 IAA 一样，在花前含量都较低，开花以后，其含量迅速升高，而且整个冬季（12 月至翌年 3 月），ABA 都维持着较高的水平，这种现象在其他植物上尚未见类似的报道。这可能由于枇杷在冬季开花，对低温环境具有一种适应性的缘故。

正常果实在 1 月份有一个短暂的含量低峰，这可能是因受精作用，使 ABA 含量下降，以后 ABA 在体内进一步累积，含量又一次升高。冬天过后，ABA 含量减少，果肉细胞迅速分裂，5 月初果肉中的 ABA 含量逐渐升高，促进果实成熟。

③CTK（细胞分裂素）在花后有一个高峰期，正常果在 2 月中、下旬新梢萌动前后，果实细胞迅速分裂前 CTK 含量再一次升高，在量上远比第一次多。

④乙烯的变化：在 4 月 7 日、4 月 20 日、4 月 28 日用气相色谱仪均未检测到乙烯，直到成熟前最后的青绿期（按不同时期和色泽，将果实分为青绿、淡绿、微黄、淡黄、黄、橙黄等不同成熟度，其间隔分别是 3d、4d、3d、4d、4d，青绿期是接近成熟最后的青绿阶段）乙烯含量才很快增加，并在淡黄期达到高峰，最后又有下降的趋势。

笔者认为在枇杷花蕾中（12 月 1 日）所检测到的 IAA、CTK 和 ABA 三种激素，尚不是由受精作用的诱导直接引起的，因这些激素大多是在未开放的花蕾中业已存在，而花在开放之后，其中的 IAA、CTK 和 ABA 含量都迅速增加，这可能是授粉以后花粉以花粉激素作用于花柱和子房，由于这些激素的连续刺激，增加花柱和子房内激素的分泌。这样，枇杷幼果中激素含量增高形成营养物质集中的中心，从而积累有机和无机营养物，并包括有一些植物激素。在冬季叶片中形成的 ABA 也随营养物质一起转移到幼果中，枇杷花在开放之后，ABA 的含量持续升高，其内虽有一短暂的减少，后来又再一次升高，但尚未引起严重落果（生长抑制物质的含量超过一定的水平就有可能引起落果），这可能由于枇杷在冬季低温条件下开花坐果，较高浓度的 ABA 使幼果的生长发育进程减慢，从而使果实的生长发育和低温条件下的代谢水平降低，矛盾缓和，恰好起到调节作用。

枇杷幼果度过冬季的低温之后，随着气温回升，果实内 ABA 含量减少，IAA、CTK 含量再次增高，细胞分裂加速，这正是 IAA、CTK 对细胞的分裂和生长起了调节作用的表现，果实的大小可能与 CTK 和 IAA 含量的多少及其高峰期持续时间的长短有关。当果实生长进入第三期（细胞膨大和成熟期），CTK 和 IAA 含量都下降到较低的水平，而 ABA 含量逐渐升高，ABA 含量升高到一定程度时抑制果实的生长。在果实发育的最后阶段，乙烯含量迅速上升，乙烯的生理作用也明显地表现出来，首先是提高果实的呼吸强度，从果实的呼吸看，4 月份的呼吸强度依时间进程逐步降低，在大量产生乙烯的同时，呼吸开始增加，并与乙烯同时达到高峰，只是这个高峰比其他某些高峰型的果实要低，尔后呼吸下降。在果实成熟阶段，随着乙烯高峰的出现，果实色泽很快就由青绿转成橙黄，而且 CO_2 的释放曲线起伏基本一致，表明乙烯有提高呼吸强度，加快叶绿素分解、类胡萝卜素合成的作用。在果实成熟过程中，果实除了转黄和呼吸提高外，糖酸变化很快。在短短的 20d 内，可溶性固形物从 3.64% 提高到了 11.2%，可滴定酸从 1.33% 下降到 0.25%，变化陡度很大，从发生的时间看，两变化同乙烯的大量发生是在同一时期内完成的。即随着乙烯的大量产生，酸度降低和可溶性固形物增加迅速，与某些高峰型果实相似。枇杷果实刚采收时，乙烯含量和呼吸强度相对较低，采后 15h 出现一个乙烯发生高峰，31h 后又下降，但变化不太剧烈。从呼吸看，采后 15～31h，有一个较高的 CO_2 释放率，青果高于成熟的黄色果实，在采后 45h，两种成熟度的果实其呼吸强度趋于一致。故枇杷果实乙烯高峰与呼吸高峰基本上同时出现，采后亦有同样的趋势。果实发育后期 ABA 和乙烯的大量产生，带来了一系列的生理生化变化，促进了果实的成熟。

综上所述，枇杷在开花受精之后，幼果中生长素、CTK、ABA 或许还有 GA 含量增加，这些激素在高浓度上的平衡，有利于枇杷的坐果。同时由于此时 ABA 含量相对提高，枇杷幼果表现出滞长状态。冬季过后，气温回升，ABA 含量降低，IAA 和 CTK 含量再次出现高峰，促进果实的生长发育，4 月初种子产生的 IAA 和 CTK 的量减少，细胞分裂停止，这时细胞进入伸长阶段，可以认为此时是种子产生激素的临界期。随着果实的进一步发育，促进生长的激素水平下降，对乙烯产生的抑制作用减弱，ABA 和乙烯含量上升，促进了果实的成熟和糖分的增加。

因此，可以认为枇杷果实发育的不同阶段，是由某几种激素相互之间综合作用，控制着果实的生长发育。

（二）植物生长调节剂对果实生长发育的影响及其利用

1. GA₃ 及 GA₃＋CPPU、GA₃＋MH、CPPU 对果实的效应　采用不同浓度的 GA₃ 在花前喷布，100mg/L 以上都能产生无籽果实。用 GA₃ 或 GA₃＋CPPU 不同浓度的组合，在未开花前喷施，都能刺激单性结实。其中村西用三倍体田中枇杷为试材，在 1/3 的花穗盛开及幼果开始膨大时，全树喷布 100mg/L 的 GA₃ 两次，盛宝龙等在霸红上用 500mg/L 的 GA₃ 对未开放的花穗进行无核诱导，花后每月 1 次，用 300mg/L 的 CPPU 加上 500mg/L 的 GA₃ 喷雾 4 次，两者均提高了坐果率，并获得了有商品价值的无籽果实。林永高等诱导早钟 6 号、东湖早、解放钟和大五星枇杷单性结实，各个品种平均单果重均在 47g 以上，且与对照差别不大。试验发现，在一定时期内，平均单果重与处理次数成正相关，处理次数越多，单果重越大；在一定浓度范围内，平均单果重与处理浓度成正相关，处理药剂浓度越高，果实越大。单果重还与无核率有很大关系，当无核率低于 60% 时，不但无核枇杷坐果率降低，而且平均单果重明显受影响，表现为大小不整齐，单果重下降。单性结实的枇杷果实形态成为长圆形，与正常果的圆形比较有很大的差异，从内部形态看，单性结实的无籽果，果肉特别肥厚，有核果的可食率 60% 左右，而无籽果的可食率达 76%，比有核果增加 15% 以上。再在果实发育到第Ⅲ期时，施用 GA₃150mg/L＋MH300mg/L，可以抑制种子的生长，而对果实的发育影响不大，从而获得小核或焦核的枇杷果实。较多的试验都表明，用 15～30mg/L 的 CPPU 处理纵径 5～8mm 的枇杷幼果，提高单果重和增加果肉厚度的效果明显，分别比对照增加 40%～50%。在枇杷果实遭受较严重冻害，可能造成大幅减产时，可及时喷布适量的 GA₃＋CPPU，以减少因冻害造成的大量落果，能有效降低冻害损失。

2. 乙烯对果实成熟的影响　日本曾做过"应用外源乙烯促进枇杷果实的糖分积累和成熟"的试验，其做法是：成年树果实着色前，在每个果实上套以含有 25～30mg 乙烯筛的聚乙烯袋，然后用胶条密封，其内可离析出 17～26μl 乙烯，2d 后取去，对照不套袋。共采收 3 次，即套袋当天、处理果成熟期、自然成熟期。套袋后 3h 袋内乙烯浓度在 4～800mg/L，绝大多数高于 100mg/L，而 18h 后降至 8mg/L 以下。处理果的含糖量增加比对照快，达到自然成熟果的程度早 4～11d；处理果可滴定酸的减少较之对照果迅速得多，果色变化也快得多。在套袋 2～3d 后即可看到色泽的差异，4d 后叶绿素含量的降低变得显著，而对照果无甚变化。

乙烯利处理有催熟效果。福建莆田采用 1 000～1 500mg/L 的乙烯利，在果实退绿期（俗称转白期，即果实由青绿转淡绿时）的晴天，对准果穗均匀喷布，以湿而不滴为度，尽量少喷到叶片上，对防止枇杷裂果有显著效果，并且有提早成熟（10d 左右）、成熟度较为一致、提高品质的作用。认为是一项易掌握、成本低、收益大、受欢迎的实用新技术。但华中农业大学在试验中观察到 1 500mg/L、2 000mg/L 处理后，有落果现象。

3. NAA 与疏花疏果　华中农业大学将 NAA10mg/L、30mg/L 分别于花开 1/4 及花谢剩至 1/4 时喷洒至花穗上，对照用清水。其结果为：疏除效果除 NAA10mg/L 在花谢剩至 1/4 时与对照差异显著外，其他均与对照差异极显著；NAA10mg/L 在花开 1/4 时处理极显著地提高了单果重，30mg/L 在花谢剩至 1/4 时处理显著提高了单果重；各处理对成熟果实可溶性固形物含量及平均种子数目均无明显影响，对果实的可食率亦无明显影响；各处理均对植株的枝叶无任何药害，但对成熟果的外观有不同程度的影响，具体表现在果顶部着色较差，果皮增厚，剥皮变难等，其影响的大小随药液浓度的加大和处理时间的延迟而加大，但总的看来，对果实的商品性影响不大。但在试验中观察到疏除过重和疏除不整齐，以至产量不能提高甚至减产，其原因尚待探讨。

4. 矮壮素（CCC）、比久（B₉）、多效唑（PP₃₃₃）等与枇杷生长发育的关系　据试验，将 CCC、B₉ 1 000mg/L 或 2 000mg/L，多效唑 500mg/L 或 1 000mg/L，或 NAA200mg/L 或 400mg/L 喷枝梢，能控制其生长，有良好的效果。而且 PP₃₃₃ 和 CCC 能催促开花和改善花穗外形，B₉ 与 PP₃₃₃ 能促进果实着色，二者均能使枝梢受抑制，取得控制生长及改善花穗外形的良好效果。

二、影响因素及注意事项

（一）影响因素

影响植物生长调节物质效能的因素较多，涉及施用方法、时期、浓度、次数、施用部位及气象因子等，为提高施药效能，在施用时必须考虑各项因子。

1. 施用方法　叶面喷布时，油剂比较容易渗入角质层、表皮组织的细胞壁和原生质膜。因此，油液性较高的生长调节剂，能较快地渗入树体内。生长调节剂的原剂进入速度较慢，而水溶性盐类则更为缓慢。由于根系对土壤溶液中的有机化合物的选择性较强，生长调节物质较易被根系吸收而进入树体内，所以土壤浇施比叶面喷布的效果明显。但土壤浇施需用的药量较叶面喷布的多，同时易受土壤微粒的吸附和土壤微生物的影响，所以生产上还是以叶面喷布为主。乙烯利用于催熟时，则尽量不要将药液喷到叶面上，最好是浸果穗或对准果穗喷布。

2. 施用时期　生长调节物质的施用时期决定于施用目的。如应用乙烯利催熟宜在果实退绿期喷布，可以提前 10d 左右采收。如处理过早则影响产量和品质，处理过迟作用不大。又如应用 GA_3 诱导无核枇杷，在开花前喷布才有效果。

3. 施用浓度与次数　植物生长调节物质的调节作用常因浓度不同而异。生长素类浓度低时促进生长，浓度高时会抑制生长。因此，应当确切地确定适宜浓度，不能随便提高或降低，不然可能起到相反的效果。如用乙烯催熟，浓度过高时易造成落果。此外，使用浓度还应考虑品种的差异。

4. 外界环境　光照过强时，叶面喷布的药滴容易干燥，而不利于药液的吸收。因此，高温季节施用生长调节剂时，需避免在中午前后施用。空气湿度大，能使叶片表面的角质层处于高度的水合状态，可延长生长调节剂液滴的干燥时间。因而，高湿有利于树体对生长调节剂的吸收和提高其调节效应。但喷布后立即下雨则会淋失。

5. 协同作用　在生产上，常常应用某一种生长调节物质就能达到应用的目的，但有时仅用一种生长调节物质不能达到圆满的要求，而添加另一种甚至两种以上的生长调节物质混合使用，才能达到应用的目的。把这种生长调节物质相互混用时的增效现象称为"协同作用"。如果实发育到第Ⅲ期时，施用 $MH+GA_3$ 既能抑制种子的生长，又对果实的生长影响不大，从而获得有商品价值的小籽枇杷。由此可知，植物生长调节物质的混合施用，常能起到单一施用所不能得到的效应。但有的混用后相互拮抗，故不能混用，如 GA和 ABA、CCC 和 GA、BA 和 MH。

此外，乙烯利不能与波尔多液等碱性农药混用，B_9 不能与铜制剂农药混用。NAA 与波尔多液混用时，必须提高其浓度。

（二）使用植物生长调节物质应注意的问题

1. 树体的影响　树体的发育状况，影响内源激素的多少与相互间的平衡。但树体营养与生殖器官的发育，依赖于营养物质的供应，在营养水平低时，仅用植物生长调节物质促进生长或发育，不能达到使用目的，因为生长调节剂仅是一些外源激素而非营养，在复杂的生理活动物质转化中，只能起诱导、加速或减弱、抑制等调节作用，并非其本身的变化。故首先要加强肥水管理及病虫害防治，配合疏花疏果，合理负载，正确整形等措施，在增强树势的基础上使用生长调节剂，才能发挥其应有的效果。

2. 环境的影响　生长调节剂对生长发育的影响，只有在一定的生长发育阶段和一定的环境条件下，才能起作用。因此，各地试用时，必须根据品种特性，采用适宜的方法，预先做小型试验，取得成功后，再大面积应用。

3. 从经济上考虑　目前我国制造的植物生长调节物质，一般成本较高，在生产上施用时必须考虑经济效益，经济上意义不大的，生产上不予采用。

4. 生长调节剂的残毒问题　目前使用的生长调节剂，有的无毒，有的有毒，有的尚不清楚。已知赤霉素类和乙烯，在人们食用的各种植物体中大量存在，施用这些物质对人体一般不会有影响。又如用 NAA 疏果，需经数月后才采收，果实表面存之极微，再者剥皮食用，可以认为无甚危害。在推广施用一种新的生长调节物质前，应做出有关毒性鉴定指标，以保障人体安全。

5. 配制生长调节剂的水溶液时，尽量不用自来水或混浊水配制，应该用清澈的池塘水等配制。如发现用水 pH 超过 7 时，宜用盐酸或食醋调配至中性后再使用。

6. 乙烯利催熟时应注意的几个问题　我国目前应用的乙烯利，多是上海彭浦化工厂生产的 40% 强酸液，pH 为 0.6。其最大的特点是，在一定的酸度条件下，即 pH 达 4 以上时释放乙烯，如在 pH3.0 以下，几乎不发生乙烯。因此，在配制及使用时应注意：①溶液不要与强碱性的波尔多液等农药混合使用；②稀释后的溶液不宜长期保存，应随配随用；③配制水溶液时，要预先倒入一定量的乙烯利后，再加水至一定浓度，切勿颠倒配制次序。

◆ **主要参考文献**

蔡礼鸿 . 2000. 枇杷三高栽培技术 [M]. 北京：中国农业大学出版社 .

陈其峰，等 . 1988. 枇杷 [M]. 福州：福建科学技术出版社 .

丁长奎，章恢志 . 1988. 植物激素对枇杷果实生长发育的影响 [J]. 园艺学报，15（3）：148 - 153.

丁长奎，等 . 1989. 生长调节剂对枇杷成熟期和品质的影响 [J]. 中国果树（1）：13 - 15.

江国良，谢红江，陈栋，等 . 2006. 枇杷栽培技术 [M]. 成都：天地出版社 .

林良方，林顺权 . 2010. 枇杷果实套袋技术 [J]. 亚热带植物科学（2）：84 - 89.

邱武陵，章恢志 . 1996. 中国果树志：龙眼 枇杷卷 [M]. 北京：中国林业出版社 .

王沛霖 . 2008. 枇杷栽培与加工 [M]. 北京：中国农业出版社 .

吴汉珠，周永年 . 2003. 枇杷无公害栽培技术 [M]. 北京：中国农业出版社 .

郑少泉，许秀淡，蒋际谋，等 . 2004. 枇杷品种与优质高效栽培技术原色图说 [M]. 北京：中国农业出版社 .

[日] 村松久雄 . 1972. 枇杷 [M]. 东京：家之光 .

[日] 农文协 . 1985. 果树全书：梅 无花果 枇杷 [M]. 东京：农山渔村文化协会 .

第 七 章

枇杷果实贮藏与加工

第一节　枇杷果实采收

枇杷采收是枇杷栽培管理的最后一个环节，也是采后贮藏的第一个环节，采收质量和效率对果品商品价值影响很大。

一、果实的成熟度和风味

着叶多的结果母枝，其上的果实在成熟前 2～3 周开始迅速膨大，并随之绿色减退，果皮转黄，红肉品种逐渐呈现出橙红色。尤以在完熟的前夕，发育常极显著，至完熟时，风味猛进，不仅枇杷如此，其他果树亦然。枇杷果实的风味，多以完全成熟时为最好（个别品种完熟时风味变淡，如江苏洞庭山的白玉）。但在市面上出售（特别是要远销）时，若在树上充分成熟，则容易损伤和变质，故一般在充分成熟稍早采收。但过于早采则酸多糖少，风味不良。以塘栖大红袍行采收时期的试验，其分析结果如表 7-1。

表 7-1　不同采收期的品质变化（％）

采收日期	5 月 20 日	5 月 24 日	5 月 28 日	6 月 1 日
可滴定酸	0.64	0.56	0.38	0.24
还原糖	1.75	1.97	2.56	4.37
全　糖	4.21	4.53	4.64	6.31
糖酸比	6.58	8.09	12.21	26.29

由表 7-1 可知，过早采收之果，品质相差甚大，且过于早采的果实放置 3～7d 后，糖、酸变化不大，也不会表现充分成熟后固有的鲜艳色泽。因此，即使是远销的果实，也以在 9 分熟以后采收为好。

二、采收适期和成熟期的幅度

枇杷的采收适期很短，过早则风味不良，过熟则品质渐损且易于从果梗落果，故需要尽早预测采收适期，做好各种准备。

据调查，4 月下旬即果实前期发育高峰的平均气温与采收开始关系极大，可依此预测采收开始日。日本长崎县 4 月下旬的平均气温为 18℃以上，从 5 月开始采收茂木枇杷；17℃以下时，则必须到 6 月以后才进入采收期。可通过调查头年 4 月下旬的气温和采收开始日期，再以当年 4 月下旬的气温与头年相比，由其高低来预计当年的采收期。

枇杷的成熟期，依品种、气候、地势、土质、肥料、修剪等而异。一般日光照射良好的南坡比北坡的早熟，坡地的下部较上部的早熟，近水之处比无水之处的早熟，其显著者，甚至有五、六日之差。气候与成熟期之差亦甚显著，一般暖地较冷地早熟，其甚者常有十余日之差。土质与成熟期，砂质地早熟，黏质地迟熟。施肥与成熟期关系亦颇密切，接近成熟期多施氮肥者，会推迟成熟期。同一品种熟期也不一致，即使在同一株树上，其采收期自始至终也有半月或一月之差。即树冠内部的果实成熟较迟，树冠外侧的成熟较早，尤以树冠上部的成熟最早。甚至同一果穗上，由于开花有先后，成熟期也不一致。因此，即使是一株树上的果实，也不应在采收时一扫而光，而应选黄留青，分批采收。一般是由外往内，从上到下，依次采收。

判断果实的成熟度，可于采收前打开纸袋观察，若果实已表现出品种特有的色泽时（淡黄、淡橙黄或橙黄、橙红等），即可着手采收。成熟度如何，实不易观察，一般无把握时，若就地鲜销，最好口尝试之，表现出其固有风味时再采收；若提早采收，宜应用仪器测其糖酸之比，比值因品种而异。

近年江苏对枇杷色素的研究结果表明，果实的颜色与色素的组分和含量有密切的关系。一般果肉类胡萝卜素含量大大超出以往的分析结果，此外还有黄酮类物质。其测试结果表明，白玉、照种每 100g 果肉类胡萝卜素含量为 307.8～605.3μg，果肉乳白色至微黄色，红沙果肉类胡萝卜素含量高达 3 223.0μg，故肉色橙红。果皮类胡萝卜素的含量都高于各自的果肉，如表 7-2。

表 7-2　枇杷果实类胡萝卜素的含量（μg）

品　种	果　皮	果　肉
白玉	2 581.2	307.8
照种	3 084.0	605.0
红沙	4 012.8	3 223.0

测试结果还表明，白沙枇杷果肉类胡萝卜素含量少，组分也少，即 β-胡萝卜素含量少，故果肉乳白色至微黄色；红沙枇杷果肉类胡萝卜素含量比白玉和照种高 5～10 倍，且组分和 β-胡萝卜素较多，故果肉橙红，与前人将枇杷分为两种类型基本相符。

三、采收的用具和方法

采收的用具有采收剪、容纳器具、摘棒、梯子等。

枇杷果梗柔软，容易折断，普通采收以手折取即可。但折取时，果实易于受伤，在可能的情况下以用采收剪为佳，在癌肿病多发园，手采后发病重，宜用采收剪为好。

容纳器具为采收时装置并搬运果实之用，现国内一般用竹制小篮，上有绳带及木钩，以备挂在树枝上用。

摘棒为竹或木制的长钩，长约1.3m，上端附有钩，以备钩攀高枝之用。摘棒不但供采收时用，在疏花疏果套袋时亦可用之。

树体较大的用摘棒尚不能攀摘者，必须用梯子，梯子有二脚及四脚两种，目前多用四脚。国外用自动升降梯，更为便利。

采收时，大果品种一个个采收，中小果品种一穗穗采收。套袋者，连袋一齐采收放到容器中，选果时再解开纸袋，可避免受伤及茸毛的脱落。未套袋者，用剪刀于果梗下部带1～2叶剪下，轻放篮内。

果面的茸毛与果实贮藏大有关系，采收时须手执果穗梗或果梗小心剪下，并轻放在垫有软质材料的浅篮中，不能用手直握果实，以免擦去果面茸毛。采收人员指甲必先剪平滑，须防止指甲或采收剪头部触伤果实。采收高处果实可利用摘棒及梯子，人立梯顶，将篮悬于枝下，用左手执钩，攀取上部之枝条，而用右手采收。

枇杷采收适宜期短，有些地区采收期适逢多雨季节，完熟期遇多雨，果实易从果梗脱落，或于果面产生龟裂（尤以软条白沙易生龟裂），商品价值大大降低。因此，采收适期的枇杷雨季要及时抢收。雨天采收的果实，需要将果实阴干或用风扇吹干，除去果面的水分。

晴天采收的果实，必须立即送到阴凉处，进行整理、选果工作，待果实温度下降后再包装。枇杷果实柔软多汁，果皮薄，遇到采收期高温，极易造成果实大量损坏，采收后必须避免日晒，置于冷凉的场所。

第二节　枇杷果实采后商品化处理

一、商品化处理的意义

枇杷果实采后商品化处理是提高果实品质、满足市场需求的重要途径。对采后果实采用先进的商品化处理技术，改进包装，制定与国际接轨的水果标准，有利于提高果品的市场综合竞争力。

二、枇杷商品化处理步骤和要求

枇杷果实采后商品化步骤包括库房与容器消毒、预冷、分级、贮前辅助处理、包装、温度和湿度控制、运输和销售等。

（一）库房与容器消毒

1. 库房消毒　库房经整理、清扫后，用0.1%次氯酸钠或1%福尔马林溶液喷洒消毒，或用5g/m³硫黄熏蒸消毒，一般处理后经24h密闭，然后通风1～2d，按要求调节预冷库温度至1～5℃、贮藏库温度5℃，备用。

2. 容器消毒 周转箱等容器用 0.1% 次氯酸钠溶液清洗消毒，晾（晒）干，备用。

（二）预冷

预冷是将新采收的产品在贮运前迅速除去田间热，将产品温度降低到适宜温度的过程。枇杷果实采收后，有大量的田间热，呼吸作用和蒸腾作用都很旺盛，释放大量的热量，如果直接装入果箱，果实会"发烧"，结水珠，引起果实腐烂变质。预冷能降低果实温度，减弱呼吸作用，减少营养损失和水分损失，延长贮藏寿命，改善贮后品质，减少贮藏病虫害，延长货架期。预冷库一般在产地，采后果实及时送到 1～5℃ 的预冷库中预冷 4～5h。

（三）选果与分级

分级是使果品商品化、标准化的重要手段。为使销售的枇杷果实规格一致，便于包装、贮运，又能体现优质优价的性能，根据果实的大小、重量、色泽、形状、成熟度、病虫害和机械伤等商品性状，按照国家标准进行严格挑选、分级，并根据不同的果实进行相应的处理。首先在果园里将刚采下的果实进行初选，剔除腐烂果、伤病果和畸形果，然后按照果实大小和果实品质分组分级。

经预冷的果实在操作间进行分级。分级在垫有软物的分级操作台上完成，折去过长的果柄，使其长短一致，剔除病虫、畸形、过小或未成熟的果实。

1. 选果的方法 选果之先，宜通晓品种特性，检出混杂品种，然后依色泽、形状、大小而着手选择。枇杷因其果实柔软多汁，皮薄易损，现仍然手工操作，一个一个地挑选。为此需要在田间建造操作间，或搭起临时性的凉棚等，并就地包装好，以便运输。

枇杷极易损伤，故选果时，切忌用手直握果面，以免茸毛脱落。

人工选果，效率低下，今后应朝机械选果与包装的方向努力。

2. 分级 1992 年，国家技术监督局发布了《鲜枇杷果》国家标准，为枇杷果实分等、分级标准化提供了依据。

（四）贮前 1-MCP 辅助处理

1-MCP（1-甲基环丙烯）是最新的乙烯抑制剂，能够抑制植物内源和外源乙烯作用，1-MCP 的作用机理是：当植物器官进入成熟期，作为成熟激素的乙烯就会产生，并与细胞内部的相关受体相结合，激活一系列与成熟有关的生理生化反应，加快器官的衰老和死亡。与乙烯分子结构相似的 1-MCP 亦可以与这些受体结合，但不会引起成熟的生化反应，因此，在植物内源乙烯释放出来之前，施用 1-MCP，它就会抢先与相关受体结合，封阻了乙烯与它们的结合和随后产生的负面影响，延迟了成熟过程，达到保鲜的目的。

研究表明，1-MCP 能显著延缓枇杷果实衰老进程。5μL/L 为枇杷果实辅助处理适宜浓度。处理方法为：密闭处理时间 12～24h，处理温度 20℃，环境相对湿度 95%～98%。

（五）包装

枇杷包装是为了在运输和销售过程中保持果实新鲜，减少损伤和病害，提高商品价值。枇杷果实的包装宜在邻近枇杷产区、交通方便的地方进行。

枇杷在销售时，应如何包装，宜用何种容器，才能使损伤减少，运输便利，最为经济合理，实为十分重要。我国以往包装多用竹篓，近年外销者用木箱或瓦楞纸箱。如塘栖包装枇杷，用圆形竹篓，高 20cm，直径 30cm，以竹篾编成，每篓可装枇杷 2～3kg，篓底衬以绿纸或红纸，上置枇杷，篓口大都不加封盖，但亦有以桑皮纸封口，上贴塘栖真正软条白沙等标签。洞庭的包装，亦用竹篓，高 33cm，直径 26cm，篓底铺桑叶或山草，以装枇杷，用桑皮纸封口。木板箱盛果，箱长 50cm，宽 25cm，深 8cm，以杉木板最为理想。包装时，一般在箱底铺置软草 1～2cm，上铺纸张，将枇杷一粒粒排列好，每列之间用纸隔开，大果形品种则用白纸逐果包好。果实排列好后，再于其上铺以纸张及软草，三箱重叠，其上加盖，用绳带以二横一纵捆好。最为便利且经济又易于普及的是用瓦楞纸箱包装。其容量有 2kg、4kg、6kg 及 8kg 等规格，除高级商品用 2kg 外，一般多用 4kg。4kg箱的外形尺寸为 37.5×31.5×10.0（cm），盖为 39.0×32.7×3.5（cm），每箱可装 LL级果 57 果以上，L 级 75～105 果，M 级 107～140 果，S 级 145～210 果。果实的放法是首先在底部铺 100～150g 的刨花，果实分为两层平放，其上盖玻璃纸，再加 100g 左右的刨花，盖上盖，用绳带捆成井字形。最近一些地区在包装上又有改进。一是用塑料气囊衬垫代替刨花，清洁美观，但吸湿性能不如刨花，故长途及长时间运贮时不宜采用。二是采用子母箱法，先将果实顺序排列于装有衬底的子箱中（可由瓦楞纸或半硬质塑料制成），每子箱内装 1kg，然后在每一母箱（由瓦楞纸或木板制成的大箱）中再装 10 个子箱，最后在母箱外面印上商标、注明产地、品种、等级、毛重、果实净重及包装日期。

使用各种包装箱时，为防止水分蒸散引起的潮湿，需在侧面开一定数量的气眼，以减少果实腐烂变质。

枇杷的采收及处理加上果实套袋工作，一般要花费总劳动量的 1/3 到 1/2。精细管理者，每 667m² 果园需用工时 300 个左右。

（六）LTC 技术温度和湿度控制

LTC 即程序降温贮藏，也称低温锻炼处理贮藏。详见《DB33T782—2010 枇杷果实采后程序降温（LTC）贮藏技术规程》。

枇杷果收后先置于 5℃ 预贮 6d，再将贮藏库温度降至 0～1℃；贮藏相对湿度以 95%～98% 为宜。安全贮藏期为 6 周以内。

（七）贮运和销售

1. 贮藏　在自然条件下枇杷不耐贮藏，故以往极少贮藏。然而 5～6 月（暖地 4～5月）各种枇杷几乎同时上市，供应期集中，价格低落，易造成大量烂果。近年来，随贮藏条件的改善提高，为满足市场供应及加工需要，亦有行短期或中期贮藏的。

在枇杷贮藏中，温度影响很大。供贮藏用的果实，宜在上午 7 时（西部地区 8 时）以前采收，采后立即贮藏。个人少量贮藏，可选用成熟度适当（在完熟前几天采收）、细摘轻放、完好无损的新鲜果实，用竹篮挂在室内避光处，一般可存放 15d 以上。较多时，可在地下室、隧洞或山腹倾斜地掘成直洞，把枇杷装入采收篮，然后再将竹簏排列于洞内，切不可重叠。洞口设门，白日关好，以免外部热空气进入；夜晚打开，将内部热气散出，可贮藏半月左右。

大量贮藏时，将早晨采收的果实（要求同上），立即送进 0℃ 左右的冷库内，使果实温度迅速下降到 2～5℃，然后送到普通的通风库内，使之处于较低温度，经 20d 后，外观、品质均可保持良好。

若用气调贮藏，应做到温度稳定，库内的温度要维持在 1℃ 左右，并要注意通风和保持一定的湿度，以减弱果实呼吸量，延长贮藏期。通风时，要控制 CO_2 浓度为 2%～3%，O_2 浓度为 3%，也要控制乙烯的浓度，如此则可贮 1～2 个月。

若采用药剂处理后冷藏，则可保存更长时间。取成熟适度，果梗果面完整，无机械外伤、压伤的鲜果，放入 250mg/L 的多菌灵溶液中浸泡 2～3min，取出阴干，用聚乙烯塑料袋或硅窗袋包装好，然后置于 6～8℃ 冰箱（冷库）中贮藏。据试验结果，53d 后仍香甜可口，类似鲜果，而 90d 后，还有很好的风味。

枇杷的贮藏性，因品种而有一定差别，兹将塘栖及洞庭所产枇杷的贮藏性比较如下：

贮藏力强者：大红袍、五儿种、青碧、宝珠。

贮藏力弱者：鸡蛋白、照种白沙、软条白沙。

贮藏力中等者：头早、二早、大叶杨墩、细叶杨墩、硬条白沙。

枇杷的贮藏，无非是为延长供应期，故以中晚熟品种如大红袍、五儿种、青碧、宝珠、细叶杨墩等较为有利，早熟种为抢早上市自无贮藏之必要。

2. 运输 枇杷在 4 月末至 7 月份上市，多为高温多湿季节，平均气温常在 20～25℃，完熟的枇杷 5d 左右就可能腐烂变质，商品价值急骤下降。最好采用冷藏车（船）在低温条件下运输，可大为减少运输损耗。若采用冷藏链系统运输、贮藏与销售，则可远销海外。在无冷藏运输条件下，尤要注意通风、排气。

枇杷果实柔软，运输时一定要小心轻放，减少颠簸。我国枇杷产区多在水乡，最好利用水运，若用汽车运输，容器底部要多垫软物。

最后，为防止运输途中的失水减重，可以用 0.5%～1.0% 的 OED（抑蒸保温剂）浸果处理。处理后，经 1 周左右，可保持果重，亦无萎缩果，但腐烂率增高，可考虑再配以其他防腐药剂（如多菌灵）同时使用。

3. 销售 我国枇杷产区幅员辽阔，成熟期相差较大，故销售时期亦有区别。广东、广西、福建及云贵川多在 4 月下旬至 5 月中旬成熟，更有少数单株及从日本引进的森尾早生等早熟品种在 4 月上中旬即可应市，而浙江及长江中下游地区则多在 5 月下旬至 6 月中旬成熟。在四川，由于气候条件的差异和采用特殊的栽培措施，可以做到周年供应。

因年度不同，上市时期也有差别。一般说，全年的上市量和不同时期的上市量可以左右销售的价格。首先，大年，上市量多，价格则低；小年，上市量少，则价格上涨。其次，刚上市时价格偏高，大量上市后逐渐便宜。此外，价格还和品种、风味、质量、大小等因素有关，并与同期供应的其他水果数量也有关。

第三节　枇杷的简易加工

枇杷果实、叶、花等具有多种生物活性物质，如熊果酸、黄酮类、酚类等，具有抗氧化、抗菌、抗炎、止咳、降血糖等功能，是制作功能食品和药品的潜在原料。枇杷果实主要作鲜食，仅有少量的加工。枇杷的主要加工制品有枇杷罐头、枇杷汁、枇杷酱、枇杷酒、枇杷脯、枇杷干、枇杷露、枇杷叶膏、枇杷叶冲剂和枇杷果胶等（王沛霖，2008；刘权和叶明儿，1998）。枇杷加工产品营养丰富且全面，是理想的滋补品。

一、糖水枇杷罐头

罐头是枇杷加工的主要方式之一。以果实为原料，外有包装容器，再加适量和适当浓度的糖水，经过密封与杀菌，达到"商业无菌"的状态，使果肉得以较长时间的保存。糖水枇杷罐头是具有悠久历史的加工品，在国内外较为畅销，投资后收益较快，效益较高，发展前途较大。加工罐头用的枇杷果实，一般质量规格不能低于三等果，单果重不能低于20g。

（一）原料要求

果实要新鲜，无病虫害，无明显机械伤。圆形果横径3cm以上，长形果2.8cm以上。但果实不宜过大，否则会导致装罐量不足。100kg果肉需配25%糖液150kg，柠檬酸适量。

（二）工艺流程

原料选择→摘柄→热烫→冷却→去皮去核→护色→漂洗分级→装罐→加热排气→封罐→杀菌→冷却→揩罐→保温→包装→入库、验收、贴标签。

（三）制作方法

1. 原料选择　选肉质致密、果肉厚、甜酸适口、果核小、果形大、形态完整的果实，果实成熟度在八成以上，橙黄色或橙红色，风味正常，无霉烂皱缩，无病虫害，无明显机械伤。若是果实的成熟度不够，加工成的罐头质地软烂，色泽不好，风味不佳；而成熟度过高，则加工后的果肉易木质化，口感粗糙。果实大小要进行挑选，分大、中、小三级分别投料。分选好的果实，可以0.1%高锰酸钾溶液消毒后再使用。加工1t罐头，需枇杷原料800kg左右。

2. 摘柄　扭转摘除果柄，防止果皮破损。

3. 热烫　热烫的目的是使果皮变软。果实未经烫浸，果皮硬，去皮时容易擦破手指。而烫浸的果皮变软后，可以减轻手指擦破，便于去皮。按果实大小和成熟度高低，分批在85～90℃热水中热烫6～15s，以皮易剥落为度。

4. 冷却　取出果实，立即用冷水冷却，促使果皮发软。

5. 去皮去核 用孔径为 13~15mm 的打孔器在果实顶端打孔，再用 6~9mm 打孔器打蒂柄部，使果核从顶部排出，并剥去外皮。要尽量避免伤及果肉。

6. 护色 剥皮后的果肉立即浸入 1% 的盐水或 0.1% 的柠檬酸水溶液中护色，再经流动清水淘洗几次，沥干水分，避免褐变。果肉褐变是因为鲜果枇杷中含有一定量的酶，与空气中的氧气起化学反应，聚合生成醌类物质，再聚合形成黑色素，使果肉变褐。果肉与空气接触的时间越长，褐变的颜色越深，甚至发黑。

7. 漂洗分级 经护色后的果肉，在装罐前一定要严格漂洗。先将护色液沥净后，即以清洁水淘洗数次。挑选果肉色泽黄至橙黄、形态完整、洞口整齐、无严重机械伤的果肉，按色泽、大小分开，同一罐中果实大小、色泽应大致均一。

8. 装罐 果肉装罐量因罐头规格不同而异，一般占罐头内容物总重量的 38%~40%。装罐的果肉，色泽要一致，大小均匀，无明显褐斑，无病虫害斑点，两端洞口较整齐。每罐中存有裂口果肉不超过 3 个。果肉装罐时，要沥干水分后再称量，以使果肉不会缺重，并不使糖液的浓度偏低。

果肉完成装罐后及时注入高温的糖水，根据果肉的可溶性固形物不同，糖水浓度一般在 25% 左右，适量加放柠檬酸。罐头顶部保持 2~4mm 的顶隙以便排气后产生真空度。

9. 加热排气 装罐后，热糖液降温很快，因而果肉和罐内顶隙中的空气部分不易排除。排气是排除罐内空气的操作，使罐头具有一定的真空度，从而防止内容物的变质，也有助于维生素的保存，防止杀菌时罐头的破损和变形，防止罐头的物理性鼓胀等。所以排气是确保罐头良好性能的一项重要操作。排气的方法有加热排气、真空排气和蒸汽排气等。加热排气是利用排气箱加热进行的。真空排气是用真空封罐机兼行排气和密封，使罐头具有一定的真空度。蒸汽排气是在蒸汽喷射封罐机中进行，在罐头密封开始时，从罐盖和顶隙之间喷射蒸汽以排除罐内空气，直至密封完毕为止。传统的加工大多以加热排气或真空排气。装罐后立即送入 100℃ 排气箱中，待罐中心温度上升到 70℃ 以上时，即可取出，排气时间是 10min。

10. 封罐 以封罐机将罐盖在罐上密封，是罐头加工的重要操作。要求经排气后趁热在封罐机上封罐，以达到封罐不漏气。

11. 杀菌 罐头经密封后，要尽量不使罐温下降就立即进杀菌锅杀菌。否则就会影响杀菌效果。在常压条件下，将罐头放在沸水（100℃）中煮 15min 左右。

12. 冷却 直接将加热的罐头放入冷水中进行冷却。如果是玻璃罐，先移入温水池中，然后再移入冷水池，分段冷却，防止玻璃罐破裂。

13. 揩罐 罐头经冷却后，即移至仓库进行揩罐。揩罐是仓库管理工作的开始，是用软布将罐头上的水迹揩干。

14. 保温 罐头保温贮藏的目的，是观察罐头在保温期间有否产生胖听或漏听，以减少装箱后可能造成更多损失。保温库内的温度应保持均匀，并要求配备自动温度记录的装置。糖水枇杷罐头的保温库温度和时间是 20℃ 7d，25℃ 5d。

为了保证罐头质量，建议按商业无菌规范进行操作，可以不使用保温工艺。

15. 包装 糖水枇杷罐头一般用纸箱包装。包装前应贴好商标。装箱时，内销用的罐头要以草纸板和高强度瓦楞原纸作为垫纸和衬纸，以防罐头破损；而外销用的罐头还要垫防潮纸保护。

16. 入库、验收、贴标签　擦干水分，在常温库里放 5d 后敲罐检验，合格者贴标签出库。

（四）注意事项

1. 含酸量低的品种，在糖水中需加 0.05%～0.1% 的柠檬酸。

2. 在糖水中添加 0.01%～0.02% 的抗坏血酸或抗坏血酸钠，可改善枇杷色泽；加入 0.2%$CaCl_2$，可增加果肉硬度。顶隙不宜过大。

3. 选择成熟度适宜的原料，过熟组织易软烂。

4. 质量要求：果肉为橙黄、橙红或黄色，同一罐内要求一致。果实大小均匀，肉质软硬适中。以 567g 罐型为例，每听罐内的果数为 8～22 个，其中大果为 8～12 个，中果为 13～17 个，小果为 18～22 个。外销产品果肉净重不低于 40%，内销产品不低于 38%，开罐糖度 14%～18%。

二、枇杷果汁

枇杷果肉中含多酚类物质，在多酚氧化酶作用下极易变成褐色，严重影响外观，因此枇杷汁的加工应严格控制饮料变色的条件（余小黄，2009；莫冰等，2008；何碧烟，1992）。大致加工工艺和操作要点如下：

（一）枇杷汁饮料的加工工艺流程

原料选择→洗涤→破碎榨汁→加热→筛滤→调配→装罐→排气→封口→杀菌→冷却→包装→成品。

（二）工艺操作要点

1. 原料选择　采用成熟的新鲜枇杷，或部分生产糖水枇杷选出的碎果肉，但必须新鲜卫生。

2. 洗涤　先用流动水冲洗果实外表尘土等，然后用 1% 的盐水或 0.5% 的高锰酸钾溶液浸泡 1min，以达到消毒杀菌的作用。再用流动水冲洗干净后，除去核、梗、霉烂等不适加工的部分。

3. 破碎榨汁　用筛板孔径 0.5mm 的打浆机打出汁，可反复打浆 1～2 次，再把枇杷肉渣经螺旋榨汁机榨出残余汁，加入 0.01%～0.02% 的维生素 C，以防止果汁氧化，达到护色和增色的作用，并迅速进行热处理以抑制氧化酶的活性。

4. 加热　榨出的果汁在加入 0.02%～0.04% 的维生素 C 后，迅速置于蒸汽中加热，使原汁的中心温度达 85～90℃，保持 15s 后迅速过滤。

5. 筛滤　果汁趁热通过绢布过滤，或以高速离心分离机分离出粗粒及粗纤维，再以绢布过滤，滤除粗纤维和碎果肉。

6. 调配　过滤后的原汁按果汁饮料的规格要求及感官需求加入糖、水、柠檬酸制成天然饮料。一般加白糖将枇杷汁的糖度调到17%，还可用柠檬酸将酸度调至0.5%。

（1）糖度的测定和调整方法　用折光计或白利糖表测定果汁饮料的糖度，按下式补加浓糖液调整到所需糖度。

$$X = \frac{W(B-C)}{D-B}$$

式中：

X——需补加浓糖液量（kg）；

D——浓糖液的浓度（%）；

C——调整前果汁饮料含糖量（%）；

W——调整以前果汁饮料的重量（kg）；

B——要求调整后果汁饮料的含糖量（%）。

（2）含酸量的测定和调整　经过调糖度后的果汁饮料用滴定法测定含酸量，根据待测果汁饮料的含酸量，按下式计并调整到所要求的酸度应补加的柠檬酸的量。

$$M_2 = \frac{M_1(Z-X)}{Y-Z}$$

式中：

Z——要求调整到的含酸量（%）；

M_1——待调果汁饮料的重量（kg）；

M_2——需添加的柠檬酸溶液重（kg）；

Y——柠檬酸溶液的浓度（%）；

X——调整前果汁饮料的含酸量（%）。

7. 装罐、排气、封口　调整好的饮料装瓶，加热排气，控制果汁饮料的中心温度为90℃，保持1～2min，取出后稍冷迅速封口。

8. 杀菌、冷却　装好瓶的饮料在蒸汽中加热10min左右杀菌后迅速冷却至室温，即为成品。

为了防止果汁饮料的褐变，整个生产过程中要尽量减少果汁与空气的接触及尽量避免果汁与金属材料直接接触。

9. 感官指标及质量要求　色泽为均匀的橙黄色，无沉淀物，口味纯正，甜酸适口，有明显的果香味。成品呈橙黄色，具有枇杷汁应有的风味，汁液混浊均匀。原果汁含量不低于45%，可溶性固形物为17%～20%，柠檬酸0.5%。

枇杷果肉含量丰富，果汁量相对较少，因此，亦可以加工成所谓的带肉果汁，即将果肉直接打浆后，再经调配、均质等工艺制成含果肉的饮料，风味和口感都有一定的改进。

三、枇杷果酱

枇杷果酱风味独特，营养丰富而全面，是理想的滋补保健品。枇杷酱加工方法很多，本文简要介绍如下。

（一）工艺流程

原料选择→清洗→配料→预煮→绞碎→浓缩→装罐→密封→杀菌→冷却。

（二）工艺要点

1. 原料选择　要选择果实成熟度较高，也可以用加工罐头后剩余的碎料。

2. 清洗　用1%的盐水或0.05%的高锰酸钾溶液进行洗涤，然后再用清水漂洗，去皮去核。

3. 配料

果肉：60kg；

白砂糖：40kg；

琼脂：110g；

柠檬酸：150g。

4. 预煮　将果肉和柠檬酸同时放入夹层锅中，加水使果肉淹没，预煮40min左右，使果肉软烂为止。

5. 绞碎　首先采用孔径为10~12mm的筛筒绞碎果肉，再打成浆。

6. 浓缩　琼脂用清水洗净，再加20倍水煮沸使琼脂溶解，过滤后备用。并将白砂糖配成75%浓度的糖液，加热溶解，用纱布过滤后备用。将果肉倒入夹层锅中，用蒸汽加热浓缩，煮沸后，将糖液分3次加入，并不断搅拌直至浆液呈黄色，温度达105℃时加入琼脂溶液，拌和均匀。

7. 装罐、密封　趁热将果酱装入消过毒的罐中。罐中心温度在80℃以上时，加盖密封。

8. 杀菌、冷却　趁热将罐放在100℃沸水中杀菌。5min内升温到100℃杀菌20min后，即以80℃、60℃、40℃的三段冷却，冷却速度不可过快，以防瓶碎。冷却至温度40℃以下后擦干罐体，入库。

（三）质量要求

成品色泽呈橙黄色或淡金黄色。酱体呈粒状不流动，无汁液分离，无糖的结晶，稍有韧性。可溶性固形物不低于65%，具有枇杷酱应有的风味，无焦味及其他异味。

四、枇杷果酒

枇杷果酒是以新鲜枇杷为原料，经过发酵而成的一种果香幽雅、营养丰富的饮料酒，它保留了枇杷的多种营养成分和生物学功能特性，是重要的枇杷加工产品。枇杷果实可加工成发酵酒和配制酒两种。

（一）枇杷发酵酒

1. 工艺流程

原料处理→前发酵→榨酒→后发酵→调整酒度→装瓶→杀菌。

2. 枇杷酒酿造

（1）原料处理 利用中小果或加工后的下脚料酿酒，去皮、去核后破碎，打成浆状。

（2）前发酵 在果浆中加入5％酵母糖液（含糖8.5％）搅拌混合。如原料中含糖量偏低，可适当添加砂糖，加砂糖多少根据成品要求的酒精度而定。前发酵的时间5～6d，温度保持在22～25℃。

（3）榨酒 在果浆发酵后的残糖降至1％时，进行压榨，滤出汁液。

（4）后发酵 将榨取的汁液保持在20℃左右的环境中，1个月后就可分离。如果发酵时没有加砂糖的可在后发酵前加入适量砂糖。

（5）调整酒度 用90％以上的食用酒精，将酒的度数调整到16～18度。

（6）装瓶杀菌 玻璃瓶与盖子都需经沸水消毒，将酒灌入瓶后加盖密封，然后在70～72℃热水中加热杀菌20min再贮藏。

（二）配制枇杷酒

将榨取的枇杷汁，用90％以上的食用酒精配制。以酒精1份、枇杷汁45份，然后存放澄清。再用虹吸管吸取上层清液，而下层浊液在棉布袋中过滤。装入经消毒后的玻璃瓶中，加盖密封，在70℃的热水中杀菌20min。

五、枇杷果脯

枇杷风味佳美，而且还有止咳等药用功效。但枇杷不耐贮藏，加工可延长其供应期。隆旺夫（2003）对枇杷脯的加工进行了描述，具体如下。

（一）原料处理及配料

可用成熟度不够的枇杷果实，经清洗，去皮去核，挖去病虫害和损伤的果肉。15％～20％的洁净石灰水或0.1％的$CaCl_2$溶液。果肉100kg配砂糖110kg。

（二）工艺流程

原料处理→硬化→糖渍→糖煮→烘干→包装。

（三）枇杷脯加工

1. 原料处理 枇杷果实经清洗、去皮去核，去掉病虫为害的部分和损伤的果肉。

2. 硬化 用15％～20％干净石灰水浸泡，使果肉淹没为度，浸3～5d，每天翻动2次，浸泡后漂洗4～5次，至石灰水漂清，沥干水分。或用0.1％$CaCl_2$液浸泡过夜，每100kg果肉约需氯化钙水溶液90kg，约浸10h，浸后用清水漂洗2～3次。浸泡时如果果肉上浮，可用竹帘等物镇压。

3. 糖渍 按果肉100kg、砂糖50kg的比例进行糖渍。先将砂糖加少量水，加热融化，倒入果肉，糖渍1d。

4. 糖煮　将果肉连同糖液倒入夹层锅内，加热煮沸。再按每 100kg 果肉加入砂糖 30kg，用旺火煮沸约 30min，然后起锅，带汁糖渍，1d 后再倒入锅内煮沸，再加入 30kg 的砂糖，煮约 30min。

5. 烘干　起锅后铺在烘盘上，送入烘房，用 60℃烘干 20～30h，也可摊在竹帘上，在阳光下晒干。

6. 包装　待果脯表面不粘手时用塑料薄膜包装，每袋 0.5kg，再集中装入纸箱。

六、枇杷果干

烘制枇杷果干是浙江丽水市莲都区农民的一项创新。农户定制专用烘箱用于处理枇杷的残次果，制成枇杷干。即采用枇杷的残次果，经清洗，去皮去核，挖去病虫害和损伤的果肉，处理过程大致与制作糖水罐头的程序 1～7 相近，然后将果肉铺在托盘上，置于 70℃烘箱中，经烘焙 7h 即制成色泽金黄、肉质筋道、味道甘饴的枇杷干，尤以白枇杷干的味道更为可口。注意焙烘时托盘内果肉不宜铺得过厚，焙烘过程后阶段可适当翻动，以保证干燥均匀。

七、枇杷果胶

枇杷的果皮、内膜和果肉渣都含有较多的果胶。提取果胶的加工工艺如下：

提取：方法有稀酸（稀盐酸、稀硫酸、柠檬酸等）、草酸铵和酶水解提取 3 种。

纯化：离心分离，然后用硅藻土精细过滤。

分离：从纯化的果胶提取液中分离果胶。分离方法有 4 种：即酒精沉淀法、铝盐沉淀法、渗析法和离子交换法。

转化：HM-果胶转化成 LM-果胶。

八、制取工业酒精

枇杷种子可制取工业酒精；果皮亦可混合加工。其步骤如下。

原料处理：将种子用破碎机破碎成粉。

发酵：将碎粉加 25％谷糠或 10％麦麸拌匀后蒸 20min，再拌入 5％发酵粉或发酵液，经 10d 左右，发酵过程即可完成。

蒸馏：用蒸馏器蒸馏。

灌装：将蒸馏的酒精灌入容器内，要求酒精度达 90％以上。

九、提取工业淀粉

枇杷种子含有丰富的淀粉，此淀粉只用于工业生产，不能食用。其提取方法如下：先将种子晒干，碾成细粉，然后加水清洗沉淀，将取得的淀粉晒干或烘干即可。

十、枇杷叶膏

枇杷叶膏具清肺、止咳、化痰之功能，用于肺热咳嗽、痰少咽干等症。其制作方法简述如下。

原料处理：枇杷叶全年均可采摘。晒至七八成干时，扎成小把，再晒干备用。以完整、色灰绿者为佳。

制法：除去茸毛（或用布包入煎），用水喷润，切丝，加水煎煮 3 次，合并煎液、过滤。滤液浓缩成密度为 $1.21\sim1.25g/cm^3$（$80\sim85℃$ 热测）的清膏。每 100g 清膏加炼蜜 200g 或蔗糖 200g 加热溶化、混匀，浓缩至规定密度，即得。

质量要求：本品为黑褐色稠厚的半流体；味甜、微涩。取本品 10g，加水 20ml 稀释后，密度应为 $1.10\sim1.12g/cm^3$。

十一、枇 杷 露

枇杷露具清肺、和胃、下气、降火、化痰、止咳之功用。用于治肺热咳嗽、痰多、呕逆、口渴诸症。

原料处理：同枇杷叶膏。

制法：将干枇杷叶除去茸毛，用水喷润，切丝，而后蒸馏。取其蒸馏液即可。

十二、枇杷叶冲剂

本药清肺化痰，主治久咳音哑、痰中带血、肺痿肺痈、口干烦渴等症。

原料处理：同枇杷叶膏。

制法：将干枇杷叶除去茸毛，用水喷润，切丝，而后用煮提法提取 2 次。各加水10～12 倍量，煮沸 2h，滤取 2 次药液，沉淀过滤、浓缩。另取为稠膏50％的糊精与稠膏和匀，并将少量糖精钠用水溶解，喷洒入内，搅拌均匀。经低温干燥后，轧为细粉，再与糖粉和匀，制成颗粒，分装即成。

◆ **主要参考文献**

蔡礼鸿 .2000. 枇杷三高栽培技术 ［M］. 北京：中国农业大学出版社 .

何碧烟 .1992. 枇杷汁饮料生产工艺要点 ［J］. 食品科学 （5）：34 - 36.

刘权，叶明儿 .1998. 枇杷杨梅优质高产技术问答 ［M］. 北京：中国农业出版社 .

隆旺夫 .2003. 枇杷加工二法 ［J］. 加工贮藏 （4）：48.

莫冰，温彤，黄雪松 .2008. 混浊枇杷汁的配料和加工工序研究 ［J］. 食品科技 （3）：85 - 87.

王沛霖 .2008. 枇杷栽培与加工 ［M］. 北京：中国农业出版社 .

余小黄 .2009. HACCP 在绿色食品枇杷汁饮料加工中的应用研究 ［J］. 食品工程 （1）：61 - 63.

郑少泉，许秀淡，蒋际谋，等 .2004. 枇杷品种与优质高效栽培技术原色图说 ［M］. 北京：中国农业出版社 .

第 八 章

枇杷病虫害与防治

枇杷的病虫害较其他果树为少，受害也较轻，故研究相对较少。据调查，福建枇杷主要害虫有舟形毛虫（黑毛虫）、枇杷瘤蛾（黄毛虫）、天牛等，病害有一些生理性病害和根腐病、叶斑病等；浙江塘栖黄毛虫屡次猖獗成灾，黄岩枇杷烂脚病普遍为害较重；广东干腐病亦重。而枝干癌肿病为国内外枇杷产区严重的病害之一。意大利等国还常受黑星病为害，个别年份甚至造成大流行。此外，为害枇杷的还常有梨小食心虫、蚜虫、蓑蛾、刺蛾、木蠹蛾、螨类、毒蛾、介壳虫类等害虫及污叶病、炭疽病、纹羽病、花腐病等病害。

第一节　枇杷主要病害与防治

一、主要生理病害

1. 日烧病　枇杷日烧病曾多次成灾。如杭州塘栖，1963 年和 1981 年由于果实日烧病严重发生，造成枇杷产量损失过半。枇杷日烧病是由于烈日直射树皮和果实，致使韧皮部、果实局部细胞失水焦枯。发生在枝干上的叫枝干日烧病，发生在果实上的称果实日烧病。

症状：枝干日烧病多发生于主干上，亦有发生在主、侧枝上。罹病树皮，初时发生干瘪凹陷，进而燥裂起翘，病部逐渐扩大，最后形成相当大的焦块，深达木质部，似"火烧状"。发病株往往有杂菌感染并成为害虫产卵、越冬的场所。果实日烧病发生后阳面果肉被灼瘪，病部黑褐色凹陷，完全失去食用价值。而且往往导致枇杷炭疽病盛发。

发病规律：一般在枇杷果实转色期遇到无风或微风的晴天下午气温高时发生。受阳光直射的果实容易发生，在叶丛中的果实不易发病。酷热的夏天，长期裸露在强烈阳光下的枝干、树皮被阳光灼伤、灼焦而得病。

防治措施：选栽抗日烧病强的品种，培养合理树冠，使枝干不暴露在阳光直射下。在7 月中下旬，将易发病的枝干用石灰浆涂白，以增强对阳光的反射；或缚草秆以遮光，以免遭灼伤。及时将病死组织刮净，并用 50%的多菌灵可湿性粉剂 50 倍液或 5 波美度的石硫合剂涂布伤口，以防病菌感染，然后用草秆束缚防日晒。在果实转色期，果实套袋或遇天晴高温时于午前喷水于果面。

2. 叶尖焦枯病　叶尖焦枯病常导致枇杷极度衰弱，失去结果能力，其病因尚未查明。

症状：初发病时叶尖变黄，后逐渐向下扩展，最后呈黑褐色焦枯，病部组织脱落或不脱落。患病叶轻则长约 1cm 的叶尖焦死而呈畸形，重则病斑直径长达 2～3cm。发病株叶片僵化或仅剩叶柄，或提早脱落，导致树上叶片十分细小。

发病规律：发生在初抽生的幼叶上，嫩叶长至 2cm 时开始出现症状。夏叶发病最严重，其次是春叶，秋叶很少发病。

防治措施：选用抗病品种。大叶杨墩最抗病，大红袍、软条白沙则易感此病。

3. 裂果病 枇杷裂果病各地均有发生，但受害程度各地差异很大，如 1981 年福建莆田县华田乡霞皋和山牌村的大钟枇杷裂果率高达 84%。

症状：在果实迅速膨大期，久晴少雨后突然下雨，致使果肉细胞迅速膨大将外果皮胀破，果实皮肉裂开。发病果易引起多种病菌（主要是炭疽病）感染和害虫寄生。

发病规律：此病多发生在树势过旺的徒长树以及果皮过薄的品种，在北纬 25°以南发生严重。

防治措施：在幼果迅速膨大期，勤行根外追肥如 0.2% 尿素、0.2% 硼砂或 0.2% 磷酸二氢钾等有较好效果。在果皮转淡绿色时喷布 1 000mg/L 的乙烯利有明显的预防效果，裂果率比对照降低 8.3 倍，且成熟期提早 10d。套袋对防止裂果有明显的效果。选用不易裂果的品种。

4. 紫斑病 枇杷紫斑病只影响外观，几乎不影响肉质，故未引起人们的注意和研究。

症状：在果实上发生紫红色的锈斑。

发病规律：此病是在枇杷果实成熟后期突然出现的症状。与阳光照射有密切关系，收获期遇持续晴天、阳光强烈的天气，发病最多。此病在不同品种之间的差异很大，因此常作为品种的特性加以记载。

防治措施：最有效的措施是进行果实套袋。

5. 栓皮病（癞头疤） 枇杷栓皮病主要影响果实外观，分布区与冻害发生地区相一致。

症状：3 月下旬开始，在果实表面出现略显黄色的病斑，病斑部分果面的茸毛脱落，变为褐色，进而发展为环状的癞头疤，接近成熟时，病斑表面产生龟裂。

发病规律：此病一般发生在急骤降温时，幼果表面因寒霜、冰雪为害，引起表面数层细胞坏死而造成栓皮现象。

防治措施：在易于发病的园地和品种，及早给幼果套上双层袋，可有效避免果实发病。亦可在冻害发生时熏烟或束草保护果实。

6. 脐黑病

症状：所谓脐黑病，是在果顶部的萼片及其附近（即称作果脐的部分），最初呈现青绿色，后因失水而丧失新鲜感，并最终变为黑色的一种生理性病害。现已弄清楚，脐黑病的脐部变黑是因为该部分组织坏死所致。本病易和脐青症混淆，为了延长贮藏期，人们常在完熟之前采收果实，未完熟的果实脐部大部呈青绿色，而在适宜条件下充分成熟的果实，其脐部呈黄色。虽脐青症可能引起脐黑病，但脐黑病毕竟还是一种单独的病害。

发病规律：据观察，一般果穗向上的品种发病多，树势强的树发病多，树冠上部发病多，阳光直射的果穗易于受害，套袋比不套袋发病重，套袋时间长的发病多。由以上现象推断，发病的原因是由于高温所引起。在高温条件下，果实尚未充分肥大已开始着色，糖度高而果汁少，果肉易于硬化，果实虽然在短时期内完成了成熟过程，但实际尚未达到正常的成熟，在这种条件下，果脐部水分供给不足，从而致使发病组织坏死。

防治措施：由于其病因是一种高温伤害，故最好的防治办法是避免遭遇高温，现最为简便易行的是改进套袋方法，即树冠外围和顶端采用透光率低的纸袋，而在阳光不能直射的部位采用透光率高的纸袋。

二、主要传染性病害

1. 癌肿病　枇杷癌肿病主要发生在枝干上，叶、芽、果上亦有发生，是一种细菌性病害。

新梢、叶片、幼果上发生则产生溃疡，侵入主枝或主干时成为癌肿状，新梢发病在苗木或幼树上多表现为芽枯症状。3～4月，局限于在头年的秋芽及由其伸长的新梢上发生，对当年发生的新梢几乎不为害。秋芽感病后带褐色，发育中止，后来干枯而易碎，芽外皮的内侧变黑，呈纵裂，有时流出含有细菌的黏状物。从枯死芽的侧面发生多数的侧芽，且患病部位成为溃疡状，更有的肿大成为瘤状，或者部分剥落，露出木质部。新叶感病，主要发生在主脉上，叶面主脉上产生一至数厘米平滑的瘤状病斑，后来变黑，由于主脉扭曲而致使叶片也形成扭曲，叶身成为波状的不整形，整个叶片多呈畸形状。稍长大一些的叶片上在梅雨期前后，病原细菌从叶缘的水孔或受伤部位侵入，也能导致叶脉间发病。首先是发生针头大小的黑褐色斑点，此后多少有些下陷，成为黑色的溃疡状，其周围呈淡黄色，形成鲜艳的病斑。若在叶片的某一部分密生多数的病斑，则该部分发育受阻，形状挠曲。幼果发病，在果面产生烫伤状病斑，以后成为黑色的溃疡状，渐渐融合为软木状，表面产生裂纹，成为像筷子头大小的黑褐色下陷的痂，发生时期较早。至4月以后，发病渐少。在果梗上则于表面下出现黑色的病斑，以后纵裂，产生酱状物。在枝干及近地表的浅根上发生的（主要在成年树上），首先产生小形暗褐色癌肿状，以后渐渐呈同心圆状，渐渐扩大，致表面粗糙，最后使该部分树皮脱落，露出木质部，并在病斑周围发生变色。同时，在老病斑的翘皮下，常潜伏有梨小食心虫。癌肿病在枝干上常造成较大的病斑，大枝得病后，常致整枝枯萎，使树体衰弱，产量减低，甚至使全树枯死。

本病的特征是在新梢、叶片、幼果上发生，产生溃疡状（芽枯症状），在枝干上发生则有轮纹，成为溃疡，表皮粗糙，而且膨大（癌肿症状）。病原细菌在叶的病斑或枝干的患病部位越冬，由雨水传播，大多数由虫害、风害或其他机械伤造成的伤口侵入所引起。6月份，由于梨小食心虫为害及长期下雨，发病尤多。又在树势衰弱时更易加重该病的发生。本病为枇杷最严重的病害。病原菌只侵染枇杷。

防治措施：

①本病多由苗木带病传入，故栽植时要彻底检查，并且要注意选用抗病品种，注意肥培管理，避免密植，不要重修剪，避免树体受伤，必须培养强健树势。

②每次新梢抽发期及抹芽后、套袋前、采收后、修剪后和台风后喷0.6%等量式波尔多液，或402抗菌剂、农用链霉素。喷药要周到细致，叶片、枝干各部位均要喷到。

③大风多的果园一定要设置防风林带，以减少风害，更要注意防治害虫，减少伤口发生。对大枝修剪时，伤口应及时涂布黄油加农用链霉素1 000～1 500mg/kg。

④4月和9月各检查一次枝干，如发现病斑，应用利刀仔细将病部刮净削平，并涂以链霉素糊剂。有梨小食心虫为害时，则以涂布链霉素加5％的巴丹水溶液为好。发现有患病的小枝和苗木等，应及时剪除烧毁，有枯枝落叶也应随时清除烧毁。

2. 叶斑病　枇杷常见的叶斑病有灰斑病、斑点病和角斑病。各枇杷产区均有分布，是枇杷最主要和最常见的病害。遭受该病为害，轻则影响树势和产量，重则叶片僵化变小，造成早期落叶，使植株生长衰弱，影响抽发新梢。灰斑病除为害叶片外，还能侵害果实，造成果实腐烂，影响产量。此外，还可能为害枝干及根颈，造成根颈腐烂。

（1）灰斑病　叶片被害时，初生淡褐色圆形的病斑，后呈灰白色，表皮干枯，易与下部组织脱离，多数病斑可愈合成不规则形的大病斑。病斑边缘明显，为较狭窄的黑褐色环带，中央灰白色至灰黄色，其上散生黑色小点（病菌的分生孢子盘）。果实被害，产生圆形紫褐色病斑，后明显凹陷，其上亦散生黑色小点，果肉软化而腐败发生恶臭。

（2）斑点病（褐斑病）　病斑初期为赤褐色小点，后逐渐扩大，近圆形，沿叶缘发生时则呈半圆形，中央变为灰黄色，外缘仍为赤褐色，紧贴外缘处为灰棕色，多数病斑愈合后呈不规则形。后期病斑上亦长有黑色小点（病菌的分生孢子器），有时排列成轮纹状。

灰斑病和斑点病的主要区别是：①病斑大小有明显的差异，前者病斑较大，后者则较小；②前者病斑上着生的黑色小点较粗而疏，后者则较细而密。

（3）角斑病　叶片上初生褐色小点，后扩大，以叶脉为界，呈多角形，常多数病斑愈合成不规则形的大病斑。病斑赤褐色，周围往往有黄色晕环，后期病斑中央稍退色，其上长出黑色霉状小粒点（病菌的子座和分生孢子及分生孢子梗）。

枇杷叶斑病在温暖潮湿的环境中易发生，一年可多次侵染。多从嫩叶的气孔或果实的皮孔及伤口入侵，土地瘠薄、排水不畅、管理不良、生长差的果园发病严重。苗木发病常比成年树更严重。特别在生长不良时更为明显。品种间发病情况也有差别。如塘栖宝珠枇杷、尖头大红袍、夹脚较抗病，而平头大红袍、软条白沙等易感病。

防治措施：

①加强栽培管理，提高管理水平，增施肥料，增强树势，提高抗病力是防治该病的根本措施；及时清园，剪除、清扫病叶，集中烧毁，减少病源是降低发病的主要手段。同时要注意疏剪，使树体通风透光；梅雨季节，做好果园排水工作，并设法降低地下水位，使环境条件有利于果树生长而不利于病菌的繁殖和蔓延。

②药剂保护　在春、夏梢生长前期，用下列药剂之一或两种药剂交替使用，每隔10～15d喷1次药。70％甲基托布津可湿性粉剂400～800倍液；苯来特50％可湿性粉剂1 500倍液；1∶1∶160～200波尔多液；40％多菌灵硫黄胶悬剂600～800倍液。喷药时，叶背、叶面均要喷透。

3. 枝干腐烂病（烂脚病）　该病在部分地区是枇杷发病率较高、威胁较大的病害，尤其在管理粗放的枇杷园发生更甚。轻则造成树势减弱，重则叶落枝枯，甚至全树死亡。发病可分为根颈、主干、侧枝三个部位，尤以嫁接部位和主干接近地面部分更易患病。

其病原尚未完全查清，但可能为灰斑病病菌。据黄岩多次用显微镜检查及华中农业大学采样培养观察，均发现病部有灰斑病病菌，但尚未做接种试验，不能确定。

初发病时树韧皮部变褐，病斑不规则，逐渐扩大，较重时，根颈四周均发病，蔓延至树干、主枝上。该病发生时，湿度很高，病部容易寄生腐生菌，故往往有软腐和流胶，等稍干燥时，树皮龟裂起翘。

土壤瘠薄、排水不良、土壤含水量高、过于潮湿、树体衰弱的果园，容易患病。

防治措施：

①清沟排水，降低地下水位，改善园内通风透光条件，增强树势，这是最根本的措施。同时注意苗木切勿栽种过深，并要及时烧毁病虫枯枝叶。

②发病后，及时将病斑刮净，并把刮下的树皮碎屑收集烧毁，然后涂抹50%的托布津50倍液或培福朗25%乳剂100倍液，再涂水柏油保护伤口。病部面积较大、软腐严重，削除病斑有困难时，可在树皮上用利刀纵划，深达木质部，每隔2cm左右划一道，然后涂以1：15的浓碱水，亦有良好效果。

4. 白纹羽病 枇杷上的白纹羽病多发，在日本把它作为和癌肿病并列的重大病害。梅雨期土壤中病菌的根状菌索蔓延侵入根部，深达形成层和木质部，为害初期，造成细根霉烂，以后扩展到侧根和主根，引起地上部枝叶枯萎。

发病时，树势迅速衰退，叶片萎蔫，整株大树立枯而死。挖出根系观察，可闻到明显的酒味，须根没有了，粗根已腐烂。霉烂根的柔软组织全部消失，外部的栓皮层如鞘状套于木质部外面。紧靠表皮下面有白色的霉像薄绒布状缠绕着，病状发展迅速时，白霉甚至可以蔓延到地上部。白纹羽病发生3年以前，可见叶色变成黑绿色，但果实不能正常肥大，芽软弱无力，甚至连抹芽也感困难，采收后，树势迅速转弱，所有枝梢几乎都成花，再过1~2年就会枯死。

防治措施：

①发现主根已有一半以上腐烂的重病树，应及时铲除病株，掘除的病残根要全部收集烧毁。病穴土壤可撒施石灰粉消毒。

②轻病树可在主干周围根际施药。70%五氯硝基苯以1：50~100的比例与换入的新土混合，均匀地分层撒施于病根分布的土壤中，十年生树，每株用药200~300g，效果良好。也可用70%甲基托布津可湿性粉剂，每株用300g左右，或50%苯来特，每株用150g，加水20kg灌根，于5~6月和9~10月施药，避免在7~8月高温干燥的夏季扒土用药。主根病部应刮除，用上述药液洗根，然后覆土。并根据根的减少量，适当在地上部行疏剪，还要在1年内疏除全部花穗、果穗，促进树势的恢复。

③该病与树势关系甚密，重修剪及结果过多均易助其发生，故在有初期症状表现时，应及时疏穗，加强肥培管理，恢复树势。在易患白纹羽病的地区，深耕抽槽时要避免填入粗大有机物；排水不良的园易发生，故要加强排水；土壤管理应用铺草法时，要注意将根颈部位露出。

5. 炭疽病 主要为害果实，其次是幼苗。初发病时，果实表面产生淡褐色水渍状圆形病斑，后干缩凹陷，表面密生小黑点（病菌的分生孢子盘），排列成同心轮纹状。潮湿时表面溢出粉红色黏物（病菌的分生孢子团）。病斑继续发展，常数个病斑连成大病斑，致使全果变褐腐烂干缩呈僵果。

病菌以菌丝体在病果及病枝梢上越冬，来年春季产生新的分生孢子，随风雨或昆虫传播侵染。果实和幼苗易感病，高温高湿利于发病。干旱地区发病轻。园地低洼、偏施氮肥、枝叶密闭、梅雨季节或大风冰雹后多发病。在浙江塘栖，由于青碧种、五儿早等晚熟品种在梅雨期成熟，故发病重。

6. 污叶病 又名煤霉病、煤污病，主要为害叶片。病斑多在叶背面，开始为污褐色小点，后为暗褐色不规则形或圆形，长出煤烟状霉层之后病斑连成大斑块，甚至全叶变成烟煤状。严重时全园大部分叶片污染，造成落叶。

病原为枇杷刀孢菌，属半知菌亚门。病菌以分生孢子和菌丝在病叶上越冬，全年都能发病，以梅雨季节及台风过后发病较多。地势低洼、排水不良、树冠郁闭、树势衰弱的果园易发病。

7. 胡麻叶斑病 大树和苗木均受害，以苗木受害重，又以砧木苗受害最重，常造成大量苗木枯死。初发病时叶片上出现黑紫色小点，逐步形成直径 1～3mm、周围红紫色、中央灰白色的病斑。发病严重时，许多小病斑连成大病斑，致使叶片枯死脱落。除为害叶片外，也为害果实。

病菌以分生孢子器在病叶上越冬。该病菌发育起点温度较低，全年中均能侵染传播。多雨的春季和阴雨连绵的秋季为发病盛期，台风季节也易发生。圃地低洼、排水不良、土壤板结、生长衰弱的苗木发病较重。

三、枇杷主要病害综合防治

加强检疫，严禁带病的接穗及苗木入境。

根据当地主要病害种类，选用及选育抗病品种。

建园时，选择地势高燥、土层深厚、土质疏松、排灌便利的园地，避免在冻害严重或冻害发生频率较高的地区建园，并且要远离"三废"污染源。大风多的地区建园要设置防风林，减少风害。

加强果园管理，雨季注意排水，干旱及时灌溉，不使土壤过干、过湿；不偏施氮肥，增施磷钾肥，多施有机肥，合理挂果负载，保持健康树势，提高树体抗病能力；加强害虫防治，减少虫害伤口，加强苗圃中耕除草，及时拔除病虫苗，采取深沟高畦，培育壮苗。

做好冬季清园，清除杂草和落叶；疏除过密枝条，使树冠通风透光；果实采收期结合修剪彻底清除病果、病梢枝叶，集中烧毁或深埋处理，减少病源是减轻发病的重要手段。合理培养树冠，不使枝干受强光照射，冬季树干刷白。

果实套袋是防止果实病虫害，避免或减少农药污染的重要措施，使用银白色牛皮纸袋效果较好。对叶斑病、污叶病等病害，在春、夏、秋梢各次枝梢萌发期间，每隔 10～15d 喷药 1～2 次。可以交替选用下列药剂：0.5%～0.6%等量式波尔多液，25%叶斑清4 000～5 000 倍液，50%多霉灵可湿性粉剂 800～1 000 倍液，50%多菌灵可湿性粉剂500～800 倍液，75%百菌清可湿性粉剂 500～1 000 倍液，65%代森锌可湿性粉剂 500～600 倍液，50%富星可湿性粉剂 1 500～1 750 倍液，43%大生悬浮剂 500～600 倍液和15%枯病灵可湿性粉剂 800～1 000 倍液等。防治炭疽病，注意在幼果期、果实着色期前 1个月和果实转色期各喷一次药，交替使用 0.5%等量式波尔多液、50%退菌特可湿性粉剂600～800 倍液、43%大生悬浮剂 500～600 倍液、50%富星可湿性粉剂 1 500～1 750 倍液、50％甲基托布津 500～600 倍液和 25％叶斑清 4 000～5 000 倍液等。

发生白纹羽病的果园，梅雨前每株大树用 70％甲基托布津可湿性粉剂 300g（小树减半）对水 15kg，泼浇在根颈及其周围表土上预防发病。一旦发现病株，立即扒开根颈及根部土壤剪除病根，先用 70％甲基托布津可湿性粉剂 100 倍液清洗，再用此药液消毒周围土壤；或撒施石灰 500g/m²，晾晒 3～5d 后盖上不带菌的土壤；或每株树用苯来特 150g 混土拌匀后填入根部。对重病树要及时刨除烧毁，并将根区土壤移出果园客换新土。

对于剪口、风害等机械伤口，选用 0.6％等量式波尔多液、农用链霉素糊剂（黄油 1 000g＋农用链霉素 1～1.5g）、20％噻菌铜 500～600 倍液消毒处理，防止癌肿病等病虫害入侵。经常检查果园，及时刮除枝干腐烂病的病斑，刮下树皮烧毁，伤口涂抹自制的药膏（用 70％甲基托布津可湿性粉剂、80％炭疽福美可湿性粉剂和 20％三环唑增效超微可湿性粉剂等量混合，再加入总药量 10％的甘薯粉，然后用水调成），再用透明胶带和薄膜包扎。一旦发现癌肿病病斑，先用利刀将病斑刮净削平直至健部，再涂上链霉素糊剂或 402 抗菌剂。若小枝或苗木患病予以剪除，连同枯枝落叶一起烧毁。对于受日灼病伤害的枝干，刮净伤口消毒后涂 40％多菌灵悬浮剂 50 倍液、5 波美度石硫合剂或"843"康复剂等。

防治叶尖焦枯病，据福建莆田的做法，在发病时全树喷施 0.4％氯化钙，或喷施 0.4％氯化钙的同时，每株大树施用石灰 5kg，效果很好。

第二节 枇杷主要害虫与防治

一、主要害虫

1. 黄毛虫 枇杷黄毛虫为枇杷的专食性害虫，属瘤蛾科，遍及我国枇杷产区。主要为害叶片，亦食害枝梢韧皮部和果实。1～2 龄幼虫在叶背食害嫩叶叶肉，剩下表皮和茸毛，形成黄白色松泡状，吃空嫩叶后继续吃老叶，将叶吃成孔洞或缺刻，最后仅留叶脉，严重影响树势，甚至吃光叶片只剩下光秃的枝干，造成全株死亡。在叶被食殆尽时，还会吃掉花蕾，啃食枝梢韧皮部、果实的外果皮，造成无叶无花无果的惨景。

其成虫体长 10mm 左右，展翅 23mm 左右，颜色和树皮相近，早晚活动多，白天倒贴在枇杷树的主干、主枝上，多数距地面 50～300cm，不甚活动，趋光性弱。幼虫初时为淡黄色，后变黄绿色，老熟幼虫体长 20～23mm，头部褐色，胸腹部黄色，腹足 3 对，尾足 1 对，胴部第 2～11 节每节生有毛瘤 3 对。越冬代幼虫多在树干基部或近旁灌木丛中结茧化蛹。

该虫每年在 3～10 月发生 3～5 代，如湖北武汉及浙江黄岩多观察为一年 3 代。浙江塘栖则多为一年 4 代，在安徽三潭观察到一年 5 代。发生高峰期多与抽梢时期相一致，以 5～9 月为最甚。

防治措施：

①利用其成虫白天不活动贴在枇杷树的主干、主枝上的特性，人工捕杀。利用初孵幼虫群集为害的特性，及早人工捕杀，摘除虫叶。

②冬季清园时用细竹刷将树干基部的虫茧扫入容器内，烧毁。

③每代幼虫的幼龄期可选择喷布下列药剂之一，2.5％溴氰菊酯 4 000～5 000 倍液，20％杀灭菊酯 4 000～5 000 倍液，Bt 乳剂 500～1 000 倍液。

2. 梨小食心虫 该虫是多种果树的害虫，在枇杷上主要为害枝干，也为害果实。该虫喜欢为害新梢及采果痕、抹芽痕、剪口痕等柔软部分以及受伤的部位。为害部位容易导致癌肿病菌的侵入，能显著助长癌肿病的蔓延，故梨小食心虫要和病结合起来防治。其幼虫蛀入表皮内，食害皮层，并可侵入木质部，被害处呈腐烂状态。随着幼虫的长大，被害部逐渐扩大，最后形成直径 4～5cm 的圆形或不规则斑块，苗木或小枝的皮部常全部被蛀断，导致水分不能上送，枯萎死亡。为害由春芽或夏芽抽生的新梢时，使新叶不能正常展开。果实被害，系由果蒂处蛀入果内。其被害状果面可见明显的蛀洞口，被害处果面颜色发生明显变深现象。

成虫很小，体长 5～6mm，展翅 12～13mm，全体暗褐色。幼虫初孵时为乳白色，老熟后变成淡红色，体长 12mm 左右。蛹纺锤形，黄褐色，长 7～8mm。卵黄白色。

此虫一年发生的代数因气温不同而有差异，一般一年发生 3～6 代，多为 3～4 代。世代不整齐，最后一代老熟幼虫在树皮伤口中越冬，翌春化蛹，不久羽化。

防治措施：

①用敌敌畏煤油乳剂涂于受害枝干的虫蛀处，颇为有效。

②在有癌肿病发生的果园，要随时刮除被害处死皮、虫粪、害虫，并涂布 1 500mg/kg 链霉素加 5％的巴丹水剂。

3. 天牛 天牛为杂食性害虫。为害枇杷的天牛有多种，如星天牛、褐天牛、桑天牛及枇杷天牛等。各种天牛的生活习性不同，但都以幼虫先在树皮下蛀食，后进入木质部或髓部蛀食，并每隔一定距离向外钻一孔道，排出粪便。枝干被蛀空后，风吹易折，且造成树势衰弱至全株枯死。其中以星天牛最为常见。

星天牛属鞘翅目，天牛科，国内广泛分布。寄主有枇杷、柑橘、苹果、梨以及杨、柳、梧桐、悬铃木等几十种果树和林木。幼虫蛀食主干基部和主根，致使树势衰弱，重者整株枯死。在福建、浙江，一年发生 1 代，也有三年 2 代或两年 1 代，以幼虫在寄主木质部越冬，越冬幼虫翌年 3 月以后开始活动，4 月上旬开始化蛹，5 月下旬化蛹基本结束，蛹期长短各地不一，福建惠安约 20d，浙江 19～33d，5 月上旬成虫羽化，5 月下旬至 6 月中下旬为成虫出孔高峰，羽化孔一般离地面 1～28cm。成虫羽化后啃食寄主幼嫩枝皮，10～15d 后交尾，6 月下旬至 7 月上旬为产卵高峰，喜欢将卵产在距地面 10cm 以内的主干上，且以胸径 6～15cm 的树下居多。产卵前先在树皮上咬 T 或人字形刻槽，产卵其中，成虫寿命 40～50d，卵期 10d。7 月上中旬卵孵化高峰，初孵幼虫从产卵处蛀入，在树干表皮与木质部之间蛀食，形成不规则的扁平虫道，虫道内充满虫粪，20～30d 后开始向木质部蛀食，形成不规则的扁平虫道，有时蛀入根部，并开有通气孔 1～3 个，从中排出粪屑。整个幼虫期 10 个月，老熟幼虫用木屑将虫道两头堵紧构作蛹室，然后化蛹其中。

防治措施：

①将新近受害的树梢剪除，并烧毁。

②在成虫羽化期，根据不同种类掌握适宜时机，人工捕杀成虫，发现有新的产卵刻

槽，及时用锤子锤卵，稍晚后，可用小刀在产卵槽附近挑出小幼虫，将其杀灭。

③用铁丝或小钩自最后一处排粪孔插入蛀道刺杀或钩杀幼虫。

④以往采用敌敌畏等农药防治，杀虫效果虽好，但浓度掌握不好易产生药害。新近采用50％青虫菌药液，用兽用注射器注入洞口，然后用黄泥封闭洞口，杀死蛀道内幼虫。又有采用磷化铝药片熏杀，用药时将1片药分成3份，取1份塞入蛀洞内，封闭所有洞口，并在塞药的洞口抹以黄泥，药片遇水后即分解出具熏杀作用的气体，可用于杀灭各种蛀干性害虫，且对植株无药害，效果极佳。但要注意，使用过程中不要让药片接触水，以免遇水分解失效。

4. 舟形毛虫　又名苹果舟蛾、枇杷天社蛾、枇杷舟蛾等，属鳞翅目，舟蛾科。分布广，寄主广泛，多数核果、仁果类果树以及月季、红叶李、青栎等林木均受害。幼虫取食叶片，受害叶残缺不全或仅剩叶脉，严重时可将全树叶片吃光。

江浙地区一年发生1代，福建一年2代，以蛹在树干附近土中越冬。在浙江，翌年6月中下旬开始羽化，7月中下旬为羽化盛期。成虫晚上活动，趋光性强，羽化后数小时到数天交配产卵，卵多产在树冠中下部叶片的背面，数十粒或数百粒密集成块，卵期6～13d。初孵幼虫多在叶背群集整齐排列，头向外自叶缘向内啃食，低龄幼虫受惊时成群吐丝下垂。幼虫早晚、夜间或阴天取食，白天静伏，头尾翘起如舟状，幼虫期约30d，开始将叶片食成纱网状，4龄后食量剧增，常将整株叶片吃光后再转株为害，9月下旬至10月上旬老熟幼虫沿树干下行，或吐丝下垂入土化蛹越冬。

5. 大蓑蛾　又名大窠蓑蛾、大避债蛾、大袋蛾、吊死鬼等，属鳞翅目，蓑蛾科。国内主要分布于华东、华中和西南地区，寄主有枇杷、桃、梨、重阳木、泡桐、柳等600多种植物。幼虫取食叶片，也食芽和嫩梢，严重时全树叶片被食殆尽。

一般一年发生1代，华南和福建部分地区2代，以老熟幼虫在护囊中越冬，翌年5月上中旬化蛹，5月中下旬成虫羽化。雄成虫有趋光性，以晚上8～9时诱蛾最多，羽化后飞向雌虫虫囊，与雌虫交尾，雌成虫羽化后仍在护囊中，将头部露出囊外，交尾后1～2h即产卵，卵产在护囊的蛹壳内，雌虫产卵后干缩死亡。幼虫共5龄，6月中下旬幼虫孵化后在囊内取食卵壳，3～5d后爬出虫囊吐丝下垂，随风迁移扩散。初孵幼虫先取食植株组织碎片，以丝连接筑造虫囊，经3～4h虫囊即可形成，幼虫完成虫囊后开始取食叶片表皮、叶肉，形成透明斑或不规则的白色斑块；2龄后取食造成叶片缺刻和孔洞，严重时能将叶片吃光，继而剥食枝干皮层、芽梢和花果。幼虫取食和活动时，头、胸伸出囊外，负囊而行。随着虫体长大，虫囊亦不断扩大，并以碎叶片或短枝梗零乱地缀贴于虫囊外，11月幼虫封囊越冬，越冬时幼虫将虫囊口用丝环系在枝条上，少数在枝干或叶脉上。大蓑蛾一般在干旱年份最易猖獗成灾，6～8月总降水量在300mm以下将会大发生，天敌主要有野蚕黑瘤姬蜂、袋蛾大腿小蜂以及灰喜鹊、瓢虫、蜘蛛和蚂蚁等。

6. 枇杷燕灰蝶　又名枇杷小灰蝶、枇杷蕾蝶、龙眼灰蝶，属鳞翅目，灰蝶科。寄主为枇杷和龙眼。分布于福建。幼虫蛀食枇杷幼果、花穗及花蕾，造成花穗脱落，花蕾及幼果不结实。

福建福州一年发生3～4代，以蛹在树干裂缝中越冬。翌年3月上中旬越冬蛹羽化，卵散产于幼果或花序上。第一代幼虫3月中下旬为害幼果，低龄幼虫蛀果后，被害果面上出现许多小疤痕，蛀孔外流胶形成小黑孔，周围果皮凹陷。高龄幼虫蛀果孔较大，幼虫蛀入果内常将尾端露出果外。一头幼虫能为害多个果实，通常夜出转果为害，被害幼果不脱落，但畸形不能成长。5～6月发生的第二代幼虫还蛀食龙眼花穗及幼果。幼虫老熟后从果内爬出在树干裂缝中化蛹。

7. 柑橘长卷蛾 又名褐带卷叶蛾、褐带长卷叶蛾，属鳞翅目，卷蛾科。国内广泛分布。寄主有枇杷、柑橘、荔枝、龙眼、杨桃、茶等多种果树林木。以幼虫为害枇杷新梢幼叶、花穗及果实。

福建闽南地区一年发生7～8代，以老熟幼虫在卷叶内或果园杂草中越冬。第一代幼虫见于3月下旬至4月上旬，为害春梢幼芽及嫩叶。第二代幼虫5月上中旬出现，蛀食成熟期果实。幼虫先在数果贴近处吐丝匿居其中啃食果皮，后蛀入果内为害，果内及蛀孔处留有虫粪。7～8月发生的第四、第五代数量最大，为害夏、秋梢嫩叶。第七至第八代11～12月发生，为害花穗和早熟种幼果。初孵幼虫先啃食幼叶表皮，后缠缀幼叶在叶包内取食，致使叶片扭曲变形。开花期幼虫为害花穗，匿藏其中取食造成落花落果。幼虫受惊动后迅速吐丝下垂逃逸，老熟后在叶包或花穗内化蛹。结果期幼虫主要蛀食果核，老熟后则从果内爬出在果蒂上化蛹。成虫多在清晨羽化，当日交尾，翌日产卵在叶面上。卵块呈鱼鳞状排列，每块有卵数百粒，上盖有胶质薄膜。

8. 双线盗毒蛾 属鳞翅目，毒蛾科。国内分布于华中、华南和西南地区，寄主有枇杷、柑橘、梨、刺槐、枫、玉米、棉花等多种农林作物。幼虫为害枇杷叶片造成缺刻，也蛀害花穗及幼果。

在福建一年发生4代，以3龄以上幼虫在树叶上越冬，翌年3月下旬开始结茧化蛹，4月中旬羽化。卵多产在老叶背面，初孵幼虫群集在叶背取食叶肉，2～3龄后分散为害。蛀果的多为高龄幼虫，通常先啃食果皮，后蛀入果内取食，能多次转果为害。幼果被害后畸形，蛀孔外形成许多黑色疤痕，成熟果被蛀后腐烂不堪食用。幼虫共5龄，少数4龄。

9. 黄刺蛾 俗称洋辣子，属鳞翅目，刺蛾科。国内除宁夏、新疆、贵州、西藏外，其他各省（自治区、直辖市）均有分布。寄主有枇杷、苹果、梨、梧桐、红叶李、梅花等120多种植物。幼虫取食叶片，严重时整树叶片被食光。

长江下游地区一年发生2代，以老熟幼虫在树干和枝权处结茧越冬。越冬幼虫5月中下旬开始化蛹，6月上中旬成虫羽化。第一代幼虫为害盛期在6月下旬至7月中旬，7月下旬开始结茧化蛹，成虫发生于8月下旬。第二代幼虫为害盛期在8月下旬至9月中旬，9月下旬幼虫陆续在枝干上结茧越冬。第一代幼虫结的茧小而薄，第二代结的茧大而厚。成虫白天潜伏在叶背，夜间活动，有趋光性。卵产于叶近末端背面，散生或数粒在一起，每次产卵49～67粒。卵期5～6d，成虫寿命4～7d。卵多在白天孵化。初孵幼虫先取食卵壳，后在叶背啃食叶肉呈筛状，长大后蚕食叶片。幼虫共7龄，历期22～33d。天敌有大腿蜂、朝鲜紫姬蜂、上海青蜂、刺蛾广肩小蜂、胡蜂和螳螂等。

10. 桃蛀螟 又名桃蛀野螟、桃蠹螟、豹纹斑螟等，属鳞翅目，螟蛾科。国内广泛分布，寄主有枇杷、桃、石榴、板栗等果树以及向日葵、玉米、蓖麻等农作物。幼虫蛀害枇杷枝梢、花穗、嫩叶和果实，不仅影响新梢正常抽发和生长，导致幼树树冠扩大受阻，还蛀坏花穗和果实，致使果实腐烂或果内充满虫粪不能食用。

长江流域一年发生4～5代，以老熟幼虫在向日葵花盘、玉米芯和秸秆、贮果场、树皮裂缝等处结茧越冬，在湖北武昌，各代成虫盛发期分别在5月中旬、6月下旬至7月上旬、8月上中旬、9月上中旬、9月中下旬至10月上旬，成虫吸食花蜜，昼伏夜出，对糖酒醋液及黑光灯趋性较强，多在枇杷花穗上产卵，每穗产卵2～3粒，多的可达20多粒。幼虫常从新梢顶端第2～5片叶的基部蛀入，先向上蛀食一小段，尔后向下蛀食到木质硬化处，再转害其他梢，被害新梢先端萎蔫下垂。若为害成熟枝，常从顶芽或其下1～2片叶的基部蛀入，蛀食到2～3片叶即止，导致第1～3片叶枯萎，嫩叶被害，以夏梢嫩叶受害最重。初孵幼虫常从嫩叶背面的主脉和叶柄蛀入，沿主脉和叶柄向下蛀食，造成嫩叶失水下垂。蛀入口均有褐色颗粒虫粪排出。穗被蛀食，部分或整穗枯死，蕾和花被害，常被咬食成许多碎片，部分碎片和虫粪由丝网织在一起粘在穗梗上，有的还形成团，幼虫以此为中心向四周扩散蛀食，造成部分或整个花序被害。幼虫只为害淡绿至黄色果实，多从萼洼处蛀入，极少从其他部位入蛀，蛀入口处有褐色颗粒、虫粪排出，被害果提前变黄色。卵期7～8d，幼虫期20～30d，第1～2代蛹期10d左右，成虫寿命约10d。天敌有广大腿小蜂等。

11. 咖啡豹蠹蛾　又名咖啡木蠹蛾、豹纹木蠹蛾，属鳞翅目，木蠹蛾科。国内分布于广东、江西、福建、台湾、浙江、江苏、河南、湖南、四川等省，为害枇杷、石榴、刺槐、悬铃木、薄壳山核桃等30多种果树林木。幼虫蛀食枝条，造成枯死。

在江西一年发生2代，第一代成虫期在5月上中旬至6月下旬，第二代成虫期在8月初至9月底。以幼虫在被害枝条的蛀道中越冬，翌年3月中旬开始取食，4月中下旬至6月中下旬化蛹，5月中旬成虫羽化，7月上旬结束，5月底6月上旬林间可见到初孵幼虫，老熟幼虫化蛹前吐丝缀合木屑将虫道堵塞，筑成一斜向的羽化孔道，然后蜕皮化蛹。羽化前，蛹体常向羽化孔口蠕动，顶破蛹室丝网及羽化孔盖后，露一半于羽化孔外，羽化后，蛹壳留在羽化孔口。成虫白天静伏不动，黄昏后开始活动，有趋光性。卵产于树皮缝中、旧蛀道内、嫩梢上或芽腋处，多数产在雌虫的羽化孔内，卵聚集呈块状。初孵幼虫群集2～3d后扩散，幼虫从上方叶腋处蛀入1～2年生枝梢，沿木质部周围蛀食，每隔一定距离向外咬一排粪孔，被害枝条遇风吹易折断或枯死。

12. 吸果夜蛾　在枇杷成熟期常有吸果夜蛾为害，成虫只食果汁，果实被害后初期不易被发现，以后逐渐腐烂脱落，尤在山区果园为害重、损失大。吸果夜蛾种类多，各地不尽相同，常见的有嘴壶夜蛾、青安纽夜蛾和枯叶夜蛾等，均属鳞翅目，夜蛾科。吸果夜蛾一年发生多代，幼虫通常取食果园附近的植物，成虫在枇杷成熟时飞进果园，夜晚活动吸食果汁，尤在闷热无风的夜晚数量多，成虫对糖醋香甜食物趋性强，多数种类对黑光灯趋性亦强。

二、枇杷主要害虫综合防治

1. 建园时远离桃、李、板栗、石榴等果树，周围不种植玉米、向日葵、蓖麻等作物，以避免梨小食心虫、桃蛀螟转主为害。合理间种绿肥或豆科作物等，为天敌生存创造良好的生态环境。

2. 9月间树干束草诱集梨小食心虫等害虫进入越冬，入冬后取下束草烧毁；深翻园土；清除果园落叶、杂草，剪除树上枯枝，刮除枝干粗翘皮，集中烧毁或深埋。

3. 冬季用竹刷扫集树干基部的枇杷瘤蛾虫茧、舟形毛虫的越冬蛹，摘除大蓑蛾虫囊和黄刺蛾虫茧，放入纱笼内饲养，其中的天敌蜂类羽化飞出后将虫茧烧毁。

4. 果实套袋，这是防治果实病虫害、避免或减少农药污染的重要措施，通常在最后一次疏果后，喷一次杀虫、杀菌剂，然后套袋。

5. 生长季节及时摘除枇杷瘤蛾、舟形毛虫、柑橘长卷蛾和双线盗毒蛾等害虫的卵及初孵幼虫的叶片，或用两块木板相互拍击，拍死群集的幼虫。利用幼虫的假死性振动树干，杀死吐丝下垂的幼虫。结合疏花疏果摘除虫果，及时剪除烧毁干枯或萎蔫的枝梢。

6. 在6～8月产卵期，每5d检查果园一次，人工捕杀天牛成虫，用铁锤、石块等轻击卵槽杀卵，用钢丝钩杀天牛、木蠹蛾入蛀的幼虫，也可用常规杀虫剂50倍液制成毒膏、毒泥或毒棉等从排粪孔塞入虫道，或用注射器将常规杀虫剂100倍液或50％青虫菌、白僵菌和绿僵菌等药液注入虫道；或用磷化铝1/3～1/2片塞入洞内，注入或塞入后均需以黄泥封孔，毒杀幼虫。注意保护和招引啄木鸟捕杀天牛幼虫。

7. 利用黑光灯或性信息素，诱杀舟形毛虫、大蓑蛾、黄刺蛾和咖啡豹蠹蛾等成虫。

8. 若食叶、蛀果害虫发生量大、为害重时，在成虫发生期或幼虫初孵时树上连续喷药1～2次，药剂可选用25％鱼藤精乳油500倍液，80％敌百虫可溶性粉剂或50％杀螟硫磷乳油1 000倍液，20％氰戊菊酯或25％溴氰菊酯乳油3 000倍液，1％阿维菌素4 000倍液，25％灭幼脲3号悬浮剂或5％抑保乳油1 000～2 000倍液或Bt乳剂300～600倍液等，防治大蓑蛾，还可用核型多角体病毒制剂4 000～6 000ml/hm^2，对水900kg喷雾，注意有些枇杷品种如早钟6号忌用有机磷农药，以免引起药害落叶。

9. 果实成熟期，夜晚捕捉伏在果实上的吸果夜蛾，或将切成小块的瓜果放在农药里浸泡两分钟，然后挂在果园周围毒杀成虫，效果显著。

我国各枇杷产区受各种鸟、兽害也较普遍，有的果园受害相当严重，如江苏苏州市吴县洞庭山有白头鸭（白头翁）、广东有禾花雀等鸟类为害，前者损失可达50％～60％，害鸟啄食枇杷成熟期果实，仅留剩果核或其下方少许果肉，被害果残留树上不脱落。此外，吴县洞庭山有松鼠、浙江黄岩有野狸等兽类为害，取食枇杷成熟期果实，被害果残留少量果肉，然后落地，此点可与鸟害相区别。防治鸟害，可采取果实套袋、树体罩网、点燃鞭炮驱赶等方法；防治松鼠等兽害，采用鞭炮驱赶、诱捕器捕捉、树干基部绑扎丝网阻隔上树等措施，均能收到一定的防治效果。

为害枇杷的还有其他一些害虫，其防治方法简介如下。

金龟子：杂食性食叶害虫，有时发生多，可用25％西维因300倍液喷叶防治，或灯光下置水缸诱杀。

蚜虫类：可用10％吡虫啉4 000～5 000倍液，灭蚜磷200倍液，稻丰散1 000倍液或烟叶石灰水（烟叶1kg，石灰1kg，水50～60kg，分别将烟叶和石灰加水浸泡过滤后混合，立即喷用）。

介壳虫类：在若虫孵化期，喷布硫酸烟碱1 000倍液，有良好效果。或喷布1％柴油乳剂。越冬代在枝干上发生时，可于12月至翌年1月间，喷涂50％蒽油乳剂30倍液或松碱合剂10倍液。还可利用天敌（寄生菌、寄生蜂、瓢虫等）防治，往往收效颇大。

螨类：一般发生不多，橘园附近有发生。虫口密度大时，可用1 000倍液杀螨醇或

1 500倍液苯螨特防治。

地衣苔藓：为低等植物，在枝干上寄生，严重时可使大树枝条枯死，生长势弱的树易被寄生。消灭地衣苔藓最有效的办法是用松碱合剂（3 份松脂，2 份纯碱，10 份水煎制），或用松针碱合剂（新鲜松针 10 份，纯碱 5 份，10 份水煎制），或用 1％的等量式波尔多液喷射均有良好效果。

第三节　枇杷病虫害无公害综合防治技术

枇杷病虫害的防治，应采用无公害综合防治技术，以农业和物理防治为基础，生物防治为核心，按照病虫害发生规律和经济阈值，科学使用化学防治技术，经济、安全、有效地控制病虫为害。

一、农业防治

农业防治是根据病虫发生为害规律与果树栽培之间的相互关系，结合生产管理农事操作过程的具体措施，有目的、有计划地创造不利于病虫发生而有利于果树生长发育的生态环境，以达到消灭或抑制病虫的目的。

农业防治是无公害生产的基础，主要措施有选栽抗病品种，种植无病虫苗木，避免不同树种的果树混栽。彻底清园，清残枝，剪除病虫梢叶，尤其在采收后应加强清园工作，同时结合修剪进一步做好清园工作。改善光照条件，如实行全年修剪，适宜的密度，张挂反光幕或地膜，选用防雾、防虫保温膜等。合理施肥改善土壤微生物群落，如鸡粪、棉籽饼可以抑制线虫发生。果园内种植绿肥植物、蜜源植物，实行果园生草，使植被多样化，创造适宜天敌生长发育的条件，如紫花苜蓿，可以招引草蛉、食虫蜘蛛、龟纹瓢虫、六点蓟马、姬猎蝽等多种天敌。深翻晒垡，利用阳光消毒。合理灌水，采用高畦栽培，结合覆膜，实行膜下沟灌控制湿度，推行膜下微灌，小水勤浇。慎选防护林，种植诱捕作物，如果园周围种向日葵，诱集食心虫。合理轮栽和休闲。防止病虫上树，如早春地膜覆盖或培土，闷死土壤越冬害虫；秋季树干缠草绳，诱集下树越冬害螨、害虫，然后烧毁。加强树体保健，增加营养积累，提高抗病力。改良土壤，深翻扩穴，增施有机肥及微量元素肥料，覆盖地膜或覆草。减少伤口，树干涂白。

二、物理防治

物理防治是利用各物理因素如光、热、电、温湿度和放射能等来防治植物病虫害。

隔绝、驱避，如病区隔离，工具消毒防止污染；设置屏障，阻碍蚜虫等迁飞；罩网避虫（防虫网）。人工灭虫，如挖桃小越冬茧，人工捕捉；刮树皮，人工刷擦；喷水冲刷红蜘蛛。高温灭虫杀菌，通过适当提高地温消毒，如埋设电热线，伏季地面覆膜，施肥发酵升温。利用特异光线和射线。张挂灰色反光幕驱蚜，设黄板诱蚜。机械刺激，通过鼓风、喷水等诱导作物抗性。

三、生态控制

一是通过破坏病虫的生态最适环境来控制病虫，如真菌孢子萌发最适温度为 10～30℃，相对湿度＞90％，通过通风排湿、控制灌水、防雨遮雨、高垄栽培可以控制高湿条件下的易发病。二是创造天敌和拮抗菌最适宜的生态环境，增加植被多样性（生草），或在最适宜的条件下人工培养天敌或拮抗菌。

四、生物防治

利用有益生物或生物的代谢产物防治病虫害，称为生物防治。

（一）病害的生物防治

利用重寄生物或捕食生物直接作用于病原接种体。利用经济价值不高的作物，即陷阱植物，诱变休眠结构提前萌发，或者非寄主植物分泌刺激其萌发，使之在没有感病寄主植物的条件下，因饥饿或者其他微生物袭击而死亡。通过增施有机肥增进土壤的溶菌作用。应用拮抗菌，培养优势无害菌群，抑制有害微生物。阻止病原物形成传播体，使病原物不能产生后代。清除和治理中间寄主、传播介体、无病寄主，能有效控制繁殖体扩大。还可清理、焚烧、深埋病残组织；通过因腐生菌的定殖和发展，加速病组织腐解，造成营养物消耗和代谢物积累，使不能形成休眠结构的病原物"饿死"或被其他微生物寄生而消解。人工诱变产生低致病性等病原物以削弱病原物的致病力。生防菌与低剂量药剂结合使用，自然或人工热力处理土壤，削弱病原菌活力并激活拮抗菌。

（二）虫害的生物防治

以菌治虫，苏云金杆菌（Bt）治鳞翅目、鞘翅目、双翅目害虫较为有效。青虫菌 6 号、白僵菌、拟青霉菌等亦有用于防治害虫。以虫治虫，如赤眼蜂寄生鳞翅目幼虫。以病毒治虫，利用核型多角体病毒，颗粒体病毒治虫。利用昆虫激素，如性激素进行诱捕或交配干扰。农用抗生素：多抗霉素防治斑点落叶病，浏阳霉素防治红蜘蛛，韶关霉素防治蚜虫，农抗 120 和武夷菌素防治炭疽病，农用链霉素、新植霉素、青霉素防治细菌性病害。利用有益动物如鸟类、鸡、鸭、青蛙、蟾蜍、壁虎、蝙蝠等。

五、药剂使用

采用药剂防治枇杷病虫害时，要按照农业行业标准 NY/T 393—2000《绿色食品 农药使用准则》执行。根据防治对象的生物学特性和危害特点，可以选用①植物源农药，如除虫菊素、鱼藤酮、茴蒿素、苦参碱、烟碱、大蒜素、苦楝、川楝、芝麻素、腐必清、天然植物保护剂（辣椒、八角、茴香）、银杏提取物等；②矿物源农药如石硫合剂、波尔多液、石油乳剂、石悬剂、硫黄粉、草木灰等；③化学诱抗剂；④低毒高效低残合成农药。

允许使用的化学合成农药每种每年最多使用 2 次，最后一次施药距采收期间隔应在 20d 以上，主要有：1％阿维菌素乳油，10％吡虫啉可湿性粉剂，25％灭幼脲 3 号悬浮剂，50％辛脲乳油，50％蛾螨灵乳油，20％杀铃脲悬浮剂，50％马拉硫磷乳油，50％辛硫磷乳油，5％尼索朗乳油，20％螨死净悬浮剂，15％哒螨灵乳油，40％蚜灭多乳油，99.1％加德士敌死虫乳油，5％卡死克乳油，25％扑虱灵可湿性粉剂，25％抑太保乳油等杀虫杀螨剂，以及 5％菌毒清水剂，80％喷克可湿性粉剂，80％大生 M - 45 可湿性粉剂，70％甲基硫菌灵可湿性粉剂，50％多菌灵可湿性粉剂，40％福星乳油，1％中生菌素水剂，70％代森锰锌可湿性粉剂，70％乙磷铝锰锌可湿性粉剂，843 康复剂，15％粉锈宁乳油，75％百菌清可湿性粉剂，50％扑海因可湿性粉剂等杀菌剂。

限制使用的化学合成农药每种每年最多使用 1 次，施药距采收期间隔应在 30d 以上，主要有：48％乐斯本乳油，50％抗蚜威可湿性粉剂，25％辟蚜雾水分散粒剂，2.5％功夫乳油，20％灭扫利乳油，30％桃小灵乳油，80％敌敌畏乳油，10％歼灭乳油，2.5％溴氰菊酯乳油，20％氰戊菊酯乳油等。

禁止使用剧毒、高毒、高残留、致癌、致畸、致突变和具有慢性毒性的农药。这些农药是[*]：六六六、滴滴涕、毒杀芬、二溴氯丙烷、杀虫脒、二溴乙烷、除草醚、艾氏剂、狄氏剂、汞制剂、砷类、铅类、敌枯双、氟乙酰胺、甘氟、毒鼠强、氟乙酸钠、毒鼠硅、甲胺磷、对硫磷、甲基对硫磷、久效磷、磷胺、苯线磷、地虫硫磷、甲基硫环磷、磷化钙、磷化镁、磷化锌、硫线磷、蝇毒磷、治螟磷、特丁硫磷、氯磺隆、胺苯磺隆、甲磺隆、福美胂、福美甲胂、三氯杀螨醇、林丹、硫丹、溴甲烷、氟虫胺、杀扑磷、百草枯、2，4 -滴丁酯、甲拌磷、甲基异柳磷、水胺硫磷、灭线磷。

◆ 主要参考文献

蔡礼鸿 . 2000. 枇杷三高栽培技术 [M]. 北京：中国农业大学出版社 .

蔡平，包立军，相人丽，等 . 2005. 中国枇杷主要病害发生规律及综合防治 [J]. 中国南方果树（3）：47 - 50.

蔡平，包立军，相人丽，等 . 2005. 中国枇杷主要害虫生物学特性及综合防治 [J]. 中国南方果树（2）：38 - 41.

陈其峰，等 . 1988. 枇杷 [M]. 福州：福建科学技术出版社 .

江国良，谢红江，陈栋，等 . 2006. 枇杷栽培技术 [M]. 成都：天地出版社 .

王沛霖 . 2008. 枇杷栽培与加工 [M]. 北京：中国农业出版社 .

吴汉珠，周永年 . 2003. 枇杷无公害栽培技术 [M]. 北京：中国农业出版社 .

杨洪强，2003. 绿色无公害果品生产全编 [M]. 北京：中国农业出版社 .

郑少泉，许秀淡，蒋际谋，等 . 2004. 枇杷品种与优质高效栽培技术原色图说 [M]. 北京：中国农业出版社 .

邹钟林，曹骥 . 1983. 中国果树害虫 [M]. 上海：上海科学技术出版社 .

---

* 2，4 -滴丁酯自 2023 年 1 月 23 日起禁止使用。溴甲烷可用于"检疫熏蒸梳理"。杀扑磷已无制剂登记。甲拌磷、甲基异柳磷、水胺硫磷、灭线磷自 2024 年 9 月 1 日起禁止销售和使用。

第九章

枇杷学 PI PA XUE

枇杷冻害与设施栽培

第一节　冻害的表现

一、花的构造和受冻的状态

枇杷与其他果树不同，主要表现在冬季开花坐果，因此易受寒冷的影响。但所谓的冻害影响，不过是指对结果的影响而言，实际上树体对低温的忍受力比较强，如 1969 年早春武汉的气温曾低至−18℃，而枇杷树体仍能安全过冬。枇杷各器官的耐寒力，以幼果最弱，花较之幼果较强，花蕾及枝叶则更强，故所谓枇杷的冻害就是枇杷的花、幼果受冻，而主要又是幼果受冻。冻害多数发生在 12 月份至翌年 3 月份晴朗无风的夜间，而由寒风引起的冻害除少数地区外，相对较少，花蕾或幼果一遇低温，或者胚死亡，或者果实外皮冻伤，低温时期越迟，危害越大，3 月份低温最危险。

枇杷的花，有 5 片白色花瓣，雄蕊一般为 20 枚，雌蕊花柱短于雄蕊花丝，花柱 5 根，基部是 5 心室的子房，花粉落在柱头上，花粉管伸长，完全受精的话，每个心室有两个胚珠，共可产生 10 个合子胚，种子因品种而异，多为 3~4 粒，如完全发育的话，也可能有 10 粒。

幼果如遇低温后，子房中的胚受冻致死，把受冻的幼果横切开来，可见其胚已变成灰黑色、黑褐色。一个果实中的全部胚都冻死后，幼果的发育则完全停止；一部分胚冻死，则还可继续发育，但果实达不到正常大小，成为畸形果，商品价值也会降低。

如图 9-1 所示的受冻现场。因园地的方位而受冻程度不同，北面的冻死率显著要高，而且同一株树上，易于接触寒冷空气的外侧，冻死率亦高，但也常有这种情况，花数多的花穗，发育迟的花穗和着生于侧枝上的花穗，在树冠外围的多，由于这些花穗的开花期长，因此摆脱冻害的果实比树冠内部的多。一般树高 5m 左右，分段观察其受冻害

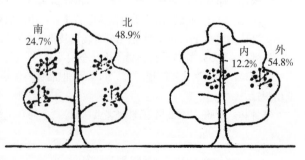

图 9-1　树冠内的位置和冻死率（滨口等）

情况，以 1.5m 高处最重 (77%)，3~5m 处较轻，冻害果率只有 25%~26%。

二、冻死温度

枇杷的耐寒性随发育程度而有相当差异。花蕾比较耐冻，多在－5～－7℃时冻死，幼果在－3℃时开始出现冻坏果，刚落瓣后的幼果比较耐冻，越往后越弱，一般情况是开花越迟越耐冻，温度越低，持续时间越长，则冻死率越高。

据对太湖洞庭山地区的观察，1959 年 1 月上旬，最低温度降至－7.9℃，连续两天最低温度在－5℃以下，迟花品种照种正值花期，而早花品种红毛白沙已进入幼果期，照种冻害极轻，而红毛白沙冻害极严重，对照种观察结果，在－3℃时，花萼、花托的皮层和幼果皮层已开始结冻，但幼果胚珠没有变色；在－6.1℃时结冻情况同上，少数幼果内胚珠发黑，部分花中的胚珠开始变色；在－7.9℃时结冻情况同上，绝大多数花及果中胚珠发黑，一部分花瓣脱落的花中胚珠变黄褐色。所以一般以花蕾最耐寒，其次是花瓣未脱落的花，再次为花瓣脱落、花萼尚未合拢前的花，最不耐寒的是幼果。据统计，－6℃以下，花冻死占 17.9％，幼果冻死占 31.4％，花蕾基本没有受冻，而进入幼果期的早花品种幼果冻死达 79.3％。据陈正洪研究（1985），发现在花蕾露白前夕，存在一个次低温敏感区，亦易于受冻。一般冬季高温年份比低温年份被害率高，在幼果期遭到－3℃以下的低温即受冻害。在 1 月上中旬受冻，胚即冻死，而到 1 月下旬和 2 月上旬时，如遭此低温，只能冻死果肉，而胚并未冻死。在 2 月末遇－6.7℃低温，只能冻死果肉而其中种子仍未冻死，呈象牙色，但遇此低温后，结果枝形成层有的变褐枯死，应疏剪促其恢复和生长，幼果可耐短时较低温度而不致死，花蕾则在同等条件下可能死亡；但温度较高、时间较长时，则花蕾不会死亡，而幼果可能死亡，可能是幼果果肉只能抵挡缓冲短时低温所致。

据室内实验，胚受冻致死的温度，大约是－3℃，表 9 - 1 是将幼果用人工低温处理后，调查冻死率的结果。

表 9 - 1　枇杷幼果冻死的温度和时间

温度（℃）	－2		－3				－4			
时间（h）	2	4	1	2	3	4	1	2	3	4
调查果数	159	397	160	191	424	372	94	137	91	303
冻死果数	4	5	7	4	78	147	39	56	51	226
冻死率（％）	2.5	1.3	4.4	2.1	18.9	39.5	41.2	40.8	56.0	74.6

由表 9 - 1 可知，－2℃ 4h 左右几乎不受冻；－3℃ 3h 约为 20％，4h 约 40％的幼果冻死；－4℃ 仅 1h 低温就有 40％以上的幼果冻死，可见－2℃相当长的时间也不会受冻，－3℃以下的温度则出现冻死果，相当的低温时，短时间即可冻死。

但这种临界温度因产地而有差异，在暖地，即使是－2℃左右的低温，也有造成严重冻害的，而在气温较低的地方，因常出现 0℃左右的气温，反而产生了对寒冷的抵抗力，不到－3℃以下，不会出现冻害。相对来说，暖地低温常在 2～3℃，对寒冷的抵抗力较差，迅速降温时，达到－2℃左右，胚也会冻死，因此，暖地产区尤其要注意防寒。

三、树势和冻害

从树势不同的树上分别采取幼果，进行人工低温处理，调查其冻死率，结果两者几乎没有差别。即是说，树势强也罢，弱也罢，其果实的耐寒性没有什么差别。但这种直接的差别虽然没有，实际上间接的影响还是很大的。那就是树体健壮，叶片多，绿叶层厚，开花迟，花期长，有较强的抗冻能力或避冻能力；反之，树体衰弱叶片少，开花早，花期短，容易受冻。冻害程度还与树本身当年的结果负荷量有关，在丰产年（大年）由于结果负担重，消耗养分多，加之不及时追肥，树体极度衰弱，当年冬季就容易受冻害。如浙江塘栖 1965 年是大年，该年 12 月份绝对最低气温仅是 −5.7℃，但其危害性却很大，1966年枇杷总产量仅为 1965 年的 12%；反之，小年年份，结果少，积累养分多，对低温的抵抗力较强。例如，1959 年、1965 年、1967 年的 1 月份，虽然最低温为 −6～−8℃，但当年还能获得较高产量，如表 9-2。

表 9-2 枇杷小年年度 1 月份的低温与冻害的关系（浙江塘栖）

年份	平均气温 (℃)	最低气温 (℃)	上年每 667m² 平均产量（kg）	当年每 667m² 平均产量（kg）	增产 (%)
1959	2.4	−6.5	155	389.5	151.3
1965	5.2	−6.1	33	258.0	682.0
1967	2.5	−8.0	64	318.0	397.0

故在大年及时正确果断地疏花疏果，减轻当年负担，对克服小年结果，减轻危害，丰产、稳产都是极为重要的措施。

四、危险低温的频率

幼果受冻的温度是 −3℃ 以下，低温出现的频率因地区而有显著不同。作为枇杷产区，以无如此低温的地区最为理想。但实际上，完全没有低温危险的产地极少，故在大部分枇杷产区都要考虑防寒对策。

产生低温有两种原因，平流降温和辐射降温。由平流降温所致的低温，强的冷空气过境，特别是海拔高的地方，迎风的地方最为寒冷；辐射降温所致的低温，是以在晴朗无风的夜间或黎明时的凹地最为寒冷。在多数枇杷产区，两种降温影响均有存在，并以辐射降温影响较大。

五、冷空气的分布

平流降温时，高海拔处或山峰上迎寒风的地方气温低；与此相对，辐射降温时，低海拔处，冷空气易滞留而气温最低。如图 9-2 所示，山谷的底部或斜坡的最下端温度最低。如果斜坡上中间有阻挡冷空气下沉的物体时，如图 9-3 所示，因物体上方冷空气滞留，其下方反而温度较高。故冻害多数发生在海拔低的凹地、山谷或平地等，是最容易停积冷空气的地方。

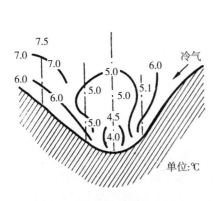

图 9-2　谷间的温度分布（坂本）

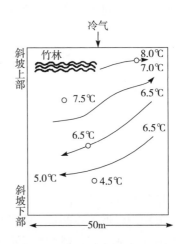

图 9-3　斜坡的温度分布（坂本）

六、低温和受精

枇杷的花是自花授粉的两性虫媒花（少有例外），只能借助蜂类、蝇类等昆虫传粉。授粉后，花粉在雌蕊柱头上发芽，并通过花柱到达子房。但枇杷多在冬季开花，因气温低，传播花粉的昆虫不够活跃，而且即使花粉到了雌蕊柱头上，也可能因低温而发芽困难，花粉管伸长不良。

在实验室内进行枇杷的花粉发芽试验结果表明，3～5℃时完全不发芽，10℃时花粉发芽率为 40% 左右，20℃时则有 80% 左右的花粉粒发芽，但温度过高时，发芽率亦差，如 35℃时发芽率只有 28% 左右。枇杷能够避开冻害，结成好果的花大多在 11 月中旬至 12 月中旬开放，而其间适宜花粉发芽温度以下的日子较多，因此，枇杷的受精一般都较其他果树困难一点。

但如能更深入地调查研究花粉发芽情况，也不难了解到，枇杷的花粉只要遇到稍稍适合一点的温度，就会发芽，以后即使再下降到比适温低得多的温度，花粉管还是会继续伸长，故只要开花期内遇到短时的适温，都是可以受精的。

进入 12 月份以后，气温在 10℃以下的日子较多，但一天当中最高气温达 10℃以上的时间也还是有的。尤其枇杷一穗上花数多，花期又长，其中一定有那么几朵花能够抓住适温的机会，花粉顺利发芽，以后即使气温下降，花粉管也能伸长，而达到受精的目的。

如果说枇杷在冬季开花是一种特殊的果树，那是由于它具备了和其他果树不同的特性，即具有一种在恶劣的环境条件下，也总有一部分花能够避开低温而完成授粉受精的特性。由于枇杷原产于我国四川贡嘎山下石棉和汉源一带，该地冬春间天气易变，因而形成独特的形态和功能。至于有关枇杷因为低温而不能受精的说法，是缺乏依据的。

枇杷的花量大，花期长，若无低温，则先开的花坐果，后发育的花蕾往往退化；若遇低温，先开花的幼果受冻，则后发育的花蕾继续开花坐果。一般年份，只要是健康植株，总有一部分果实会保存下来，可以把适当低温影响作为枇杷的一种自疏效应来看。枇杷的构造及生理特性，是枇杷自身在适应数十万年自然界的巨大变迁历程中不断进化的结果。

第二节　防冻技术措施

防冻措施大致可分为两类，一为避开低温或增强对低温的抵抗力，一为临时人工加温。

一、选择适宜地点建园

首先要排除在气温常下降到－3℃以下的地区大量建园，在温暖地区建园也要避开局部冷空气易沉积的斜坡下或凹地。斜坡地还要注意，高海拔地区或高的迎西北风的地方也易受冻，以不栽枇杷为好。斜坡的坡向不同也有很大差别，东南坡比西北坡受冻减少，应尽量避开在西北面定植。北缘地区宜选择有江河湖泊可以调节气温，或西北面有高山阻挡寒流的地区栽培枇杷；如江苏洞庭山、安徽三潭、陕西的西乡等。再者，选择适宜的海拔高度，利用逆温层，也为常用的方法。

二、防风林的设置

为避免冷空气下沉及寒风侵袭，宜设置防风林。斜坡地枇杷园的上方，设置下部枝条密集的防风林，以阻滞冷空气下泻；枇杷园的下方，应设置下部可透风的疏林，以让冷空气顺利下沉到园外。

在高海拔的园地，要在山脊线设置防风林，尤其是面向西北方的园地，需要配置适宜的防风墙或风障、风网，以预防平流降温的寒风。

三、品种的选择

一般大量栽培的多为中、晚熟品种，早熟品种因幼果期早，易于受冻，故早熟品种的栽培只限于特别温暖区域，因此，气温较低的次适宜区，只限于栽培晚花品种，由此可避免一定程度的冻害影响。

不仅在品种上注意利用开花较晚的品种，以避过幼果受冻期，还有利用某些品种花穗形态上的特征与耐寒力的关系，选出耐寒的类型。如花穗疏松、每穗花量少、花瓣小、支轴平展、花蕾大部分分布在支轴的下方，或支轴下垂、花梗向下变曲等，都是比较耐寒的。

四、利用迟开的花

枇杷开花越迟越耐冻，温度越低、持续时间越长，则冻死率越高。如黄岩 1976 年 2

月绝对最低温为−3.3℃，该县 3 月 4 日对实生枇杷的调查，果径 0.7cm 以下的幼果，受冻率为 18.1%；0.7～0.9cm 的幼果受冻率为 36.6%；而 0.9cm 以上者，受冻率达 47.6%。

1～2 月上旬低温来临的话，恰与早开花的幼果的危险温度相一致，早花果易于受冻。因此延迟花期可以减少冻害，由此，必须考虑利用迟开的花。

枇杷的花穗，最初是在枝的先端出现花蕾的聚集团，然后逐渐膨大，继而出现花穗的支轴及小花梗，小花梗伸长，花蕾团就分离，成为一个个的花蕾，花蕾再膨大，就开始开出早花。一个花穗上，一般约有 20% 的花先开放，到其余的 80% 的花开放，需近 2 周的时间；一个大型花穗，从最早的花到最后的花开完，花期长约 2 个月。花期又因枝梢的种类不同而有早晚，故从整株树来看，早花在 10 月份即开，迟花可延续到 2 月底至 3 月初。枇杷的幼果和花相比，幼果是不耐冻的，因此，早开的花所结的幼果，受冻概率就高，所以利用晚开的花可以避免冻害，但是晚开的花往往生长发育较差，幼果生长发育期又短，果实小，着色差，因此在不影响品质的条件下，尽可能选晚开的花。开花期的早晚与果实冻害及果实大小、着色的关系如表 9 - 3。

表 9 - 3　枇杷开花期和果实冻害的回避（村松）

开花期	10 月	11 月		12 月				1 月		2 月
	26 日	11 日	20 日	1 日	10 日	21 日	31 日	11 日	23 日	20 日
开花数	5	4	50	53	95	89	101	72	64	5
幼果数	3	1	23	34	71	51	41	44	26	5
收获果数	0	0	0	5	7	41	37	43	26	5
冻害回避率*	0	0	0	14.7	9.8	80.4	90.2	97.7	100	100
单果平均重（g）				41.7		43.0		38.8	31.7	29.5
着色度				9.7		9.8		8.9	8.6	6.7

*　冻害回避率 $=\dfrac{\text{收获果数}}{\text{幼果数}}\times 100\%$。

从表 9 - 3 可以看出，以 12 月中旬及下旬所开的花冻害回避率最高，分别达 80.4% 及 90.2%，其幼果平均重也最高，达 43g，着色度 9.8；相对而言，1 月中旬以后开的花，着色稍迟，果实也稍小，尤其是 2 月份以后开的花，其果实着色极差，果实也小，几乎没有什么商品价值。因此，从商品性上看，1 月中旬开的花是一个界限。

从冻害方面考虑的话，以迟开的花为好，但过于迟开的花无商品价值，故易受冻害的地区，以选择利用 12 月中下旬至翌年 1 月中旬开的花，并考虑疏果及追施氮肥相配合为好。

利用迟开的花及推迟花期减轻冻害的方法如下：

1. 晚花结果枝的选择　因为一年生结果母枝的类型不同，其开花期及成熟期均有较大差异。

①只有中心枝而无副梢的花，开花期早，花穗大，果实大，着色亦早，但因其开花

早，不易避开冻害，其坐果比率较小。

②中心枝上着生一根副梢，开花期稍迟，开花盛期迟 20d 以上，因此，果实较前者稍小，但着色相近，该类花避开冻害的比率较高。

③中心枝上着生两根以上的副梢，开花期更迟，避开冻害的比率更高，但果实变小，尤其是着色过迟，商品价值低下。

④中心枝以外着生一根副梢，其副梢上也着生花穗，则中心枝的花穗稍稍为小，也推迟花期，避开冻害的比率也高。但和前述的情况不同，因中心枝和副梢都着生果实，果实长不大，着色也迟，往往不能获得有商品价值的果实。

由于结果母枝的种类不同，开花期及果实的大小而显著不同，为了获得既能避开冻害，又具有商品价值的果实，以在中心枝上着生一根副梢，但副梢上不着生花穗而仅仅是让中心枝结果为最优方案。

2. 以防止冻害为目的的疏蕾 用疏蕾的方法也可以推迟花期。枇杷花穗大的有 150～200 朵花，一般也有 70～80 朵花。其中，有些只成为花蕾并不开花就退化，或开花后并未受精，尤其是着生有 120～130 朵以上的大花穗中，中途退化的花经常可见。若将其一部分花蕾早期摘除，使养分集中于留下的花蕾中，本来会退化的花蕾也可以开花受精，这时，未退化的那些花，开花期显著推迟，引致整个花穗的开花期拉长，由此而使能避开冻害的概率增大。

3. 追施氮肥 10 月份追施氮肥，对于中心枝的花略嫌迟，但可以赶上副梢的花期，使其开花期推迟，从而避开冻害的幼果率增加。即是说，10 月份追施氮肥，有使副梢的花避开冻害的作用。

4. 晾根 在开花前将土扒开，让骨干根晾 7～10d，然后施肥覆土，可以延迟开花期半个月，以减轻花和幼果的冻害。

五、追施钾肥和耐寒性

追施氮肥可间接避开冻害，追施钾肥可直接加强其耐寒性（表 9-4）。

表 9-4　秋施不同追肥对冻害的影响

枝类	肥类	开花数	残留果数	残留果率（%）
中心枝	N 肥区	130.0	9.4	7.3
	K 肥区	109.2	11.9	10.9
	无肥区	121.5	10.1	8.3
副枝	N 肥区	118.8	19.4	16.4
	K 肥区	92.4	16.5	17.8
	无肥区	98.0	12.2	12.4

如在施肥中所述，10 月份追施钾肥，不致改变开花期，但中心枝和副梢能免除冻害

的果实增多，这是由于吸收了钾肥，幼果胚的细胞液浓度加大，而增强了直接的耐寒性的缘故。但是，过多施用钾肥，果肉变硬，推迟着色，除了降低商品价值之外，还会影响其他元素的吸收，故该次追肥量以占全年的10％以内为宜。

六、增强树势

人工低温试验时，树势的强弱对果实的抗冻性没有差异。但实际上在枇杷园里，仍以树势强的较为抗冻。这一方面是由树的强弱而开花期的长短有不同，树势弱者，开花期短，而且较早就结束花期；与此相反，树势强者，开花期较迟，花期也长，因之，树势强的能避开冻害的花数较多。

再者，树势强时，叶片数多，能将果实用叶片覆盖住。当低温来临时，比之无叶片覆盖的果实，因其温度较高，故稍有低温影响时，就有显著的效果。此外，树势强时，树冠内部的花穗多，也有利于加强防冻能力。

总之，树势强时，即使幼果的耐寒性没有差别，从间接来看，能避免冻害的方面较多，故应加强培肥管理及修剪，及时排水灌水，防治病虫等，以尽量培养较强的树势，并且多着生叶片。

七、临时直接加温

根据气象预报，在冬季晴天夜间进行。洞庭山推广地灶，每667m²5个，四周各一个，中央一个，从晚上11时至次日天亮前进行，可提高气温2℃。熏烟材料可用湿草、树叶、杂柴、砻糠等，如每灶加0.25kg氯化铵等发烟材料，效果更好，有条件的可用化学造雾防止冻害，日本则多用重油加热器加温。

在冻害经常威胁的地区，一年3次左右采用熏烟加温，还是合算的。用重油加热器时，也可用废汽车胎代用，较为经济，在其上稍许浇点油，点燃后，可以较长时间燃烧。加热的方法，枇杷园的气温下降到−2℃时立即点火，如图9-4所示，30min左右气温可上升1℃。因此，即使是树势弱的园地，也可以从冻害中完全保住幼果（表9-5）。升温

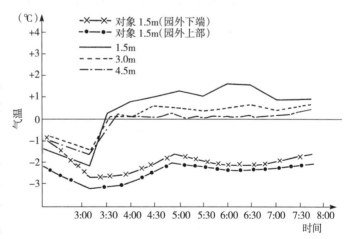

图9-4　点火升温后枇杷园内气温变化
（坂本，浜口，村松，平野）

效果，因燃料种类而异，如图9-5所示，一个燃火点，影响半径为3m左右，如此考虑，每667m²15～20个为好。平地放在周围，坡地放得稍密一些。

表 9 - 5　点火加温对幼果冻害影响

园　地	测定树号	调查果数	冻死果数	冻死（%）	树　势
加温枇杷园	1	64	0	0	弱
	2	100	0	0	中
对照枇杷园	3	53	1	1.9	特别弱
	4	104	40	38.5	弱
	5	108	45	41.6	中

加温方法若冬季每天都采用，也是不合算的，且会熏黑叶片，故限于有危险温度的地区每年使用 3 次左右。有低温预报时，要随时与当地气象台站联系，并与各农户联系，危险温度的出现多在夜半过后至日出之前，尤其是日出前最易出现。发出低温预报后，要在当地气温最低的代表性园内，从晚上 10 时开始，每隔 1h 测一次气温，当园内气温达到 -2℃

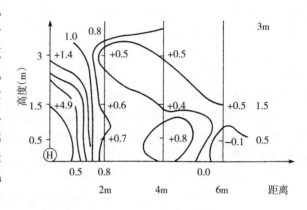

图 9 - 5　点火后的升温效果（单位:℃）

并可能进一步下降时，立即一起点火。作业时期多在 1 月底到 3 月初，基本上都是幼果期，实施加温效果好。

加温法花费劳力较多，且树冠顶部效果较差，特别是大树或行间空隙大的果园效果也差，是其缺点。但一般情况下，确实具有防寒作用，故在经常受到冻害威胁的地区，还不失为一种好方法。若加温再与上述的延长开花期方法结合，可减少加温次数。

八、其他方法

1. 地面覆盖培土　在严寒前于树干周围地面用秸秆、杂草等覆盖和培土，以防地面冻结，保持土壤湿度。据试验，每株盖草 75kg，培土 500～750kg，在对照园土温 -3℃，土壤湿度 10% 时，处理园地土温可保持 0℃以上，土壤湿度达 15%，又有近年来在地面覆盖塑料薄膜，也有增温、增湿作用，并提高了坐果率，其效果如表 9 - 6 所示。

表 9 - 6　不同地膜覆盖的影响（江苏洞庭山）

	项　目	增减数
土壤含水量（%）	对　照	-3.563
	透明膜	+6.076
	蓝色膜	+4.223
	银灰膜	+12.071
地温（℃，10cm 深）	对　照	5.290

（续）

项　目		增减数
	透明膜	＋1.550
	蓝色膜	＋1.720
	银灰膜	＋1.060
坐果率（％）	对　照	20.800
	银灰膜	24.500

注：12 月 23 日铺膜，3 月 23 日测定对照为温度数，其余为增减数，1 月 20 日测定。

2. 靠枝、束叶、覆稻草　除了主干刷白束草外，将大枝靠拢，露在树冠外的幼果用草束叶包扎，其上再覆以稻草，据测定可提高 2～4℃。

3. 树冠覆膜　有些产区，特别是有霜冻地区（如福建莆田、四川双流的山地果园），有些果农用塑料薄膜把整株枇杷树包围起来，边角留小通气孔，形成一个微环境，类似小型简易温室，具有一定的防寒效果，又能起到类似果实套袋的作用，是一种简单又经济的栽培方法。

4. 果实套袋　近年四川双流有采用枇杷果实套袋预防冻害的做法，即于 12 月下旬把泡沫塑料果袋套在幼果上，相当于给幼果穿上了小棉衣，可有效减轻冻害。

5. 大棚栽培　近年来，还有采用矮冠整形，外建塑料大棚进行促成栽培的。虽成本高，但收获有保障，且可提早成熟，有条件的可以进行。

6. 摇雪　枇杷叶片大，容易积雪，故大雪后应立即将树上积雪摇落，以免压折树枝，又可避免融雪时结成冰块，冻伤花器和幼果。

第三节　设施栽培

近二三十年来，作物设施栽培正以迅猛的速度发展，以至于设施栽培技术成为许多作物高产优质的重要方式，生产出许多过去人们难以预料的产品，调剂了市场的缺额，提高了人们生活的档次。设施栽培就是人为地用一些资材设施改变和创造局部的环境条件，使单位面积的产量、品质和效益大幅度地提高。尤其对于人多地少的国家和地区来说，设施栽培的重要性更为明显，甚至代表了一个发展的方向。在园艺作物中，设施栽培在蔬菜、花卉等一年生作物上应用得更加广泛，有些作物的设施栽培已经达到了工厂化的程度。果树由于多年生、个体大的特点，设施栽培在建园和管理上有一定的难度，但果树又有自己适宜于设施栽培的一些特点，仍然有着巨大的潜力和广阔的前景，故近年来果树的设施栽培在一些国家发展迅速。枇杷大棚栽培最早始于日本，日本鹿儿岛地区火山灰很多，影响枇杷果实的外观，20 世纪 70 年代初，有人搭塑料大棚防火山灰，意外发现它不仅可以防止寒害，还可以调节成熟期，随后，大棚栽培在日本枇杷产区推广开来。西班牙也是较早开展枇杷大棚栽培的国家，但其主要目的是为了减轻风害对枇杷授粉受精的影响。我国枇杷大棚栽培起步较晚，仅在四川、浙江、福建、上海等枇杷老产区和北京、辽宁北方产区有少量大棚栽培，面积不足全国枇杷栽培总面积的 1％，仍处于试验探索阶段。实践表明，简易温室是枇杷防冻的最有效手段，它不但可以防寒，稳定产量，而且可使枇杷提早成熟，增加果农收益。

一、设施栽培的优点

1. 提早成熟　设施栽培可以控制设施内的温度，使物候期提前，从而改变了果实的成熟期，可以调剂果品的淡季市场，提高经济效益。

2. 提高品质　设施栽培还可以提高果实的品质。因为设施栽培可以对设施内的环境进行控制管理，如对设施内的光照、温度、湿度、肥水以及二氧化碳浓度等进行控制管理，为枇杷生长提供最好的环境，生产出高质量的果品。

3. 隔断雨水　设施栽培可以有效地隔断雨水。病虫在繁衍和传播过程就缺少了其所依赖的雨水，减少了病虫的发生，即使有病虫害发生，在下雨期间也可进行正常而有效的防治工作。同时，由于隔断了雨水，许多在下雨期间难以进行，而又经常遇到的工作可以正常进行。保证了枇杷产量和品质的提高。

4. 避开气象灾害　设施栽培可以避开气象灾害，如冬季的冻害、早春的倒春寒、花果期间的雨水过多、大风、暴雨、冰雹等，使枇杷生产稳定且优质。

二、设施的构造

1. 设施的类型与材料　枇杷是多年生植物，个体大，在不同地形和地貌栽培的情况也多，所以根据不同的情况，其设施的形式、高度、材料等也不尽相同。

①从设施的形式上看，有单栋式和连栋式。

②从设施的顶棚形状上看，可以分为屋顶形和曲面单拱形。屋顶形防雪性好，通过顶棚天窗换气也方便；而曲面拱顶在软质被覆材料的覆盖和更换上要方便一些。

③从设施的被覆材料和方式上看，可分为玻璃温室、塑料大棚和部分简易覆盖几种。

枇杷大部分设施栽培都采用塑料大棚方式，由于是软质性的被覆材料，很容易做成各种棚顶形状，而且建设费用也较玻璃温室低得多，可以大面积连栋式的采用。但大多塑料薄膜容易老化、使用寿命不长，一般侧面的薄膜可以使用 2 年以上，而棚顶的薄膜如从光线透过率考虑应该 1 年，最多 2 年更换 1 次。

2. 枇杷设施棚架的选择

（1）大棚种类与特点　枇杷设施栽培建造材料一般有三种：

①竹架大棚　成本较低，但使用寿命相对较短，一般 2～3 年。

②钢架大棚　成本较高，但使用寿命长。

③新型复合材料大棚　大棚具有钢的质量，竹架的韧性，又有塑料的防水性能和柳条般的弯曲度，骨架坚固耐用、耐潮、耐高温、耐低温、抗老化、耐腐蚀。棚内通风透光，宽敞明亮，升温降温快。使用寿命可达 10 年。

为保证大棚质量，增强其抗风性和保温性，要选择结实耐用的架材。各地可根据自身经济条件选择大棚种类，经济条件较差的可选用竹架大棚，有条件的可以搭建钢架大棚。

通过多年试验，新型复合材料大棚，既经济，又效果好、效益较高。

（2）竹架、新型复合材料大棚规格质量

①竹架大棚 一般选用直径 3～5cm 的斑竹，塑料薄膜则以厚度 0.8mm 的无滴薄膜为宜。棚架高度应比树冠高 30cm 以上，为便于防风和大棚管理，一般高度不超过 3.3m，如果树冠太高，可以在搭棚前或者覆膜前对枇杷树冠进行落头，降低树高。棚架宽度和长度根据枇杷园情况而定。大棚质量的总体要求是能够抵抗冬季的风雨和雪灾，能够达到保温的效果。棚架接头处要用布条或者编织布包裹紧密，防止刺破薄膜，薄膜上面则要用绳索绑压紧实，防止薄膜被风吹翻吹坏。一般每 667m² 造价在 3 000～4 000 元，每 667m² 每年折旧约为 1 500 元。

②新型复合材料大棚 一般高 3～3.5m，每 667m² 投资复合骨架 11 000 元，大棚膜 1 000元，逐年每 667m² 折旧投资 1 100 元。

3. 设施的材料和配套装置

（1）材料与特性 根据不同的栽培目的和造价预算，可以选用不同的材料来建造设施。设施骨架用材料一般有钢管、硬性塑料管、铝合金材料和铁丝等，被覆材料则有玻璃、塑料板和各种软质薄膜，如表 9‑7 所示。

表 9‑7 农用设施覆盖材料的种类和特点

种 类	保温性	透明性	耐久性	重量	废弃处理	备 注
农用聚氯乙烯薄膜	强	好	较长	重	困难	普及化程度高，具有防尘、紫外线、雨滴、燃烧等多种类型
农用聚乙烯薄膜	弱	较好	短	轻	容易	适宜于夏季高温时成熟的栽培方式
农用乙烯醋酸塑料合成薄膜	一般	较好	稍短	一般	较容易	适宜于简易覆盖和无加温栽培，廉价
聚烯烃系特殊薄膜	较强	极好	长	较轻	容易	最适合屋顶形大棚，透明度高、抗风性强，耐用（10 年）
硬质薄膜	强	极好	长	轻	容易	可见光的透明度高，耐用 5～10 年或更长
玻璃	最强	最好	最长	重	不易	与薄膜类比较，透光率高 10%，温、湿、换气等的调节效率高 20%。价格高

（2）配套装置 除了简易覆盖设施栽培主要是为了隔断雨水之外，其他的设施栽培均需附带配套装置，才能达到控制和调节设施内环境的目的。

①加热装置 用于促成栽培的设施均需配置加热装置，加温时期越早，对加温装置的依赖就越高。根据当地的具体情况，可选用热水循环式、暖风式、电热式、地热式以及加热燃烧式等多种加热方式。为加强设施的保温性，还可在设施的屋顶或棚顶的内侧铺设 1～2 层薄膜。

②换气装置 换气对于空气流动和温度、湿度调控是十分必要的。设施内温度过高

时，可通过换气降低；同时，湿度过高时，可通过白天中午的换气降低；换气还可以调节设施内的气体成分，使之与外界一致。因此，换气在设施栽培中，是一件技术性很强的、做得最多的一项工作。换气可通过开设天窗和边窗换气，为了加快空气流动，或者为了使设施内的温度和湿度不受大的影响，还必须配置换气扇，以便在不开天窗或边窗时进行换气。换气装置设置的方式和密度，则根据设施的类型和大小而定。如玻璃温室和屋顶型的大棚易于开天窗，边窗则可少开；单栋式的可少设置，而连栋式的要多设置。

③灌溉装置 设施内一般采用微喷或滴灌装置，结合施肥进行。若条件达不到时，将水引入设施内进行沟灌也是可行的。

三、枇杷设施栽培

1. 设施栽培的目的和方式 枇杷是秋冬开花、春夏结实的常绿果树，在开花和幼果期往往要受到冬季冻害的威胁，导致产量不稳定。在露地栽培条件下，枇杷花期从秋季到冬季有 2～3 个月的时间，分作几批开放。遭遇冻害时，冻掉了一批还有另一批，虽说产量不稳定，但只要不是特别严重的冻害年份，总还能保持一定的产量。从品质上看，头一批花结的果往往最大、品质最好，但枇杷遭受冻害时最脆弱的部位是幼果中的幼胚，所以头一批花在秋季开放，到冬季幼果时最容易受冻。从果实发育和成熟的角度来看，虽然枇杷的头一批花在秋季开放，但坐果后迎来的却是冬季的低温，所以真正意义上的果实发育和膨大，要等到第二年开春之后，即有 3 个月的时间浪费掉了。因此，在枇杷上采用设施栽培，无论从产量、品质以及促成栽培上看，都可以取得显著的效果。

设施栽培的方式有：①早期加温（秋季温度降低时即开始），这种方式主要是以果实的早期成熟、早期上市为目的；②普通加温，只是在有可能发生冻害的某个期间，甚至于只是某几个晚上加温，使设施内的温度保持在 0℃ 以上，主要以保证头批花的幼果发育正常和产量的稳定为目的；③无加温覆盖，设施栽培当然以加温的效果为好，但无加温大棚覆盖也有利于早春温度的上升，使幼果发育和膨大期提前，在促成栽培方面也有明显的作用。日本目前枇杷设施栽培多是以钢管作支架，上覆塑料薄膜，内置加热器的简易温室，支架常年不动，而薄膜则只在冬春被覆。

在品种选择方面，早期加温型的应选择成熟期早的品种，以利于设施效益的充分发挥，但生产成本高，管理的难度也要大些。而普通加温和无加温型的则以品种的果大、质优为重，生产成本低，管理也容易一些。

2. 栽培管理 与其他果树不同，枇杷是秋冬开花，而设施栽培主要利用的是秋季开的头批花，所以冬季的覆盖或加温不存在像落叶果树打破休眠和柑橘花芽分化那样的问题，秋季开花坐果后即可进行覆盖，但过早覆盖可能授粉受精不完全，反而效果不好，通常盛花末期为覆盖期。一般果树的果实是在高温条件下生长发育、膨大和成熟的，而枇杷的果实一般都在夏季到来之前成熟采收，所以枇杷果实并不适合在高温下生长发育。因此，在设施内加温或温度升到 28～30℃ 时，即要调节降温。

（1）枇杷大棚栽培时的空气温湿度调控

①最适气温（以四川双流为例）　花期：此期从覆膜至终花，白天温度 15～20℃，夜间 10℃左右，此期温度不宜过高。幼果期：1～2 月冬季，白天温度 7～18℃，夜间 2～5℃，避免－2℃以下低温，或温差过大，变化剧烈。果实膨大期：3～4 月上旬，白天温度 18～25℃，夜间 10℃左右，避免 30℃以上高温。果实成熟期：4 月中下旬，白天温度 22～26℃，夜间 15℃左右，避免 30℃以上高温。

②极限气温　已有研究表明，温度达 30℃，枇杷光合效能下降，果实迅速成熟。光合效能最高的适宜温度为 25℃左右。因此，大棚栽培要避免 0℃以下低温造成冻害，也要避免 30℃以上高温的剧烈变化，以免影响果实生长发育，形成小果，着色不良，果肉变硬，风味、品质变差。

③升温与降温　大棚栽培温差变化剧烈，对开花结果不利，以昼夜温差不超过 10℃，最多 15℃为宜。在寒潮过境时，凌晨温度很低，一般在 0℃左右，强冷空气过境棚内最低温度可达－2℃以下，而 9 时以后温度骤升，可高达 25℃以上，因此早上要提前打开通风窗口或掀膜通风换气，使温度缓慢上升，以免升温过急过快影响幼果生长发育。果实膨大至成熟期，气温逐日升高，大棚内温度时常超过 25℃，树冠上部温度明显高于中下部，离地面 1m 处与顶部 3m 处温差可达 10℃左右，2m 处温差 5℃左右，应尽可能揭膜通风并用遮阳网遮阳，喷水降温。

④湿度调控　大棚栽培条件下，枇杷常处在高湿状态，据观测，夜间或雨雾天，相对湿度可达 95％～100％，甚至超饱和状态，特别是花期高湿，容易影响授粉受精，败花不育，对开花结果有不良影响。另外，高湿还极易引发叶片灰斑病，使叶片蒸腾作用降低，影响养分输导，果实着色差，糖度低。因此，覆膜以盛花末期为宜，不能过早。花期和果实着色期湿度一般以控制在 60％～70％为宜。成熟期还可能遇到温度偏高、湿度偏低或西南干热风的影响，而降低品质。据田间观测，中午前后温度达 30℃以上，相对湿度仅 30％左右，此时应及时喷水增湿，揭膜降温。

（2）不同生育期的管理（以四川双流为例）

①幼果期　在加温栽培的条件下一般为 12 月至翌年 1 月，无加温的条件下为 1～2 月，北缘地区为 1～3 月。这一时期的设施内温度管理，加温方式以最高不超过 25℃，最低在 5℃以上为原则，通过加温和换气加以调节；无加温方式以夜间最低温度不低于 0℃为原则，在某段期间也要通过保温和适当加温来调节。其他管理与露地栽培相仿，但要根据设施内的发育期进行。

②果实膨大期　在加温条件下为 2～3 月，无加温条件下为 3～4 月，这一时期温度上升快，果实迅速生长膨大。在日照强度大时，设施内的温度会上升过猛，往往造成高温伤害，所以应注意温度调节。加温幅度保持在 7～10℃，最高温度以 28℃为界。无加温方式最低温度 3 月份在 0℃附近即可，3 月底调节到 5℃左右，4 月下旬达到 10℃附近，最高温度控制在 28℃以下。3 月份应保持土壤充足的水分，4 月份以后应保持土壤相对干燥，以使果实含糖量提高。

③成熟期　加温方式为 3～4 月，无加温方式为 4 月下旬至 5 月。这一时期的管理与果实膨大期的后半段大致相同，最高气温不超过 30℃，土壤保持相对干燥，在果实采收后进行施肥和灌水。

四、枇杷设施栽培技术

1. 基本要求

(1) 要求地形整齐，水源交通方便。

(2) 树高不得超出 2～2.5m。

(3) 果枝比例不得少于 60%，即 6∶4，一般每株成花量要求在 80% 以上，才能形成高产。

(4) 竹架大棚防风加固。如采用竹架大棚，应注意随时检查大棚情况，发现异常，及时采取加固措施和补救措施。尤其在天气预报有大风大雪来临之前要注意对大棚的加固，防止大棚被大风刮翻和刮烂。在灾害性大风和大雪之后，要及时修补损坏的棚架和薄膜。

2. 栽培技术要点 在常规枇杷生产管理的基础上，设施枇杷栽培的技术要点如下（以四川双流为例）：

(1) 搞好疏花 疏除顶端和底部 1～2 个花支穗，留中间 2～3 个花支穗，在 11 月上旬疏完，同时，重点防治食心虫和花腐病。

(2) 扣棚时间 必须在霜冻来临前完成整个覆膜工作，确保枇杷不受冻害。大五星枇杷为提早成熟，可以适当提前，一般在 11 月下旬至 12 月上旬的盛花末期前完成覆膜工作。

(3) 通风透光 大棚内光照差，温度高，湿度大，各种病菌容易繁殖，为了减轻大棚枇杷的病害，有利于枇杷的正常生长发育，要求在晴天温度较高的中午打开大棚的通风口进行通风换气，此外，也可以采用在枇杷园地面覆盖地膜的办法降低大棚内的空气湿度，减轻病害的发生。扣棚后，注意通风透光，早上 10 时至下午 4 时，温度控制在 18～25℃，相对湿度 75%～85%，否则花腐、叶斑病较为严重。

(4) 疏果定果 春节前进行疏果，中心枝结果枝留 3 果，副梢结果枝留 1～2 果。尽量留 10～11 月坐的第一和第二批果。一般在覆膜前疏一次果，由于没有冻害威胁，可以重疏果，一般每个果穗留 3～5 个授粉受精好、发育正常的幼果。全树保留最终留果量的 120%。

(5) 施好壮果肥 在 2 月上中旬进行，以氮、磷、钾肥为主，配合农家肥，可株施复合肥 1.5～2kg，农家肥 25～50kg。

(6) 控温控湿 进入 3 月中旬，注意控温控湿，防止高温高湿抑制幼果生长、引起病虫为害，及时降温、通风，中午最高温度不得超过 30℃，湿度为 60%～75%。湿度小时，可及时灌水，湿度大时，可土撒草木灰，降低湿度。

(7) 施好膨大着色肥 3 月下旬进行，以农家肥为主，配以高钙高钾肥以防裂果，促进果实膨大与着色，饱灌水，控高温，防风害，及时拉紧压膜绳，否则将达不到提前上市的作用。

(8) 拆棚膜 4 月上中旬，当棚外气温稳定达 15℃时，及时拆除大棚膜，停止灌水。

(9) 防病虫害 主要病害有炭疽病、叶斑病、日灼病。主要虫害有黄毛虫、食心虫、蚜虫和天牛等。可用 60% 戊冠 3 000 倍液，25% 腐霉利 1 000 倍液，功夫 2 000 倍液，

40％毒死蜱 2 000 倍液，25％阿克泰 6 000 倍液等喷布。

（10）防日灼，提高商品性　拆膜后枇杷进入着色期，注意日灼、鸟害。可适当喷施叶面肥，增加光洁度，减轻日灼。

（11）及时采收　当枇杷达到九成熟时即可采收，分季上市，注意不摘太青的，否则影响品质。

（12）采后管理　采摘后及时修剪，注意防治病虫害，施好促梢肥，提早恢复树势，以获得年年丰产。

◆ 主要参考文献

蔡礼鸿 . 2000. 枇杷三高栽培技术［M］. 北京：中国农业大学出版社 .

陈其峰等 . 1988. 枇杷［M］. 福州：福建科学技术出版社 .

高瑛，胡海林，李双全 . 2011. 枇杷设施栽培的意义及栽培技术［C］//第五届全国枇杷学术研讨会论文集 . 161 - 162.

江国良，陈栋，谢红江，等 . 2006. 枇杷优质栽培技术图解［M］. 成都：四川科学技术出版社 .

涂美艳，江国良，杜晋城，等 . 2011. 大棚内外温湿度与枇杷生长发育的相关性［C］//第五届全国枇杷学术研讨会论文集 . 163 - 166.

［日］村松久雄 . 1972. 枇杷［M］. 东京：家之光 .

［日］农文协 . 1985. 果树全书：梅 无花果 枇杷［M］. 东京：农山渔村文化协会 .

第十章

白白白白白白白白白白 PI PA XUE

枇杷的经营

第一节　枇杷的经营特性

一、产量低而不稳

枇杷若从经营上看，首先是产量低，其次是生产不稳定。同为常绿果树，如柑橘每 $667m^2$ 产量可达 4 000～5 500kg，可是从大面积上看，枇杷的产量多在 500kg 以下，1 500kg 以上的果园较少，仅在四川双流、福建莆田、浙江黄岩等地有少数丰产园可达 2 000kg 以上。

枇杷的产量低，其原因之一是老龄树多。如江苏洞庭山等地，老树的树体高大，内部光照差，叶面积少，当然产量就低。

低产原因之二是集约栽培园少，而多数农户对其依存度低，栽培上管理极其粗放，如湖北的阳新等地。因为少加管理，则其土壤理化性状，根系生长，枝叶生长都较之管理好的园为差（表 10 - 1），其产量必然低而不稳。

表 10 - 1　不同管理水平下枇杷园的比较

项　　目	长期失管园（树）	管理稍好园（树）
土壤有机质（%）	1～1.5	2～3
土壤容重（g/cm³）	1.41～1.55（极紧）	1.2～1.29（稍紧）
土壤孔隙度（%）	46.8～41.5（过紧）	54.7～51.3（适度）
总根量*（m/m²）	16.94	48.15
死　根（%）	11.6	0.6
细根状态	棕黑色，细长	红棕色，细长
新梢平均长度（cm）	2.90	4.93
树冠单位体积的叶面积（m²/m³）	0.71	2.23
平均单叶面积（cm²）	26.69	75.49

＊总根量指挖根部位平均每平方米地表面积下的根系总长度。

原因之三是自然灾害的影响。首先是冻害的危害，低温使花器和幼果受冻致死，从而造成大减产。如浙江塘栖 1955 年 1 月最低气温降至－8.0℃，当年每 667m² 产量由上年的 340kg，降到 243kg，更有 1977 年 1 月达－8.6℃，单产降到 59kg。冻害不仅造成当年减产，还易增加大小年的幅度。如为防止冻害，常在疏花疏果时多留一些果，但在暖冬年份，则因留果量过大，结实过多，造成树势减弱，易造成隔年结果。其二是涝灾的影响，如 1954 年大水，湖南沅江、浙江塘栖淹死大量枇杷。其三是风灾，如福建及浙江沿海，风灾不仅影响当年坐果，而且甚至将树连根吹倒。

二、劳动的季节性强

枇杷园管理虽多数较为粗放，但主要作业如疏果、套袋、采收等都在 3～4 月及 5～6 月间进行（如图 10-1、表 10-2），而其他时期基本无甚管理，季节忙闲不均。

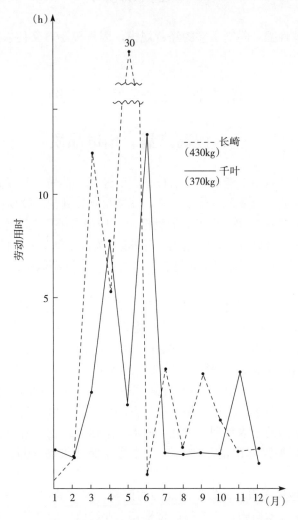

图 10-1　枇杷每月劳动时间（每 667m² 果园）

表 10‑2　枇杷主要工作所花时间及所占百分比（每 667m²）

工作内容	抹芽	土壤管理	施肥除虫	疏花疏穗	疏果套袋	采收出售	其他	合计
h	30	26.6	24	33.3	63.3	74	2	253.2
%	11.8	10.5	9.5	13.2	25.0	29.2	0.8	100

三、机械化难以实行

枇杷园工作量最大的是疏果、套袋及采收，这些工作在近期内都难以实行机械化，故只得用手工操作。

四、经营规模小

枇杷栽培的季节性强，限制了它的经营规模，因规模小，又使农户对其依存度降低，导致管理粗放。

第二节　改善经营管理

一、提高产量，增进品质

从经营特性和生产费用上考虑，今后枇杷园的经营，首先是要提高单产，并且能获得稳产，还要增进其品质。只要能获优质高产，就能得到较其他果树所不及的经济效益。如浙江黄岩民主乡民主村有 50 株 20 年生的枇杷园，1979 年在受冻的情况下，每 667m² 产量为 2 239kg，1980 年每 667m² 产量达到 2 520kg，按每年每千克最低价 1.00 元计，每人管 3 335m²，年收入即可达万元以上，这在当年可是一个巨额数字。为保证优质高产的实现，必须做到以下几点：

1. 老果园的更新改造　老果园比例大是低产原因之一，老果园要予以更新改造。树龄大，难以进行更新修剪、复壮的，要采伐后改栽幼树。枇杷 10～15 年的壮年树，行一定程度的密植，可以获得相当的高产。幼年果园抵抗自然灾害的能力较强，产量也较为稳定。

2. 提高管理水平　我国农业素有精耕细作的优良传统，只是有些地区在果树，尤其在枇杷上对这一点认识不足。要加强对农村科技人员及广大果农的技术培训工作，加强广大农户的商品观念，力争多产优质大果，提高商品率，要努力提高管理水平，认真彻底地落实为增产增收所必需的土壤管理、防冻、树形改造以及疏花、疏果、套袋、病虫防治等综合技术措施。只有加强基础的培肥管理，才能在保证果品质量的基础上获得大幅度增产。

3. 保证一定的栽植面积，搞好不同品种的搭配，并与其他作物搞好配合经营　为了改进栽培技术，落实技术措施，需要提高枇杷在农业经营中的地位。为此，需要以确保必要的栽培面积为其先决条件。枇杷的经济价值较高，黄岩县民主村的枇杷收入在 1978 年即占整个农业收入的 26.5%，成为经济的主要来源。栽植枇杷在多数地区虽尚不能作唯一的经济支柱，但亦可为重要的经济来源。因此在调整农村产业结构之时，我们不仅要在气候、土壤、社会经济诸条件最适宜的地区建立成片的大果园作为商品基地，同时还要在那些比较适宜的地区多行四旁栽植（即屋前屋后，田坎路侧），大兴庭园经济，把致富的道路铺到千家万户门口。一家种上几株十几株，管理方面并不费很大的事，然而收入并不少。一家一户产量虽不多，但几十、上百户统计起来，即可提供数吨、数十吨的商品，就可满足附近城乡日益增长的消费需求。搞庭园经济、家庭果园，不仅单栽枇杷，同时也栽种其他果树，不但可以美化环境，错开劳动高峰，而且还可少担风险，大冻之年，亦有其他收入来源，是较为稳妥的农业经营方法。

再者，品种的选用也应恰当搭配，早中晚熟搭配，鲜食和加工搭配，避免品种过于单一。和其他作物配合栽植时，要注意避免相互争劳力，如图 10-2 所示，栽培柑橘和枇杷的劳力竞争较小，且栽植两者的适宜区域亦近一致，现金收入的时期也刚好是一年两次，经济上比较活。柑橘和枇杷配合栽植时其面积比以 2∶1 为好。即柑橘应多些，因柑橘耐

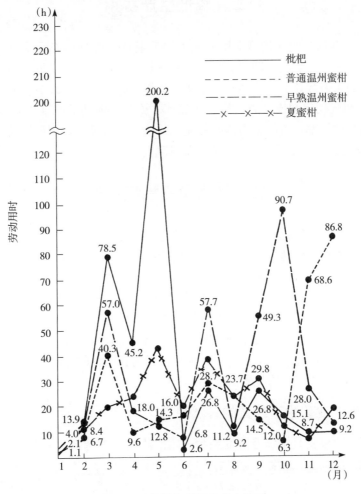

图 10-2　枇杷与蜜柑的劳力关系

贮运，便于调节，在南方若和梨树配合栽植也未尝不可，枇杷不像梨树那样，在炎夏时要采收、嫁接，在隆冬时要整形修剪，可以错开劳动高峰。在安徽三潭和水稻配合栽培，山沟、山下种水稻，山腰、山上栽枇杷，插完秧来采枇杷，收罢枇杷再准备割早稻，也可不误农时，可谓果茂粮丰。枇杷的工作多为精细劳动，很多可在田头或室内做，如采收后的选果、分级包装，纸袋的制作等，均可由老人或小孩帮忙，可充分利用闲散劳力。

在有些大城市及风景名胜区附近，还可开辟观光果园。观光农业是新兴的农业经营内容，游客不仅观赏农村风光，还可亲自采摘、食用或购买。观光的果树种类可包括草莓、柑橘、枇杷、葡萄、梨、荔枝、杨梅等。

要加强对产业、对农业的服务，加强枇杷专业合作组织的建设，做到农、科、教一体化，做好产前、产中、产后的各项工作，实现产、供、销一条龙服务。争取在国家的支持下，发挥枇杷专业科技人员的积极性，把我国的枇杷产业做大做强，为满足大众对果品的要求，提高果农的经济收入做出应有的贡献。

二、降低生产费用

1. 提高劳动效率 现在栽培上用工最多的是采收、疏花、疏果及套袋。要尽可能培养便于操作的树形，一般以低矮树冠为好，要注意疏果，培养大果形品种，以在相同产量时，减少套袋和采果数，要采用经济、结实、效果又好的纸袋，减少重复套袋。

2. 机械化和近代化学技术的应用 在除草、施肥、喷药等作业中，可使用机械或化学技术，提高劳动效率。若能和柑橘园等配合种植，复合经营，则可提高机械的利用率。

3. 整修作业道路 方便人畜及车辆机械的通行。

三、做大做强枇杷产业

财政部和农业部已经将枇杷产业纳入到行业专项建设，投入了大量资金，这是一次枇杷产业做大做强的难得机遇，如何发挥国家资金的作用，把钱真正用到为产业服务上，达到国家投入的目标，是资金的使用者们必须慎重对待的首要问题。国家资金除了用于生理生化，系统分类等基础方面的研究外，尤其要用于高效、省工、轻简栽培、绿色环保栽培等应用技术方面的研究，要在多方面探索新的路子。如矮冠整形、塑料大棚及温室促成栽培，因地制宜的最佳施肥及土壤管理方案，最为简便、有效的病虫害防治技术，多快好省的育苗技术以及早果、优质、丰产稳产、抗逆性强的新品种的选育，贮藏加工，果品商品化处理，防冻栽培等成套实用技术的研究。

（一）枇杷产业化生产经营的必然趋势

1. 枇杷产业化经营是市场经济发展到一定阶段的必然选择 首先，人们的生活水平提高，短缺经济时代已经结束，食物消费由温饱型向健康型、保健型以及享受型转变。在这种形势下，本来就以作为消闲食品为主的枇杷，面临消费者更高标准的要求，如果没有优良的品质，或者是没有满足特定消费群体的特有性状，很难在市场上占有一席之地。现代市场条件下，市场上的果品来自四面八方，消费者往往无法直接判断其品质高低，尤其是如营养指标、农药残留指标等。这种情况下消费者认可的品质载体主要就是品牌，并在长期消费过程中对某一品牌培养起信任感，也就形成了这一品牌的市场认同。显然，一家一户的分散生产、分散经营，栽培管理千差万别，产品内在品质和外观品质也是千差万别，就是贴上商标，也很难形成统一的品牌所要求的标准。面对这样千差万别的果品，如何能够培养出广大消费者认同的名牌？即使有些栽培户的果品品质是优良的，但因规模小，供应市场的稳定性差，也很难产生品牌效应。第二，随着市场竞争的日益加剧，那些具有自然条件、市场条件以及技术条件等优势的地区将会逐渐占据市场的主导地位，从而形成枇杷的区域化生产，推动全国大市场的形成，甚至走出国门走向世界。面临这样的流通方式，一家一户是办不到的，那些分散生产、分散经营且离集中产区和主要消费地区较远的种植者很容易在这种大生产、大流通的环境中被淘汰。第三，枇杷的深加工应当是枇杷生产经营的重要方向，今后将根据市场需要还会有大的发展，并带动生产进一步向区域化、专业化方向发展。枇杷的区域化、专业化生产以及大流通市场的形成，不仅需要与之相配套的生产方式，还需要相应的设备和设施如贮藏、加工、运输设备等，这些一家一户是难以办到的，只有在有组织的产业化生产条件下才能够实现。

2. 枇杷产业化生产经营是我国目前农业综合条件下适宜生产方式的必由之路　我国由人民公社体制转为家庭承包经营后，广大农民群众成为农业生产和经营的主体。但在总体上他们的文化素质偏低，而且缺少在市场经济的大潮中前进的经验。这样的经营主体面对严酷的市场竞争，由于信息不灵、判断不准很难把握住发展方向，很容易出现一哄而上，一哄而下的情况。近年来这样的例子屡屡出现，使果品供应或者遍地都是，或者满足不了消费者的需要，生产发展极不稳定。在目前农产品相对过剩、种植结构调整时期，适当的引导比以往任何时候更显得重要。而且近几年的经验已经证明非经济的，不被种植者亲眼所见的任何发展趋势或导向均起不到其应有的效果，只有发生在种植者身边的产业化生产经营这种看得见、摸得着的方式对农民最有吸引力、说服力和引导力，是一种有效的、灵活的、最能调动各方面积极性的，适合我国国情的农业生产运作方式。

3. 枇杷产业化生产经营也是在日益激烈的市场竞争中寻求技术发展的有效途径　现代科学技术的发展推动着生产力的飞速跃进。枇杷生产也不例外，发展到目前阶段，利用先进的科学技术来促进枇杷生产和销售将是其未来发展的前提条件。产业化生产经营这种把分散农户组织起来的方式，利于把生产存在的技术问题及时反映出来，并迅速传递到技术研究部门予以解决；也利于把新的技术引进来应用到生产中，它可以最大限度地避免因一家一户分散经营，以及生产经营主体文化、技术水平低而造成的技术应用困难的问题。它在应用者和研究者之间架起了直接便捷的桥梁。

（二）农民合作经济组织是市场经济发展的必然产物

我国的农业生产，面临着巨大的发展机遇，但从近期来看，挑战和危机同样是巨大的，以国际涉农跨国公司为一方和以中国千家万户微型农业为一方，将在国内外农业市场上展开价格战、标准战和效益战，三大战役的优势均在于规模与科技。千变万化的国际国内大市场与中国千家万户的小农经济间的矛盾日益突出，已经突飞猛进了的经济发展现实与"三农"问题之间的矛盾日益突出。解决"三农"问题,确实需要进行税费改革,减轻农民负担,但光靠户平每年减少几百元的税费,农民还是富不起来。解决"三农"问题,需要调整农业结构,但不解决零碎、分散的承包现状,光靠行政手段强行大调整,建设大基地,结果往往是一哄而上,大起大落,劳民伤财。解决"三农"问题最根本的还是要靠深化农村改革,逐步实行适度规模经营。纵观国内外农业的发展历史和现状,只有实行适度规模经营,增强农民和农业自身的造血功能,才能抗御自然风险和市场风险,才能实现农业产业化和现代化。曾在过去的 30 年里,对我国农业发展和提高农民生活水平起了很大促进作用的家庭分散经营模式是建立在超小规模和超高零散结构基础上的,从它一诞生起就有其发展的局限性,只是当时一系列的利农政策和有利环境把它掩盖了而已,随着以市场经济为目标模式改革的深入,在现阶段的经济发展水平和社会发展水平之下,它已经并将继续在一定程度上制约农民从农业经营中得到获利机会的可能性,已经逐步暴露出不适应性和诸多缺陷。如单个分散经营不适应农业市场化的要求,农户经营规模狭小,生产的农产品数量有限,市场参与和竞争能力差,难以掌握市场信息,预测市场变化,致使农民小生产与社会大市场对接困难甚至脱节;又由于农民经营规模狭小,扩大再生产能力较弱,制约了农业规模经济的发展。家庭承包经营形成了家家种地,人人包田的局面,由于在 20 世纪 80 年代初推行家庭联产承包责任制时,耕地是按人口和劳动力平均分配的,水田、旱地、肥田、瘦田、远田、近田,均匀搭配,把本来就不大的耕地田块,人为地、一家一户地分成了许多小块,致使耕地利用格局支离破碎,很难形成合理的经济规模,地力状况难以改变,防病治虫难以统一,用水矛盾难以解决,农民难以从根本上突破自给自足的自然经济状态。农户分散经营的小生产与大市场之间信息不对称性和非均衡性,造成了高额生产成本,交易成本和管理费用以及农民组织化程度低下,自我保护能力差,增加了市场准入的难度,种田效益难以提高。由于土地经营面积细小化和粗放式经营,制约了农业科技的推广和发挥,农机作用难以发挥,良种良法难以推广,致使一些地区的生产技术和生产手段还停留在落后和原始的阶段,限制了生产力的发展。专家们近年提出的"三权分离(所有权、承包权、经营权),自由租赁,联片种植,股份合作"的制度创新,已经势在必行了。三权分离是基础,在此基础上,可根据不同条件,采用不同的方法,如采用二级市场自由租赁的办法,或实行联片种植,发展区域性专业化规模经营,成立"农协"等等。最好的办法则是承包权股份化,即实行所谓"股田制",由村土地经营股份合作社招标给开发商集中经营,农民按股分红。实践表明,发展农民专业合作经济组织有利于提高农民进入市场的组织化程度,有助于推进农业产业化经营,有助于提高农民自身的素质,有助于改善政府对农业的管理。作为一种农业经济组织,农民专业合作经济组织不仅符合农业生产经营特点,也符合世界农业发展规律,更符合我国农业和农村经济发展现状,是农业现代化、市场化进程的必然产物。下一步农村改革的重点就是推动农业经营体制的再创新,大力发展农民专业合作经济组织和农业行业协会是其中的主要内容。

(三)家庭经营制是农业生产制度长期的必然选择

解决"三农"问题,只有家庭规模经营才是正确的方向。世界各国以农业生产合作社为形式的农业社会主义实践的共同结果均以失败而告终,这是一个世界性的现象。合作一且进入到农业生产领域便告失败，历史上如此，现在还是如此。而农业生产的家庭经营制则始终保持了旺盛的生命力，是目前为止几乎所有的农业生产组织方式的共同选择，这是由于农业这个特殊产业的特点所决定的。农业生产的根本特点在于它既是一个人类劳动过程，也是一个自然生长过程，是人类劳动作用于自然的过程，是一个人类经济再生产与自然再生产交织在一起的过程。这一根本特点决定了，不仅农业生产需要在一个广阔的地域空间分散进行，而且农业生产具有不可分割的连续性和顺序性。虽然农作物的生长发育过程可以划分为若干个不同的阶段，但每个阶段不能分割、中断或重复、颠倒，因此，农业生产没有如同工业那样的中间产品，而只有在农作物生长发育过程结束后，方能取得最终产品。要取得最终产品，则需要劳动者对作物自始至终地看管、照料。这就需要对劳动者责任心和努力程度进行激励。但在集体制的农业生产中，这种激励却难以产生，因为无法把他的劳动努力与别人的努力区别开来并在劳动报酬中予以体现。每个生产环节包括每项作业、每项农活都与形成最终产品密切相关，但劳动者的每一项或每一天的劳动却无法判断其质量，甚至无法判断其数量，例如如何判断翻地是否到了规定的深度？施肥是否到位？除草是否断根？撒药是否均匀周到？如果要监督，则每个劳动者身后都要跟一个监督者，而监督者又由谁来监督？因此，只能在农产品的最终收成上加以体现。在这个过程中，自然因素如天气，也发挥着相当重要的作用，更使得劳动效果的计量和劳动过程的监督产生困难。这是与工业生产截然不同的。农业生产的另一特点，即生产时间和劳动时间的不一致。劳动时间在农作物的整个自然生产过程中的各个阶段上，分布是极不均匀的，形成所谓"农忙季节"和"农闲季节"。在农作物的种植和收获或中间的某个环节，由于作业项目多，劳动量大，需要投入较多的劳动力或劳动时间，如枇杷生产中的疏果、套袋、采收等环节，劳动时间相当集中；而在其他时期，则有相当长时间的农闲季节，只需投入较少的劳动力或劳动时间。如果在直接生产过程中按生产环节实行专业化分工协作，集中大量劳动力，就会出现下列问题：一是因为作业项目和农活种类繁多，不同农事季节也有不同的作业和农活，劳动力的分工和协作实际上无法固定，只能频繁变动，这就失去了如工业中的分工协作的意义；二是大量的劳动力在农忙季节尚可充分利用，在农闲季节则会大量闲置。由于人的心理因素和社会文化传统，任何生产，只要能够在家庭内部完成并达到一定条件下所达到的最高水平和最优状态，那么，生产者将首先选择家庭经营方式，而不会走上与别人的合作。当生产力发展或其他因素的作用使得仅仅依靠家庭难以完成或者难以达到最优化状态时，就会冲破家庭的范围而走上合作或分工协作。工业发展史就是这样。农业的特点恰恰表现为可以在家庭的范围内完成生产的任务并达到最优化状态，实现规模经营。不仅传统农业，现代农业也是如此。并不是像有些人所说的，家庭经营只适应于传统农业，随着农业现代化的逐步实现，要突破家庭经营的范围。这是因为，即使是发达的现代农业，也没有达到工业那样的精确的分工程度和工厂化生产方式，没有达到必须依靠合作或协作才能完成生产或实现最优化的程度。世界上几乎所有国家的农业生产都是以家庭制的形式进行的，不雇工或极少雇工，少量的雇工也只是发生在农忙季节。发达国家的农业的资本有机构成大都已经超过工业，即农业中人均拥有的机械设备价值已超过工业的人均水平，农业生产的几乎所有环节都可由家庭完成，并实现了农业的规模经营，而且家庭中的农业劳动力也有不断下降的趋势。家庭经营并不一定是小规模的，家庭经营的对立范畴是集体经营，而不是规模经营，家庭经营并不影响规模经营和土地流转。美国 1950 年农场总数为 565 万个，平均每个农场拥有土地 86.20hm²；1998 年农场总数为 219 万个，平均每个农场拥有土地 176.04hm²。日本是公认的小家庭经营农场的典型，1999 年日本的家庭农场总数为 3 120 215 个，每户农场的平均耕地面积是 1.47hm²。我国的农户家庭的土地经营规模更小，户均不到 0.5hm²。我国的家庭经营显然没有实现规模经营。土地的规模经营是手段，不是目的。我们的最终目的是提高农民的收入。因此，农业改革一定要让大多数农业劳动力转移出去，在实现土地规模经营的同时，实现从事农业生产单位的最大生产可能性边界，提高人均收入。家庭经营不排斥规模化和现代化。在国外，很多发达国家都是通过"公司＋农场"的方式来实现的。垄断资本所控制的农业服务公司同分散的家庭农场建立某种较稳定的契约关系甚至建立紧密的联合体，成为大公司下的一个"农业车间"。与此同时，家庭经营为了与大公司经营方式接轨，也自然地逐步改行企业化管理，有经理，有雇员（实为儿女亲属，也有少量临时工人），有会计制度、审计制度，大家都拿工资，按企业规章制度与劳动纪律进行劳动，并给予奖惩。这样，就从制度与组织上解决了二元经济结构问题和工农业的协调发展问题。

在中国，要建立这样的家庭农场制度，当然是不能性急的，但这个方向必须明确，否则，过去那种"集体化"的思维还会死灰复燃。今后，中国要彻底解决工农业一体化协调发展的问题，同样可以走"公司＋农户"的道路。

（四）要坚持农村合作经济发展的多样性原则

我国地域广阔，各地经济发展水平不同，城乡居民需求不同，很多农产品的生产具有区域性特点。因此，一定要实事求是，从当地实际出发，兴办不同特色、不同规模的合作社，绝不能统一套用一种规格、一个模式。从目前农村的情况看，在完善双层经营体制、发展社区综合性合作经济的同时，围绕专业性的商品生产，发展多种专业合作社很受农民欢迎。必须坚持尊重农民创造性，鼓励多种形式共同发展的原则。四川省双流县永兴镇采用的枇杷托管合作社方式，应该是在枇杷产业化生产方面所作的有效探索，得到了承包者和生产经营者双方的认同，获得了双赢。

目前我国农业产业化经营的组织形式大体有如下四种："公司＋农户"、"社区合作社＋农户"、"农民专业合作社（协会）＋农户"、"专业批发商＋农户"。不论农民专业合作经济组织采用何种形式，是以专业合作社，专业技术协会，还是其他组织形式，都必须坚持"民办、民管、民受益"的合作组织原则，都应是建立在农民自愿基础上的。参与者有"退出权"，可与农户家庭经营并行不悖，符合农民的意愿，能提高农户进入市场的组织化程度，降低交易费用和经营风险。农民专业合作经济组织若作为土地所有者，应在农民广泛参与的情况下，民主表决土地使用权、收益权及处置权，并且可以通过土地转让、出租等地产经营行为，实现土地流转，引导农业生产向区域化、专业化方向发展，实现农业的适度规模经营。建立农民专业合作经济组织，有利于实现行政职能的剥离，将行政性服务内容归于村委会，合作组织则从事与农业生产和农产品经营有关的专业性服务，服务领域贯穿于农业生产的产前、产中和产后，还可以随经济发展拓展到第二、三产业。如果说建立新型农民专业合作经济组织是从集体经济职能重塑的角度来考虑的话，股份合作制就是对集体经济产权制度的创新。农业股份合作制把股份制与合作制两者的优势融于一体，是实行土地、劳力、技术、资金等生产要素入股合作经营的一种经济组织形式。它适合于现阶段我国农业生产的环境和条件，是中国经济体制改革在一定阶段上的产物，既带有原来的集体经济的某些特征，又孕育着适应市场经济的股份制要素。股份合作制最大的特点是将集体资产部分折股量化到个人，即将新的股份合作制企业产权来源中包含的原有集体资产落实到人。现今大力推崇的农业产业化模式，主要是"龙头企业＋农户"模式，其本质上是英国的"公司＋农场"模式的翻版。而在中国，并不具备当时英国的条件。其一，英国的工业化是从轻工业起始的，其轻工业，特别是以农业为原料的轻工业十分发达，所以其"龙头"特多；其二，英国的农业属大农场主农业（在圈地运动的基础上形成的大农场），它一开始就基本上是企业化经营的，所以，英国的农业现代化推行得很成功。从整体上讲，我国在一段时间内还难以具备这些条件，不仅"龙头"太少；而且"龙头"的实力大多数还不足以承担繁杂的经济中介服务职能，农户太细小、太分散。正因为如此，龙头企业带农户，相当数量的办得不是很成功，而且即使有办得很成功的，也只能解决少数"点"上的问题，解决不了"面"上的问题，更何况绝大多数龙头企业或中介公司与农户基本上是两个相对独立利益主体，他们的利益链接缺乏有效的制度保障，大多数停留在一般的市场合约基础上，难以在市场波动时，结成真正的利益共同体。在当今中国，要实现农业的产业化，要解决"面"上的问题，必须借鉴国际经验，推行农民合作组织。在已经实行"龙头企业＋农户"模式的地方，建议将股份合作制引入农业产业化经营，以促进企业和农户增加资产专用性投资，增强公司与农户彼此间的依赖性。在农业产业化经营中，要使公司与农户之间的契约关系稳定并且发展，增加专用性资产的投入是一个较为有效的举措。事实上，从农业产业化经营的发展趋势来看，无论是企业还是农户都具备这种投资的条件和可能。对农户来说，农业生产前的资金投入，或者将土地折价入股或者直接以资金入股，都是专用性资产的投入。企业进行专用性投资的种类则较多，诸如公司在农户生产产品之前便投入良种、化肥、种畜、农机、技术或者不可回收的资金等。例如，由"龙头"企业投资建立工厂，对农产品进行深加工。这种投资，既可以提高农副产品的附加价值，为双方创造更大的剩余，同时，又可以作为"龙头"企业对农户予以承诺。而对专用性资产投资来说，从一开始就是以双方或多方的合作为依托的，一旦企业既进行销售，又投资办厂进行农副产品加工，契约的稳定性便会大大加强。当契约双方实行了专用性资产投入时，双方会出现相互"套牢"的状况，退出的成本极高。因此，通过公司与农户双方专用性资产投资，可以降低组织内部的协调成本，提高双方契约安排的稳定及组织运作的效率。现实中，龙头企业吸收农户入股，或由企业发起与农户共建股份合作制是一种有益的探索。农业产业化经营是市场行为，不是政府行为。"龙头"企业和参与农户对利益最大化的追求是产业化发展的动力，政府支持和推动是它发展的助力。它的发展速度和规模，归根到底取决于市场需求拉动，而不取决于外力推动。

（五）枇杷产业化生产的前提条件

产业化生产是近年来我国农业生产中出现的重要发展方向，是指把农产品的生产、加工、销售一体化的一种农产品生产经营运作方式，其核心是具有引导力，从而把这种一体化组织起来的启动点或龙头企业。它推动了我国农业生产尤其是推动了高效农业的发展。从各地的成功经验看，产业化生产的形成是在市场经济条件下，农业生产发展到一定阶段的必然产物，枇杷生产产业化也不例外，它的实现需要成熟的条件和一个坚实的发展过程。枇杷是多年生的果树，栽植后要在同一地点生长和结果几十年。因此，在产业化生产时，必须遵守自然法则，讲求枇杷生育规律和经济效果，以生产枇杷优质商品果实，更好地满足国内外市场需要；充分考虑当地的生态条件是否适宜枇杷的生长发育和社会地理条件是否符合经营目的，才能获得枇杷的丰产、优质、低耗和高效益。

1. 枇杷对生态条件的要求　枇杷在长期的自然选择和人工选择条件下，形成了独特的外界环境条件的适应性，它喜温怕寒、喜光怕渍。在生产实践中，必须综合考虑各种因素对枇杷生长发育的影响，趋利避害，使各种条件能够协调配合，尽量为枇杷生长发育创造一个良好的环境条件，从而为丰产高效奠定基础。

2. 枇杷产业化生产的市场条件　枇杷产业化生产不同于一般农家自给自足的生产，产业化生产不仅仅是考虑能不能产出枇杷的问题，而且还需考虑是不是低投入、是不是能获得高产、有没有销路、经济效益是不是很高，因此，为了达到较好的经济效益，必须注意以下条件因素。

（1）产地周围的市场　枇杷是一种不耐贮运的水果，但是通过长途贩运销售也能获得一定的利润。由于长途贩运、异地销售毕竟有它的缺陷，往往产品遭受一部分损耗，销售成本增大，市场信息难以及时把握，不可预见的风险系数也大。正常生产季节，各个销售市场一般均有自己当地的生产者，他们对市场的预测，就应该考虑了本地消费需求量，他们的生产前提总是以占领本地市场为第一指导思想，从而外地的货源难以挤进，也没有竞争的优势。因此，除利用特殊有利气候条件反季节生产外，其余常规生产一般以就地生产就地销售为原则，合理安排生产面积，否则，造成生产过剩，降价销售，甚至赔本销售。

（2）交通位置　商品经济大潮中，交通位置的便利与否，是决定竞争优势高低的一个重要因素，枇杷商品化生产也不例外，必须以有利的交通运输代替传统的肩挑背扛。因此，选择生产基地时，必须充分考虑交通位置，基地是否距离销售市场近，道路是否畅通，所需的肥料等生产资料能否及时运进来，生产出的产品是否能及时拉出去。

（3）劳动力资源　必须充分考虑劳动力资源是否丰富，劳动力工价是否合算，否则，生产基地选在劳动力很缺乏的地方，即使各种自然条件优越，生产也成了一句空话，或者劳动力工价过高，造成生产成本过高，从经济效益方面考虑是不合算的。

（4）排灌设施完善　枇杷忌湿度过大、雨水过多，也忌过于干旱。因此，生产基地必须选在排灌方便的地方，雨季能迅速排涝，旱季能及时灌溉，地势低洼的地方或高山坡上一般不宜作生产基地，同时要建好排灌系统。

（5）良好的社会治安环境　社会治安环境好，生产顺畅，客户愿意上门收购，价格合理、生意兴隆。反之，生产时常遭受破坏，人心惶惶，干事无积极性，胜利果实遭偷遭抢，地痞流氓欺行霸市，客户不敢上门，产品低价出售，生意自然冷清，结果只有赔本。

3. 有一个有带动能力的启动点或龙头企业　在我国农产品市场经济发展的初期，产品的销售主要是通过当地的集贸市场来实现的，以满足当地的需要为主。以后随着生产规模的扩大当地市场饱和，就需要开拓外部市场来寻求发展。产品找到了出路，生产就继续发展，否则就只能在当地的小范围内小规模低水平下徘徊。而在一家一户分散经营的条件下，绝大部分生产者自己无力走出去开发市场。因此，对于广大果农来讲其枇杷销售就成为重要而迫切需要解决的问题，销售的重要性甚至超过了栽培管理技术。在这种形势下产业化生产和经营就发展起来，其关键是启动点或龙头企业。就目前各地的情况看带动产业化发展的启动点或龙头企业主要有下面几种基本形式：

（1）市场带动型　随着生产规模的扩大集贸市场销售已远远不能满足销售需要，在各地政府的积极引导、协调和支持下，甚至在政府的直接组织下，在生产基地建立起了大型的专业批发市场，并通过宣传使之成为农产品集散地。生产者和销售者汇集于此也使之成为农产品生产和销售发展趋势的信息集散地，从而以信息链条把生产和销售联结起来。这是目前我国农产品产业化生产经营也是枇杷产业化生产经营的主要形式，被人们称为龙型经济。在这种形式下枇杷的区域化种植已达到较高的水平，广大种植户可以根据当地的已有种植情况决定自己的种植计划。但仍是各自为政，自主经营，自担风险。因此，从发展的角度看，它是一种初步的产业化形式，但它为产业化的进一步发展提供了有广阔发展空间的平台。

（2）企业带动型　它通过与农户签订生产合同的形式和农户联系起来，它以广大的种植户为枇杷生产基地，通过公司以品牌形式统一对外销售。在这种形式下农户和公司形成一个整体，公司负责制定生产计划和枇杷标准以及栽培管理操作规程，广大农户则根据公司的要求进行生产。这种情况下农户只需按照公司的要求进行栽培管理，或在公司技术人员的指导下进行栽培管理。形成了比较明确的专业分工，从而使得各方发挥各自的优势，共同为整体同时也为了自己努力工作。其枇杷也很容易在统一标准要求下提高质量，形成了以品牌促生产，以产品创名牌的良性循环，非常有利于生产的稳定发展。这也是公司加农户的产业化形式，将会成为未来产业化的主流形式。

（3）经纪人带动型　主要是生产基地的一些有经营头脑的人放弃了土地经营专门从事枇杷推销（也有一些枇杷消费地的人员从事枇杷推销工作），他们信息灵通，足迹遍及全国，极大地扩大了市场范围，推动着生产基地的发展。许多产业化龙头企业就是在经纪人的推销过程中由经纪人逐步创办的。

4. 具有一定的技术保证　技术保证包含技术基础和技术发展创新两层意思。要保证产业化生产经营的稳定发展就不能没有过硬的优质枇杷和成本适宜的生产管理技术。生产优质枇杷光有优良的自然条件是不够的，还需要种植者采用优良的品种和配套的栽培管理技术；并根据市场变化和消费者的不同需求不断生产出不同风味和风格的枇杷以满足销售需要；并不断研究生产中出现的各种问题，保证生产的稳定发展；并降低生产成本以提高果品的综合竞争能力；这就需要生产者加强学习，并和有关科学研究部门加强联系及时掌握新技术、新方法，从而在激烈的市场竞争中能够保持枇杷的质量和品种处于领先地位。

5. 需要国家制定有利于产业化发展的政策　首先，要制定优质枇杷质量标准和枇杷质量监测体系，这样有利于实行优质优价。因为如营养成分、农药残留等指标消费者无法直观判断，它需要权威部门的认定；第二，政府要给予扶持，农业的经营是微利行业，它的效益主要体现在社会方面，主要是为农业生产、为农民服务，这就需要全社会给予支持，包括物质和政策等方面，为产业化的发展创造宽松的发展环境和稳固的发展基础。

◆ 主要参考文献

蔡礼鸿.2000.枇杷三高栽培技术［M］.北京：中国农业大学出版社.

邱武陵，章恢志.1996.中国果树志：龙眼 枇杷卷［M］.北京：中国林业出版社.

郑少泉，陈秀萍，许秀淡，等.2006.枇杷种质资源描述规范和数据标准［M］.北京：中国农业出版社.

［日］村松久雄.1972.枇杷［M］.东京：家之光.

［日］农文协.1985.果树全书：梅 无花果 枇杷［M］.东京：农山渔村文化协会.

附　录

鲜枇杷果（GB/T 13867—1992）

1　主题内容与适用范围

本标准规定了枇杷鲜果的质量规格和检验方法。

本标准适用于全国范围的枇杷收购和销售。

2　引用标准

GB 5099.38　蔬菜、水果卫生标准的分析方法

GB 5127　食品中敌敌畏、乐果、马拉硫磷、对硫磷允许残留量标准

3　术语

3.1　正常的风味及质地　指该品种成熟期本来的气味、口味及肉质的粗细、软硬、松紧。

3.2　果梗完整　指采果剪截后，一般留在果实上的果梗长度应保留 15mm±2mm。

3.3　外物污染　指有毒物、不洁物或有恶劣气味的物品污染了果实。

3.4　品种特征　指该品种成熟期所具有的果形如长卵形、卵圆形、圆球形、扁圆形等以及果顶、果基的特殊形状。

3.5　着色　指果皮绿色消退后固有色泽的形成。

3.6　锈斑　指自然存在于果皮上的锈色斑点或斑块及因日晒、霜害、雪害、药害、虫害等引起的果实表面数层细胞坏死而造成的栓皮现象。

3.7　萎蔫　指因失水而产生的果皮皱缩现象。

3.8　日烧　指果皮因日光直射造成的疤痕或腐烂。

3.9　裂果　指果面的明显开裂。

3.10　果肉颜色　分为红肉及白肉两大类。红肉类包括红橙、黄橙。白肉类则包括黄白、乳白等色泽。

3.11　无袋栽培　指栽培过程中，果实不进行套袋保护的栽培方式。

4　分类和品种　主要生产品种分为白肉枇杷和红肉枇杷两类。

本标准所列系全国产量较大，具有区域性或代表性的主要优良品种，本标准未列品种及新选育的品种、品系，各地可根据本标准原则，制定适合该地区的果实大小级别，其规格不能低于本标准的规定。

5　技术要求

5.1　质量分等

5.1.1 总体要求 各类枇杷必须品种纯正，果实新鲜；具有该品种成熟时固有的色泽，正常的风味及质地；果梗完整青鲜；果面洁净，不得沾染泥土或为外物污染；果汁丰富，不得有青粒、僵粒、落地果、腐烂果和显腐烂象征的果实以及病虫严重危害。

5.1.2 分等规格 鲜枇杷果在上述总体要求范围内，按表1规格，质量分为一等、二等、三等共三个等级，其中二等果所允许的缺陷，总共不超过三项。

表1 枇杷果实质量分等规格

项目	一等	二等	三等
果形	整齐端正丰满、具该品种特征，大小均匀一致	尚正常、无影响外观的畸形果	
果面色泽	着色良好，鲜艳，无锈斑或锈斑面积不超过5%	着色较好，锈斑面积不超过10%	
毛茸	基本完整	部分保留	
生理障碍	不得有萎蔫、日烧、裂果及其他生理障碍	允许褐色及绿色部分不超过100mm²，裂果允许风干一处，其长度不超过5mm，不得有其他严重生理障碍	次于二等果者
病虫害	无	不得侵入果肉	
损伤	无刺伤、划伤、压伤、擦伤等机械损伤	无刺伤、划伤、压伤，无严重擦伤等机械损伤	
果肉颜色	具有该品种最佳肉色	基本具有该品种肉色	
可溶性固形物	白肉类：不低于11% 红肉类：不低于9%		
总酸量	白肉类：不高于0.6g/100mL果汁 红肉类：不高于0.7g/100mL果汁		
固酸比	白肉类：不低于20:1 红肉类：不低于16:1		

5.2 果实大小级别 同等枇杷果实依据单果重量，按照表2标准，分为特级（特大果，2L）、一级（大果，L）、二级（中果，M）、三级（小果，S）四个级别。

表2 枇杷果实大小分级规格

项别	品种	特级	一级	二级	三级
白肉枇杷	软条白沙	≥30	25～30[1]	20～25	16～20
	照种白沙	≥30	25～30	20～25	16～20
	白玉	≥35	30～35	25～30	20～25
	青种	≥40	30～35	25～30	20～25
	白梨	≥45	35～40	25～35	20～25
	乌躬白	≥35	35～45	25～35	20～25

（续）

项别	品种	特级	一级	二级	三级
红肉枇杷	大红袍（浙江）	≥35	30～35	25～30	20～25
	夹脚	≥40	30～35	25～30	20～25
	洛阳青	≥40	35～40	25～35	20～25
	富阳种	≥40	35～40	25～35	20～25
	光荣种	≥40	35～40	25～35	20～25
	大红袍（安徽）	≥45	35～45	25～35	20～25
	太城 4 号	≥50	40～50	30～40	25～30
	长红 3 号	≥50	40～50	30～40	25～30
	解放钟[2]	≥70	60～70	50～60	40～50
	福建红肉品种	≥68％	≥66％	≥64％	≥62％
	其他品种	≥66％	≥64％	≥62％	≥60％

注：1）25～30 表示单果重量达 25g 及 25g 以上至不满 30g，其余类推。

2）解放钟可将单果重量达 80g 以上者，列为超大果（3L），将 30～40g 者，列为特小果（2S）。

5.3　容许度

5.3.1　果面色泽　加工、远运和贮藏用的鲜枇杷果，其成熟度允许八成熟以上，果面色泽要求稍低。无袋栽培的枇杷果实，果面锈斑一等果容许 10％，二等果允许 20％。

5.3.2　果梗长度　二、三等果的果梗长度允许 10～20mm。

5.3.3　毛茸　无袋栽培时，一等果要求毛茸大部分保留，二、三等果不作要求。

5.3.4　可溶性固形物　果实成熟期多雨年份，可溶性固形物含量允许降低 1 个百分点。

5.3.5　大小分级　大小分级时，三等果可分为两级，即将 L 及 2L 作为大果，M 及 S 作为小果。

枇杷种质资源描述规范
（摘自《枇杷种质资源描述规范和数据标准》）

1 范围

本规范规定了枇杷种质资源的描述符及其分级标准。

本规范适用于枇杷种质资源的收集、整理和保存，数据标准和数据质量控制规范的制定，以及数据库和信息共享网络系统的建立。

2 规范性引用文件

下列文件中的条款通过本规范的引用而成为本规范的条款。凡是注日期的引用文件，其随后所有的修改单（不包括勘误的内容）或修订版均不适用于本规范。然而，鼓励根据本规范达成协议的各方研究是否可使用这些文件的最新版本。凡是不注日期的引用文件，其最新版本适用于本规范。

ISO3166 Codes for the Represertation of Names of Countries

GB/T 2659 世界各国和地区名称代码

GB/T 2260 中华人民共和国行政区划代码

GB/T 12404 单位隶属关系代码

GB/T 10220—1988 感官分析方法总论

3 术语和定义

3.1 枇杷 蔷薇科（Rosaceae）枇杷属（*Eriobotrya*）中的一个种，多年生植物，学名 *Eriobotrya japonica*（Thunb.）Lindl.，染色体数 $2n = 2x = 34$。枇杷果实由子房、萼片和花托发育而成，食用部位由花托发育而成。

3.2 枇杷种质资源 枇杷野生资源、地方品种、选育品种、品系、遗传材料等。

3.3 基本信息 枇杷种质资源基本情况描述信息，包括全国统一编号、种质名称、学名、原产地、种质类型等。

3.4 形态特征和生物学特性 枇杷种质资源的植物学形态、物候期、产量性状等特征特性。

3.5 品质特性 枇杷种质的商品品质、感官品质和营养品质性状。商品品质性状主要包括果实整齐度、可食率、耐贮藏性等；感官品质性状包括肉质和风味等；营养品质性状包括可溶性固形物含量、维生素C含量等。

3.6 抗逆性 枇杷种质对各种非生物胁迫的适应或抵抗能力，如幼果耐寒性等。

3.7 抗病性 枇杷种质对各种生物胁迫的适应或抵抗能力，如叶斑病抗性、果实炭疽病抗性等。

3.8 中心枝 从顶芽长出的枝条，称为中心枝。中心枝节间短，枝粗，叶片密且大。

3.9 侧枝 顶芽下面腋芽长出的枝条，也叫扩展性枝条。侧枝节间长，枝细，叶片小且稀。

3.10 种子基套 种子去种皮后基部具半圆形的沟纹，染有绿色，约占全核 1/3，称为种子基套。

4　基本信息

4.1　全国统一编号　种质的惟一标识号，枇杷种质资源的全国统一编号由"MG/KG"加 4 位顺序号组成。

4.2　种质圃编号　枇杷种质在国家果树种质资源圃中的编号，由"GPPP"加 4 位顺序号组成。

4.3　引种号　枇杷种质从国外引入时赋予的编号。

4.4　采集号　枇杷种质在野外采集时赋予的编号。

4.5　种质名称　枇杷种质的中文名称。

4.6　种质外文名　国外引进种质的外文名或国内种质的汉语拼音名。

4.7　科名　蔷薇科（Rosaceae）。

4.8　属名　枇杷属（*Eriobotrya*）。

4.9　学名　枇杷属的 15 个物种的学名如下：

枇杷 *Eriobotrya japonica*（Thunb.）Lindl.、大渡河枇杷 *E. prinoides* Rehd. et Wils. var. *daduheensis* H. Z. Zhang、麻栗坡枇杷 *E. malipoensis* Kuan、栎叶枇杷 *E. prinoides* Rehd. et Wils.、腾越枇杷 *E. tengyuehensis* W. W. Smith、怒江枇杷 *E. salwinensis* Hand. -Mazz.、香花枇杷 *E. fragrans* Champ.、齿叶枇杷 *E. serrata* Vidal、倒卵叶枇杷 *E. obovata* W. W. Smith、南亚枇杷 *E. bengalensis*（Roxb.）Hook. f.、大花枇杷 *E. cavaleriei*（Lévl.）Rehd.、台湾枇杷 *E. deflexa* Nakai、椭圆枇杷 *E. elliptica* Lindl.、窄叶枇杷 *E. henryi* Nakai、小叶枇杷 *E. seguinii*（Lévl.）Card. et Guillaumin。

4.10　原产国　枇杷种质原产国家名称、地区名称或国际组织名称。

4.11　原产省　国内枇杷种质原产省份名称；国外引进种质原产国家一级行政区的名称。

4.12　原产地　国内枇杷种质的原产县、乡、村名称。

4.13　海拔　枇杷种质原产地的海拔高度。单位为 m。

4.14　经度　枇杷种质原产地的经度，单位为（°）和（′）。格式为 DDDFF，其中 DDD 为度，FF 为分。

4.15　纬度　枇杷种质原产地的纬度，单位（°）和（′）。格式为 DDFF，其中 DD 为度，FF 为分。

4.16　来源地　国外引进枇杷种质的来源国家名称、地区名称或国际组织名称；国内种质的来源省、县名称。

4.17　保存单位　枇杷种质保存单位名称。

4.18　保存单位编号　枇杷种质保存单位赋予的种质编号。

4.19　系谱　枇杷选育品种（系）的亲缘关系。

4.20　选育单位　选育枇杷品种（系）的单位名称或个人姓名。

4.21　育成年份　枇杷品种（系）培育成功的年份。

4.22　选育方法　枇杷品种（系）的育种方法。

4.23　种质类型　枇杷种质类型分为 6 类。

　　1　野生资源　　2　地方品种

　　　　3　选育品种　　4　品系

　　　　5　遗传材料　　6　其他

4.24　图像　枇杷种质的图像文件名。图像格式为 .jpg。

4.25　形态特征和生物学特性观测地点的名称　枇杷种质形态特征和生物学特性观测地点的名称。

5　形态特征和生物学特性

5.1　树姿　正常成年枇杷植株的自然分枝习性。

　　　　1　直立　　　2　半开张

　　　　3　开张　　　4　下垂

5.2　冠形　正常成年枇杷植株的自然树冠形状（见图1）。

　　　　1　扁圆球形　　2　半圆球形

　　　　3　圆球形　　　4　圆锥形

　　　　5　高杯形

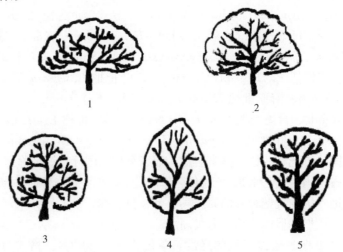

图1　树冠形状

5.3　树势　正常成年枇杷植株的生长势。

　　　　1　强　2　中　3　弱

5.4　中心干　正常成年枇杷植株中心干明显程度。

　　　　1　不明显　　2　较明显　　3　明显

5.5　主干颜色　正常成年枇杷植株主干表皮颜色。

　　　　1　灰白色　　2　灰褐色　　3　红褐色

5.6　中心枝长度　中心枝老熟后，当年生中心枝基部至先端的长度。单位为 cm。

5.7　中心枝粗度　中心枝老熟后，当年生中心枝基部的粗度。单位为 mm。

5.8　侧枝长度　侧枝老熟后，当年生侧枝基部至先端的长度。单位为 cm。

5.9　侧枝粗度　侧枝老熟后，当年生侧枝基部的粗度。单位为 mm。

5.10　侧枝数　同一基枝上抽生的侧枝数。单位为条。

5.11　枝梢颜色　一年生侧枝老熟后的表皮颜色。

　　1　绿褐色　　2　浅黄褐色

　　3　黄褐色　　4　红褐色

5.12　枝梢质地　一年生枝梢老熟后的质地。

　　1　软韧　　2　中等　　3　硬脆

5.13　新梢茸毛　新梢生长初期茸毛的有无和多少。

　　0　无　　1　少　　2　中　　3　多

5.14　叶姿　夏梢叶片的着生姿态（见图2）。

　　1　斜向上　　2　平伸　　3　斜向下

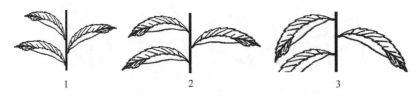

图2　叶　姿

5.15　叶片形状　一年生正常成熟夏梢中部叶片的形状（见图3）。

　　1　披针形　　2　椭圆形　　3　倒卵形

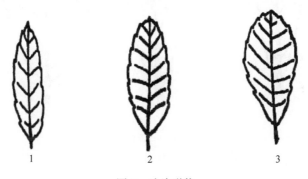

图3　叶片形状

　5.16　叶片长度　一年生正常成熟夏梢中部叶片基部至先端的长度（见图4）。单位为 cm。

图4　叶长、叶宽、叶柄长、叶柄粗

5.17 叶片宽度 一年生正常成熟夏梢中部叶片最大处宽度（见图4）。单位为 cm。

5.18 叶长/叶宽 一年生正常成熟夏梢中部叶片长度与宽度的比值。

5.19 叶柄长度 一年生正常成熟夏梢中部叶片叶柄的长度（见图4）。单位为 cm。

5.20 叶柄粗度 一年生正常成熟夏梢中部叶片叶柄的粗度（见图4）。单位为 mm。

5.21 叶尖形状 一年生正常成熟夏梢中部叶片先端的形状（见图5）。

    1　钝尖　　2　锐尖　　3　渐尖　　4　偏钩尖

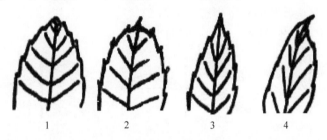

图 5　叶尖形状

5.22 叶基形状 一年生正常成熟夏梢中部叶片基部的形状（见图6）。

    1　狭楔形　　2　楔形　　3　宽楔形

图 6　叶基形状

5.23 叶缘形状 一年生正常成熟夏梢中部叶片边缘的形状（见图7）。

    1　平展　　2　内卷　　3　外卷　　4　波浪形

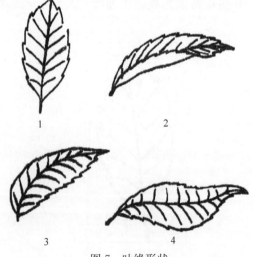

图 7　叶缘形状

5.24　锯齿深浅　一年生正常成熟夏梢中部叶片边缘锯齿的有无和深浅（见图8）。

　0　无　　1　浅　　2　中　　3　深

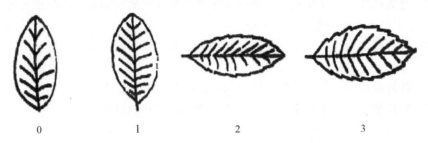

图8　叶缘锯齿

5.25　锯齿密度　一年生正常成熟夏梢中部叶片边缘锯齿疏密情况。

　　1　稀　　2　中　　3　密

5.26　锯齿形状　一年生正常成熟夏梢中部叶缘锯齿的形状（见图9）。

　　1　锐尖　　2　渐尖　　3　圆钝

图9　锯齿形状

5.27　锯齿占叶缘比例　一年生正常成熟夏梢中部叶片边缘锯齿的有无和占叶缘的比例。

　　0　全缘　　1　1/3　　2　1/2

　　3　2/3　　4　全锯齿

5.28　叶片颜色　一年生正常成熟夏梢中部叶片正面的颜色。

　　1　黄绿色　　2　浅绿色　　3　绿色

　　4　深绿色　　5　浅赤褐色

5.29　叶面光泽　一年生正常成熟夏梢中部叶片正面光泽的有无和亮度。

　　0　无　　1　较光亮　　2　光亮

5.30　叶脉　一年生正常成熟夏梢中部叶片背面叶脉的明显程度。

　　1　不明显　　2　中等　　3　明显

5.31　幼叶茸毛　新梢抽生初期，幼叶表面茸毛的有无和多少。

　　0　无　　1　少　　2　中　　3　多

5.32　叶背茸毛　一年生正常成熟夏梢中部叶片背面茸毛的有无和多少。

　　0　无　　1　少　　2　中　　3　多

5.33 叶背颜色 一年生正常成熟夏梢中部叶片背面的颜色。

    1 灰白色   2 灰黄色   3 灰棕色

5.34 叶面形态 一年生正常成熟夏梢中部叶片叶面侧脉间的叶肉皱褶程度。

    1 平展   2 稍皱   3 皱

5.35 叶片横切面 一年生正常成熟夏梢中部叶片横切面的形状。

    1 凹   2 平   3 凸

5.36 叶片厚度 一年生正常成熟夏梢叶片中部叶缘的厚度。单位为 mm。

5.37 叶片质地 一年生正常成熟夏梢叶片的厚薄和软硬情况。

    1 薄软   2 中等   3 厚硬

5.38 花序支轴姿态 初花期，中心枝上花序支轴的着生状态。

    1 斜向上   2 平伸   3 下垂

5.39 花序长度 初花期，中心枝上花序基部至先端的长度。单位为 cm。

5.40 花序宽度 初花期，中心枝上花序最大处宽度。单位为 cm。

5.41 花序形状 初花期，中心枝上花序的形状。

    1 短圆锥形   2 圆锥形   3 长圆锥形

5.42 花序支轴数 初花期，中心枝上花序一级支轴数。单位为个。

5.43 花序支轴紧密度 初花期，中心枝上花序支轴间的疏密程度。

    1 疏散   2 中等   3 紧密

5.44 花序花朵数 中心枝花序上开放的花朵数。单位为朵。

5.45 花冠直径 中心枝上花瓣完全展开时的花冠直径（见图 10）。单位为 cm。

图 10 花冠直径

5.46 花瓣颜色 花朵开放时的花瓣颜色。

    1 白色   2 绿白色   3 黄白色   4 黄色

    5.47 新梢萌发期 全树约 50% 以上枝条顶芽生长至约 2cm 时的日期。以"年月日"表示，格式"YYYYMMDD"。

    5.48 花芽形态分化期 全树约 10% 中心枝顶芽变圆的日期。以"年月日"表示，格式"YYYYMMDD"。

    5.49 现蕾期 全树约 10% 中心枝花序出现花蕾的日期。以"年月日"表示，格式"YYYYMMDD"。

    5.50 初花期 全树约 5% 花朵开放的日期。以"年月日"表示，格式"YYYYMM-DD"。

5.51　盛花期　全树约50％花朵开放的日期。以"年月日"表示，格式"YYYYM-MDD"。

5.52　终花期　全树约95％花朵已开放的日期。以"年月日"表示，格式"YYYYMMDD"。

5.53　花期长短　植株开始开花到花期结束所历时间的长短。

　　1　短　　2　中　　3　长

5.54　中心枝抽穗率　全树中心枝抽穗数占中心枝总数的百分率。以％表示。

5.55　侧枝抽穗率　全树侧枝抽穗数占侧枝总数的百分率。以％表示。

5.56　自花结实率　正常植株自花授粉的结实率。以％表示。

5.57　坐果率　生理落果后，中心枝花穗坐果数占开放花朵总数的百分率。以％表示。

5.58　果实成熟期　全树约30％果实成熟的日期。以"年月日"表示，格式"YYYYMMDD"。

5.59　丰产性　植株进入盛果期后单位面积产量的高低情况。

　　1　低　　2　中　　3　高

5.60　始果期　一年生嫁接苗定植后至第一次开花结果的早晚情况。

　　1　早　　2　中　　3　晚

5.61　果穗长度　果实成熟时，中心枝果穗基部至先端的长度。单位为cm。

5.62　穗重　果实成熟时，中心枝果穗的重量。单位为g。

5.63　穗粒数　果实成熟时，中心枝果穗果粒数。单位为粒。

5.64　果实着生姿态　果实成熟时，中心枝果穗果实的着生状态（见图11）。

　　1　直立　　2　斜生　　3　垂挂

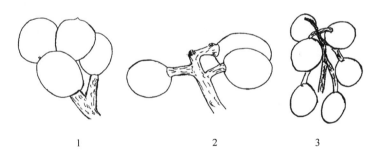

　　　1　　　　　　　　　　2　　　　　　　　　　3

图11　果实着生姿态

5.65　果实排列紧密度　果实成熟时，中心枝果穗果粒排列的疏密程度。

　　1　松散　　2　中等　　3　紧密

5.66　果梗长度　果实成熟时，正常果实的果梗长度。单位为cm。

5.67　果梗粗度　果实成熟时，正常果实果梗中部的粗度。单位为mm。

5.68　果形　果实成熟时，正常果实的形状（见图12）。

　　1　扁圆形　　2　近圆形　　3　椭圆形

　　4　倒卵形　　5　洋梨形

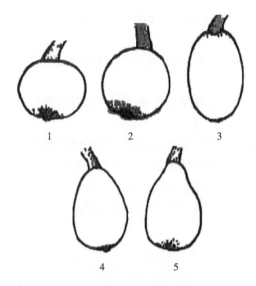

图 12 果 形

5.69 **果皮颜色** 果实成熟时，正常果实表皮的颜色。

　　1　淡绿色　　2　淡黄色　　3　黄色

　　4　橙黄色　　5　橙红色　　6　锈褐色

　　7　红色

5.70 **单果重** 果实成熟时，正常果实的单果重量。单位为 g。

5.71 **果实大小** 果实成熟时，正常果实的大小级别。

　　1　极小　　2　小　　　3　较小

　　4　中等　　5　较大　　6　大

　　7　特大

5.72 **果实纵径** 果实成熟时，正常果实果顶至果基的最大直径（见图 13）。单位为 cm。

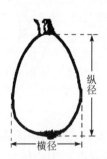

图 13　果实纵径及横径

5.73 **果实横径** 果实成熟时，正常果实横向的最大直径（见图 13）。单位为 cm。

5.74 **果实侧径** 果实成熟时，正常果实横向水平垂直方向的最大直径。单位为 cm。

5.75 **果形指数** 果实成熟时，正常果实的纵径与横径之比。

5.76 **果基** 果实成熟时，正常果实基部的形状（见图 14）。

　　1　平广　　2　钝圆　　3　尖峭　4　斜肩

图 14 果 基

5.77 果顶 果实成熟时，正常果实顶部的形状（见图 15）。

　　1 平广　　2 钝圆　　3 尖峭　　4 内凹

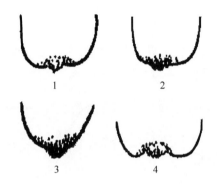

图 15 果 顶

5.78 条斑 果实成熟时，正常果实表面条状斑纹的明显程度。

　　1 不明显　　2 中等　　3 明显

5.79 果点密度 果实成熟时，正常果实表面果点的疏密程度。

　　1 疏　　　2 中　　3 密

5.80 果点大小 果实成熟时，正常果实表面果点的大小。

　　1 小　　2 中　　3 大

5.81 果面茸毛密度 果实成熟时，正常果实表面茸毛的有无和疏密情况。

　　0 无　　1 稀疏　　2 密生

5.82 果面茸毛长短 果实成熟时，正常果实表面茸毛的长短情况。

　　1 短　　2 中　　3 长

5.83 果粉 果实成熟时，正常果实表面果粉的厚薄情况。

　　1 薄　　2 厚

5.84 萼片长度 果实成熟时，正常果实宿存萼片的长度（见图 16）。单位为 mm。

图 16　萼片长度、萼片基部宽度

5.85 **萼片基部宽度** 果实成熟时，正常果实宿存萼片的宽度（见图16）。单位为 mm。

5.86 **萼片姿态** 果实成熟时，正常果实宿存萼片的着生状态（见图17）。

    1　平展　　2　外凸　　3　内凹

图17　萼片姿态

5.87 **萼孔** 果实成熟时，正常果实萼孔的开张程度（见图18）。

    1　闭合　　2　半开张　　3　开张

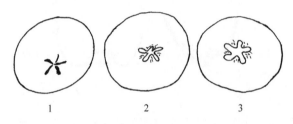

图18　萼　孔

5.88 **萼筒宽度** 果实成熟时，正常果实萼筒基部的宽度［见图19（a）］。单位为 mm。

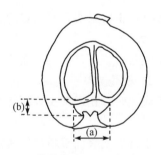

图19　萼筒宽度（a）、深度（b）

5.89 **萼筒深度** 果实成熟时，正常果实萼筒的深度［见图19（b）］。单位为 mm。

5.90 **心皮质地** 果实成熟时，正常果实心皮的厚薄和韧性情况。

    1　薄脆　　2　厚韧

5.91 **种子数** 果实成熟时，单个果实中发育正常的种子数。单位为粒。

5.92 **种子瘪粒数** 果实成熟时，单个果实中发育不正常的瘪粒种子数。单位为粒。

5.93 **种子重** 果实成熟时，单粒正常种子的重量。单位为 g。

5.94 **种子形状** 果实成熟时，正常种子的形状（见图20）。

    1　三角体形　　2　半圆形　　3　圆形

    4　卵圆形　　　5　椭圆形

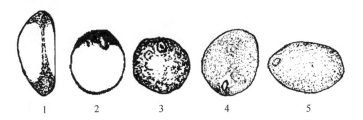

图20　种子形状

5.95　种皮颜色　果实成熟时，正常种子表皮的颜色。

　　1　浅褐色　　2　黄褐色　　3　棕红色　　4　棕褐色

5.96　种皮开裂　果实成熟时，正常种子表皮的开裂情况。

　　1　不开裂　　2　部分开裂　　3　开裂

5.97　种子斑点　果实成熟时，正常种子表面斑点的有无和多少。

　　0　无　　1　少　　2　中　　3　多

5.98　种子基套大小　果实成熟时，正常种子基套占全核比例大小。

　　1　小　　2　中　　3　大

6　品质特性

6.1　果实整齐度　果实成熟时，果穗中果实形状和大小的差异程度。

　　1　差　　2　中　　3　好

6.2　剥皮难易　果实成熟时，正常果实果皮剥离果肉的难易程度。

　　1　难　　2　较易　　3　易

6.3　果皮厚度　果实成熟时，正常果实的果皮厚度。单位为mm。

6.4　果肉颜色　果实成熟时，正常果实的果肉颜色。

　　1　乳白色　　2　黄白色　　3　黄色

　　4　橙黄色　　5　橙红色

6.5　果肉厚度　果实成熟时，正常果实纵切面果肉最厚处的厚度。单位为mm。

6.6　果肉硬度　正常成熟果实果肉受压力时的抗力。

　　1　软　　2　中　　3　硬

6.7　果肉化渣程度　果实成熟时，正常果实果肉的化渣程度。

　　1　不化渣　　2　较化渣　　3　化渣

6.8　果肉石细胞　果实成熟时，正常果实果肉石细胞的有无和多少。

　　0　无　　1　少　　2　中　　3　多

6.9　果肉质地　果实成熟时，正常果实果肉质地的粗细和软硬情况。

　　1　疏松　　2　细嫩　　3　致密

6.10　汁液　果实成熟时，正常果实果肉汁液的多少。

　　1　少　　2　中　　3　多

6.11　风味　果实成熟时，正常果实果肉的风味。

　　1　淡甜　　2　清甜　　3　甜

　　4　浓甜　　5　酸甜　　6　甜酸　　7　酸

6.12 香味 果实成熟时，正常果实果肉香味的有无和浓淡等情况。

  0 无 1 淡 2 浓 3 异味

6.13 可溶性固形物含量 果实成熟时，正常果实果肉中可溶性固形物的含量。以％表示。

6.14 可滴定酸含量 果实成熟时，正常果实果肉中可滴定酸的含量。以％表示。

6.15 可溶性糖含量 果实成熟时，正常果实果肉中可溶性糖的含量。以％表示。

6.16 维生素 C 含量 果实成熟时，正常果实 100g 鲜果肉中含维生素 C 的毫克数。单位为 mg/100g。

6.17 可食率 果实成熟时，正常果实可食部分重量占全果重量的百分率。以％表示。

6.18 耐贮藏性 果实成熟时，在常温下正常果实保持新鲜状态和固有品质不发生明显劣变的特性。

  3 强 5 中 7 弱

7 抗逆性

7.1 幼果耐寒性 枇杷植株幼果忍耐低温的能力。

  3 强 5 中 7 弱

7.2 锈斑病抗性 枇杷果实抵抗锈斑病的能力。

  3 强 5 中 7 弱

7.3 紫斑病抗性 枇杷果实抵抗紫斑病的能力。

  3 强 5 中 7 弱

7.4 裂果病抗性 枇杷果实抵抗裂果的能力。

  3 强 5 中 7 弱

7.5 皱果病抗性 果实抵抗皱果的能力。

  3 强 5 中 7 弱

7.6 果实日灼病抗性 果实抵抗日灼的能力。

  3 强 5 中 7 弱

8 抗病性

8.1 叶斑病抗性 植株对叶斑病包括灰斑病（*Pestalotia eriobofolia* Desm.）、斑点病（*Phyllosticta eriobotryae* Thuem.）、角斑病（*Cercospora eriobotryae* Sawada）的抗性强弱。

  1 高抗（HR） 3 抗病（R） 5 中抗（MR）

  7 感病（S） 9 高感（HS）

8.2 果实炭疽病抗性 果实对炭疽病（*Gloeosprium fructigenum* Berk.）的抗性强弱。

  1 高抗（HR） 3 抗病（R） 5 中抗（MR）

  7 感病（S） 9 高感（HS）

9 其他特征特性

9.1 核型 表示染色体的数目、大小、形态和结构特征的公式。

9.2　指纹图谱与分子标记　枇杷种质指纹图谱和重要性状的分子标记类型及其特征参数。

9.3　同工酶　枇杷种质的同工酶种类及基因型。

9.4　孢粉特征　枇杷种质花粉细胞的结构特征。

9.5　果实用途　枇杷种质果实的适用性类型。

　　　1　鲜食　　2　加工

9.6　备注　枇杷种质特殊描述符或特殊代码的具体说明。

莆田枇杷栽培技术规范（DB 35/T 123.3—2001）

1 范围 本标准规定了莆田枇杷栽培的定义、产量指标、建园条件、定植准备、树冠管理、土壤管理、病虫防治、采收技术要求和方法。

2 引用标准 下列标准所包含的条文，通过在本标准中引用而构成为本标准的条文。在标准出版时，所示版本均为有效。所有标准都会被修订，使用本标准的各方应探讨使用下列标准最新版本的可能性。

GB 4285—1984 农药安全使用标准

GB/T8321.1—2000 农药合理使用准则（一）

GB/T8321.2—2000 农药合理使用准则（二）

GB/T8321.3—2000 农药合理使用准则（三）

GB/T8321.4—2000 农药合理使用准则（四）

GB/T8321.5—2000 农药合理使用准则（五）

3 定义 本标准采用下列定义。

3.1 整形修剪 指依树整形修剪，使主枝和侧枝分布合理。

3.2 开心形 指树冠不留中心主枝，主干上分布 3～5 个主枝，各向四周生长，然后选留副主枝。

3.3 双层杯状形 指主枝分两层分布，每层 3～4 个，互不重叠，层间距 30～50cm。

3.4 除萌 指去除主干、主枝上幼嫩的萌芽。

3.5 疏枝 指将枝条从基部疏除或删掉。

3.6 疏花穗 指在花穗小花梗开始分离后，将花穗主轴上半部和基部 2～3 个花梗摘除，即可疏除过多的花蕾。

4 产量指标 单株产量 4 年生树不低于 3kg，7 年生以上的盛产树不低于 20kg。

5 建园条件

5.1 气候

5.1.1 气温

5.1.1.1 年平均气温＞18℃。

5.1.1.2 ≥10℃的年积温 5 500℃～7 000℃。

5.1.1.3 最冷月（1 月）平均气温＞8℃。

5.1.1.4 平均极端最低气温＞－2℃。

5.1.2 湿度：3 月～5 月果实成熟期空气相对湿度 75％～85％。

5.2 土壤

5.2.1 土层深度＞0.8m。

5.2.2 土质较疏松肥沃，含有机质 2％以上，低于 2％要逐年改良。

5.2.3 pH 值 5.0～7.0。

5.3 水分 水源充足，排灌方便。

5.4 建园

5.4.1　选择海拔 500m 以下山地建园，坡度 25°以下，坡向以东向或东南向为宜。无冻害的地区，北向水热条件好的，也可选作园址。

5.4.2　果园配套设施统一规划。开好水平梯台，梯面宽 3m 以上，做好水土保持；平地果园地下水位在 1m 以下，耕作层浅的要逐年增土成高畦。风力较大的地方需植防风林带。

6　定植

6.1　挖穴　定植穴挖长、宽各 1m，深 0.8m 以上，每穴底部二、三层填上杂草秸秆 10kg～15kg，加石灰 1kg～2kg；中层施土杂肥 50kg～100kg；上层施钙镁磷肥 0.5kg～1kg 与表土拌匀后回穴。种植墩培高 30cm～40cm。

6.2　苗木定干　主干定干高度 40cm～50cm，并适当修剪。

6.3　栽植

6.3.1　定植时间 10 月至翌年 3 月。

6.3.2　株行距：常规种植株距为 4.5m～5m，行距应比株距略宽，或根据地形而定。

6.3.3　定植

6.3.3.1　注意浅植。定植时根系要舒展，盖细土高于根颈部 5cm～10cm 压实，整成 1m 直径的树盘，浇足定根水。

6.3.3.2　定植后每株根部附近撒 3％丁硫克百威 25g，防治地下害虫。风力较大的地方，需立支柱，做好树盘覆盖，保持土壤湿润，覆盖物与主干留有间隔。

7　树冠管理

7.1　幼龄树

7.1.1　全年抽梢 4 次～5 次。适时除萌、疏枝、除花穗、拉枝、整形修剪，留主干 30cm 以上，培养出开心形或双层杯状形、枝干开张、矮化、透光的树冠。

7.1.2　春剪与夏剪结合，剪去病虫枝、重叠枝、过密枝、无用的徒长枝、弱枝。秋冬季疏去过多的枝梢加速树冠形成。

7.2　结果树

7.2.1　培养春、夏、秋三次梢，及时疏芽疏枝；采后短截过长结果枝，保留 1～2 个侧芽抽梢。疏除衰弱的采果枝及病虫枝、枯枝、重叠枝、弱枝。

7.2.2　疏花穗和疏蕾　冬季无冻害的地方，在小花梗开始分离时，一般母枝上有 2 个～3 个结果枝（花穗）的枝留 1 个～2 个花穗，4 个～5 个结果（花穗）枝留 2 个～3 个花穗。有冻害的地方，要轻疏花穗或坐果过后结合疏果进行疏穗。疏花穗要留大去小、留主去副、留内去外、留下去上；留下的花穗选留中部便于套袋的 4 个～5 个支轴，其余的摘除。

7.2.3　疏果　疏果应在幼果着果稳定，开始缓慢肥大时进行，疏去冻害果、病虫果、畸形果、机械伤果以及过密果，选留发育健全较一致的果实。对结果枝粗壮、叶数多而大的果多留，反之少留。解放钟、早钟 6 号一般每穗留 3 粒～4 粒，长红 3 号、白梨、乌躬白一般每穗留 4 粒～5 粒。易冻害地区要在冻害发生期过后疏果。

7.2.4　套袋　在疏果后进行，套袋前应喷药防治病虫害 1 次～2 次。套袋时先把果穗基部 3 片～5 片叶束在果穗上面，再用 70g/m²～90g/m² 重的牛皮纸（袋）包（套）果穗，袋口向下。

8 土壤管理

8.1 幼龄树

8.1.1 改土 定植后第二年开始逐年扩穴改土。于定植穴外围的相对两侧，各挖一个长 1m，宽 0.5m～0.6m，深 0.4m～0.5m 的条沟；开沟时表土与心土分开堆放，回填时表土与肥料混匀填入沟下部，心土与肥料混匀填入沟上部；每株肥料用量：秸秆、杂草 10kg～15kg，土杂肥或牲畜粪 30kg～50kg，另加石灰 1kg～1.5kg。次年换个方向轮换改土，并逐年外移。改土时间以秋季为宜。

8.1.2 施肥 以有机肥为主，化肥为辅。N：P：K 比例为 1：0.4：0.8。每次新梢抽生前做到薄肥勤施，以腐熟人粪尿为主，每株全年施纯氮 0.2kg～0.4kg。施用的方法是在树冠滴水线以内 30cm 处挖环状沟或放射沟，深、宽各 20cm，施入后覆土。随着树冠的扩大，施肥沟要逐渐外移。

8.1.3 覆盖 树盘用稻草或杂草覆盖，铺草厚度 10cm～15cm。

8.1.4 套种或生草栽培 树盘 1m 外可套种豆科绿肥或矮秆作物或生草栽培。

8.1.5 排灌 雨季及时排水，旱季引水灌溉。

8.2 结果树

8.2.1 施肥 以有机肥为主，有机肥占全年施肥量 50％以上，N：P：K 比例为 1.0：0.6：1.0～1.2，分别在采果后、抽穗、幼果期施用复合肥，施用方法参照本标准 8.1.2 执行。

8.2.2 深翻改土 果园每隔 2～3 年扩穴改土一次。改土时间、方法、肥料用量参照本标准 8.1.1 执行。

8.2.3 树冠封行前套种豆科绿肥或生草栽培。

8.2.4 排灌按本标准 8.1.5 执行。

9 病虫害防治

9.1 防治原则 加强病虫测报，预防为主，综合防治，注意保护天敌，积极采用生物防治。

9.2 主要病虫害及防治方法见表 1。

表 1 主要病虫害及防治方法

病虫害名称	防治时间	防治方法
枇杷叶斑病类（枇杷斑点病、枇杷灰斑病、枇杷角斑病）	春、夏、秋梢抽生期	(1) 加强肥水管理和合理修剪，增强树势。 (2) 冬季清园：将落地的病残叶片集中烧毁或深埋。 (3) 施药：用 0.5％倍量式波尔多液或 70％甲基托布津 800 倍～1 000 倍液喷雾防治。
枇杷炭疽病	春季、果实套袋前	(1) 加强栽培管理，增施钾肥和有机肥，春季果园注意排水，及时防治害虫。 (2) 施药：用 0.5％波尔多液或 70％甲基托布津 800 倍～1 000 倍液防治。

（续）

病虫害名称	防治时间	防治方法
枇杷枝干腐烂病	春夏季多雨时、树势衰弱时	（1）采果后加强水肥管理，增强树势，合理修剪，结合剪除病枝枯枝，并集中烧毁，使树冠通风透光。 （2）秋、冬季用波尔多浆（0.5∶1∶10）涂抹干、主枝。 （3）施药：用1％倍量式波尔多液或75％百菌清600倍～800倍液或50％退菌特600倍～800倍液喷洒主干、主枝、侧枝防治。
枇杷黄毛虫	夏、秋梢抽梢期	（1）冬季消灭枝干上的越冬虫蛹。 （2）初龄幼虫群集新梢叶面时，进行人工捕杀。 （3）施药：用25％杀虫双400倍～1 000倍液或80％敌敌畏1 000倍液防治。
舟形毛虫	夏、秋季（5月～11月）	（1）采用树盘耕翻灭蛹。 （2）幼虫为害初期摘除幼虫群集的枝叶。 （3）施药：用药参照枇杷黄毛虫。
枇杷灰蝶	秋冬（11月至翌年1月）花穗抽生期、花期、幼果期	（1）结合疏花疏果剔除虫蛀虫蕾果。 （2）施药：2.5％敌杀死3 000倍液防治。
桑天牛	5月～9月	（1）捕杀成虫。 （2）6月～8月份经常检查树干分杈处，用利刀刮虫卵及皮下幼虫。钩杀蛀入木质部的幼虫。 （3）发现枝干排粪孔，用棉球蘸80％敌敌畏10倍～20倍液塞入最下部虫孔，再用湿泥封堵，毒杀幼虫。

注：早钟6号品种对敌百虫、敌敌畏等有机磷农药反应敏感，应避免使用。

9.3　农药合理使用　按GB4285、GB/T8321.1～5执行。

10　采收　适时采收。外运、贮藏、加工要八成成熟度以上采收。采收时要轻采轻放，果梗留15mm±5mm，容器内垫有软质材料，避免机械损伤。采后果实放置阴凉处，及时销售。

广东枇杷栽培技术规程（DB 44/T 978—2012）

1 建园

1.1 园地选择 产地环境条件符合农产品安全质量无公害水果安全要求（GB 18406.2）规定。宜选择 1 月份极端最低温度不低于－5℃的，年平均气温 23℃以下的区域，坡度在 25°以下的山地、丘陵、缓坡或平地建园，冬季有霜冻的地区不宜在风口、北坡、西北坡建园。土壤条件宜选择土层深厚、不易积水且地下水位低于地面 1.0m 以上的排水良好的壤土、沙壤土或砾质壤土，pH 值在 5.5 以下的土壤经改良也可选择。距离水源近，可打井或从已有的水源抽水灌溉，水质应符合农田灌溉水质标准（GB5084）的要求。

1.2 整地 面积较大的果园应结合地形、交通、水利等分为若干生产区和生产小区，1 个生产区包含 5～7 个生产小区，每个生产小区面积以 0.4～0.6hm² 为宜。区间设置干道、生产区间道及生产小区间便道，干道宽 6.0～8.0m，生产区间道 4.0～6.0m，生产小区间便道 1.0～2.0m。平地或 5°以下坡地果园将生产小区内局部高低不平地块推平；5°～10°坡地果园应筑等高台地，上下台地高差 0.6～0.8m，台高应向内侧倾角 2°左右；10°～25°坡地果园应筑等高梯田，梯田面宽 3.0m 以上，外缘设拦水土埂，内缘设竹节沟与排水纵沟相连。

1.3 排灌设施建设 平地果园四周和生产区间挖深、宽各 1.0m 的排洪沟，生产小区内设 0.6～0.7m 宽、0.6m 深的排水沟，并与排洪沟相连。坡地果园上方挖 1 条等高排洪沟（兼蓄水用），沟深宽各 1.0m，在排洪沟的两端和中部设数条纵向排水沟，并采用逐级跌落的形式，每级梯田坡地果园每 1.0～1.4hm² 建 40.0m³ 蓄水池一个，1.5m³ 药池一个。埋设灌溉管道，按生产小区均匀分布。有条件的可安装滴灌或喷灌。

2 定植

2.1 定植穴准备 定植密度宜选择株距 3.5～4.5m，行距 4.5～5.0m，666.7m² 种 29～42 株，根据规划好的株行距拉线确定种植点。定植穴挖深 0.8m，边长 1.0m，回填时先将细小树枝和鲜杂草 520kg、石灰 1.5kg 与表土分层回填至穴的 4/5 左右，然后将农家肥 15～20kg、磷肥 1.0kg 与土混合填至高出地面 10～20cm，再将碎土盖面 10cm，土盘应比地面高出 20～30cm，在定植前 1～2 个月完成。

2.2 定植 定植宜在 2 月份，春梢萌发前完成。适合广东栽培的优良品种主要有早钟 6 号、解放钟、长红 3 号等。苗木宜选用营养袋（杯）苗、土团 2～3kg，嫁接口愈合良好，生长健壮，根系完整，接穗部分高度在 30cm，接口上方 3cm 处直径 0.7cm 以上的嫁接苗。如果种植时天气晴朗且气温较高，应对叶片剪去其全叶的 1/3～2/3。种植苗木时定植土盘正上方挖好定植穴，将苗木垂直种入，然后回土压实，盖上少量细土，使根颈低于树盘地面 2～3cm。种植完毕立即淋足定根水，在树周围做一直径约为 1.0m 的树盘，用草覆盖树盘，植后 10d 内遇晴天应隔 3d 淋水 1 次。

3 土肥水管理

3.1 土壤管理

3.1.1　扩穴改土　定植次年开始，对定植穴以外的深层土壤进行改良。一般结合施基肥在夏季、冬季进行，在树冠两侧滴水线处各挖1个穴长1.0m，宽0.5m，每年轮换方位。每穴先放绿肥20～30kg、石灰1.0kg，再回填碎土5～8cm，最后放腐熟厩肥10～15kg或土杂肥20～25kg或腐熟鸡粪5～8kg、磷肥1.0kg，再将碎土盖面成高出地面15～20cm的土盘。

3.1.2　行间管理　封行前行间空地间种豆科作物等绿肥，开花结实时开沟翻埋土中，自然生草法则在行间当草高达到40cm以上时，人工或机器割草一次，草头留3～5cm高；清耕法管理则人工或人工结合喷施除草剂防除杂草，除草剂可选用克芜踪或草甘膦，但花果期忌用除草剂。在夏梢延长枝生长期和秋旱前用薄膜、绿肥、秸秆、杂草或稻草覆盖树盘。

3.2　施肥管理　施肥原则应符合肥料合理使用准则通则（NY/T496）的规定。

3.2.1　幼年树施肥　幼年树每年株施腐熟稀人畜粪尿（浓度为15％～25％）或沼液25～30kg、尿素0.3～0.6kg、氯化钾0.2～0.4kg，梢前以氮为主，展叶后以钾为主，每次梢前10～15d和嫩梢展叶后各施肥1次。施肥时将肥料溶于水后施入或开浅沟施入，也可与腐熟人畜粪尿或沼气液渣配合施入。

3.2.2　成年树施肥　成年树以25kg/株的产量为基准，全年株施三元等量复合肥2.0～3.0kg，腐熟稀人畜粪尿液（浓度为15％～25％）或沼液60～70kg，尿素0.4～0.5kg，硫酸钾0.4～0.5kg。采果结束前10d施入采果肥，用量占全年三元等量复合肥的50％、腐熟液肥的30％、尿素的50％。6月上中旬施入梢期调节肥，用量占全年尿素的50％。9～10月抽蕾前施入花前肥，用量占全年腐熟液肥的50％、三元等量复合肥的20％。1～2月疏果后施入春梢壮果肥，用量占全年三元等量复合肥的30％、腐熟液肥的20％、硫酸钾100％。根外追肥可结合病虫防治，在喷药时加入磷酸二氢钾0.2％～0.3％、尿素0.2％～0.3％、硼砂0.1％～0.2％。

3.3　水分管理　水分灌溉应符合农田灌溉水质标准（GB5084）的规定，在1～2月幼果发育期、6月夏梢生长后期、10～11月形成花穗期应及时灌水。雨天及时排水，避免果园积水。

4　整形修剪

4.1　幼年树整形修剪　定植次年去除直立的中心枝，干高40～60cm，留3～4个主枝，借助竹竿、木棍或绳子采取撑、拉、吊改变枝条方向或加大角度，使主枝向上30°角内生长；每主枝上再配2～3个副主枝，抹除主干、主枝上弱芽、徒长芽，每副主枝可留方向向外、健壮分布均匀的芽2～4个。除让主枝保持预定角度生长外，对其余枝梢均在7月新梢停止生长时对其拿梢，使枝条适当开张。对过密枝适当疏枝。

4.2　成年结果树修剪　冬春季修剪在2月之前结合疏果进行，疏除衰弱枝、密生枝、徒长枝、枯枝；在盛产期后，对树体中上部过密或直立的1～2个大枝进行疏枝；对部分老枝短剪或回缩。在3～5月采果期进行夏季修剪，结合采果对有叶结果枝保留5～7片叶短截、疏除无叶结果枝或果轴，采果后对一些结果老枝组、外移的枝组和过高植株的直立枝进行回缩、行间保持80～100cm的距离，短截50％的强壮营养枝。夏梢抽出后对过多侧枝及时疏除，每条基枝只留新梢1～3条。

5 花期调节

夏梢延长枝是广东枇杷栽培的主要结果母枝，6月上旬至7月上旬在树冠滴水线覆盖杂草、不间断灌水，保持根际土壤湿润，促进夏梢延长生长3～5片叶片。在7月下旬、8月中旬各喷1次15％的多效唑300倍液促进花芽分化。增加适期花量，提高商品产量和质量。

6 花果管理

6.1 疏花穗 在10～11月花穗支轴分离、花蕾尚未充分发育时进行，以单个枝组为单位，一般5个枝头留2～3个花穗，3个枝头留1～2个花穗，2个枝头留1个花穗，疏去弱结果母枝上的花穗，保留总花穗量的1/2～2/3，每株留125～200穗，叶果比可保持在20∶1。

6.2 疏花蕾 在花穗伸长期至穗轴末端完全张开时进行。将花穗主轴上半部的全部支穗和基部1～3个支穗摘除，保留花穗主轴中部紧凑的3～4个支穗，并将留下的支穗顶部摘除1/3，即可疏除一半以上的花蕾。有冻害的地区，不宜摘除支穗顶部花蕾，应在冻害过后疏果。

6.3 疏果 在1～2月幼果尚未迅速发育之前、冻害威胁解除之后进行，树冠顶部的果可多疏少留，中部多留。疏去畸形果、病虫果、机械损伤果、受冻果，选留大小、形状、色泽、位置和方位相似，发育进程一致的果粒。大果型品种每个果穗宜留2～3粒，中果型品种每个花穗宜留3～4粒。

6.4 套袋 在最后一次疏果后进行，套袋前喷施1次杀虫杀菌剂，套袋时先将果穗基部2～3张叶片包束果穗，再将纸袋罩裹果穗后封口。

7 主要病虫害防治

以做好果园清洁为主，采取"以防为主，综合防治"的方针，辅以高效、低毒、低残留农药进行。农药使用应符合农药合理使用准则（GB8321）的要求。主要防治对象为叶斑病类、皱果病、裂果病、日灼病、果锈病和桑天牛、麻皮蝽、稻绿蝽等。在夏梢枝条长到一半时，喷药保护叶片防治叶斑病类；调节结果母枝于7月中下旬成熟，9月下旬之后抽吐花蕾，12月上旬坐果。防治皱果病、裂果病和果实日灼病；果实套袋，保护果面茸毛和果粉，防治果锈病等是主要病虫害防治的关键点。

8 果实采收和分级

远途运销或贮藏的鲜果，果面全部转黄达八成五熟时即可采收。本地销售的鲜果，应在果面全部充分转黄略带微红达九成以上成熟度时采收。采收时将套袋解开，采摘成熟果实，尽量整穗采收。未成熟的果，重新套回纸袋。采摘时捏住果柄，用果剪逐个剪取，轻采轻放，果梗留1～2cm长。果实的检验、分级、包装、运输和贮藏按鲜枇杷果（GB/T13867—1992）要求进行。

四川省双流枇杷栽培技术规范（DB 510122/T 023—2006）

1　选择品种　双流枇杷品种应选择具有较强抗性，适应本地栽种的丰产优质良种，如大五星、早钟 6 号等。

2　栽培规格　行距 4.0m，株距 3m，每 667m² 栽 55 株。

3　生产基地选择　选择远离集镇、公路干线等无污染的区域，建立双流枇杷生产基地，以水源便利、背风向阳、土层深厚肥沃的高塝田及 5°～15°坡地最为理想。

4　新建园改良土壤　新建果园，不论田、地都必须先进行土壤改良后，才能定植苗木。

4.1　按 3.5m 的行距（以南北向最佳）进行放线。沿线开挖深 1m、宽 1m 贯通全园的壕沟。将上层土壤和下层土壤各翻一边，便于以后回填。并在壕沟底层填放稻草、玉米秆、树木枝等植物秸秆 0.5m 厚，然后回填土壤，将表土回填到底层。待回填到 0.4m 厚时，即离地面 0.1m 深时，在沟内每 667m² 撒施 150kg～500kg 磷矿粉或钙镁磷肥，最后将底层土回填沟内，并垒做成鱼背形的土垄，土垄一般高于地面 0.3m 左右。

4.2　667m² 栽 55 株的枇杷园，可以采用大穴深翻压埋有机肥的改土方式。

5　幼树生产管理技术

5.1　定植　选择优质带土苗木，于 10 月至 11 月上旬定植，栽时应剪平残破根系，利于新根发生。

5.2　定植后管理　定植后立即浇足定根水，并用稻草覆盖垄面，保持土壤湿润。以后要据天气情况，每隔 3～5 天浇水一次。注意：定植后 2 月内忌用任何肥料。待成活后第二年发芽前才追施稀薄肥水，以防烧根。提倡秸秆覆盖垄面，以提高地温，促进苗木根系愈合和发新根，缩短次年缓苗期，有利早结果，早丰产。

5.3　合理间套作物　果园内严禁间套小麦、油菜、玉米、红苕等，提倡间套花生、蔬菜、绿肥。

5.4　肥水管理　栽后第二年春季萌芽开始，加强肥水管理，做到勤施薄施清淡肥水，抗旱排湿，促进幼树生长。要求 3～5 月每隔 10 天追施 1 次稀薄腐熟粪肥。

5.5　幼树整形修剪　主要采用主干分层形，其整形方式为：干高 0.4m～0.6m，第一层和第二层 3～4 个大主枝，第三层 1～2 个大主枝。其整形方式是：定干高度 0.4m～0.6m，前 3 年每年留顶芽附近抽生的枝梢作为主枝，层间距为 0.6m～0.7m，第 4 年即基本成形，控制树高 1.8m～2.1m。

6　结果树生产管理技术

6.1　合理利用绿肥　利用枇杷园株行间种植黑麦草、红三叶、田菁等绿肥，每年 4～5 次刈割、覆盖，可增加土壤含氮量和土壤有机质。

6.2　土壤秸秆覆盖　每年春秋季枇杷园行间覆盖稻草、麦秆、杂草等秸秆，覆盖厚度为 0.15m～0.2m。

6.3　枇杷园科学用肥　施肥原则按 667m² 纯 N 10kg～15kg、P 8.5kg～13kg、K 9.5kg～15kg 计算。

6.3.1 2～3月新梢抽发前施春肥，并结合灌水。用肥量占全年施肥量的10%。

6.3.2 壮果肥 3月底至4月底初果实迅速膨大前施入。用肥量占全年施肥量的10%～20%。

6.3.3 采果肥 5～6月采果前后施入，以有机肥、堆肥为主，结合施入速效性肥料，用量占全年施肥的50%～60%。

6.3.4 花前肥 9～10月开花前施用，以厩肥和堆肥为佳。盛果期适当补充复合肥和钾肥，施用量占全年施用总量的20%～30%，一般成年挂果树每株施复合肥2kg～4kg。

6.3.5 扩窝 土壤结构不良枇杷园应在秋季扩窝，以改善枇杷生长条件，扩窝可分年进行，具体操作是在原定植窝内向外挖0.6m深的环状沟，并施入有机肥或堆肥，同时施用0.5kg～1kg钙镁磷肥，然后填土压实。

6.4 整形与修剪 初投产树利用秋梢，继续整形，对旺长直立枝进行拉枝、扭枝处理，对过密纤细夏梢进行适当疏剪。

6.5 疏穗与疏蕾

6.5.1 疏穗 9月底至10月初，根据花穗多少，对弱势情况应多疏穗，反之则少疏，顶部多疏，中部少疏。疏穗量以树梢总数约60%～70%的枝梢带有花穗为度。

6.5.2 疏蕾 10月上、中旬进行，疏去花穗支轴，留2～4个支轴，留30～40朵花为度。

6.5.3 疏果 2～3月首选疏去病虫为害果、畸形果，再疏去小果、过密果，每穗留果1～2个。

6.6 应用套袋栽培技术 套袋时间在最后一次疏果后进行，套袋前一定要喷杀虫杀菌混合药1～2次，重点喷果面，选用低毒低残留的药剂。如春雷霉素、石硫合剂等微生物源、矿物源农药。喷后48h内用专用果袋套在幼果上，套袋顺序应先树上后树下。

6.7 病虫害防治 生产双流枇杷的根本方法是运用农业生态学原理，采取选择优育品种，提高管理水平等措施增强果树自身抗病虫能力，减少农药用量，杜绝高毒高残留农药。

6.7.1 加强农业防治与人工防治 在枇杷树管理过程中，合理施肥、灌排水等农业管理措施。增强树势，提高抗病能力。冬剪时，剪掉病虫为害枝，消除挂在树上的病僵果，刷白树干，夏剪、疏除竞争枝、密挤枝等，解决树冠内通风透光，剪除病虫为害枝、叶、果，减少病虫在果园内再次侵染传播；合理运用土壤管理措施，改良土壤结构，为根系创造良好的环境条件，如割青压绿，深翻土壤等。

6.7.2 强化生物控制效益 在枇杷园放养食虫天敌，保护自然天敌及利用昆虫性外激素预测、预报和直接引诱捕杀。

6.7.3 科学使用农药 加强枇杷越冬病虫害防治，可采用石硫合剂0.3波美度和低毒低残留有机合成农药、生物源农药和矿物源、植物源农药交替使用防治病虫害。即使是用甲基托布津、天生等有机杀菌剂、杀虫剂，每种农药生育期内只用一次，采果前30天禁用有机合成农药。为减少药剂对果实污染和天敌的伤害，还可采用药剂涂干法和地面喷药法，防治相关病虫害，实现枇杷生产的优质高效。枇杷常用农药安全使用量和安全间隔期应符合表1的规定。

表 1　双流枇杷农药安全使用技术要求

农产品等级	防治对象	农药名称	防治适期	667m² 用量	次数	安全间隔期
绿色 A 级	叶斑病	10％世高	4 月	1 500 倍液	1 次	采果前 20 天
	炭疽病	10％世高	3～4 月	1 500 倍液	1 次	
	黄毛虫	5％锐劲特	发生期	1 000 倍液	1 次	
	螨类	石硫合剂	发生期	≤0.5 波美度	1 次	
绿色 AA 级	叶斑病	4％农抗 120	3～5 月	≤500ml	1 次	采果前 15 天
	炭疽病	4％农抗 120	3～5 月	≤500ml	1 次	
	黄毛虫	5％鱼藤精	发生期	≥1 500 倍液	1 次	采果前 20 天
	螨类	石硫合剂	发生期	≤0.5 波美度	1 次	采果前 15 天
	叶斑病	波尔多液	发生初期			采果前 20 天

7　采后处理

适时采收，严格分级、包装、销售。

根据双流枇杷感官要求，理论指标和化学成分确定采收期，采收时应轻拿轻放，并分级、包装、运输、贮存、销售。

在符合规定的贮放条件下保质期为 1 个月。

枇杷果实采后程序降温（LTC）贮藏技术规程

（DB 33/T 782—2010）

1 范围

本标准规定了枇杷果实采后 LTC 技术操作规程，包括库房与容器消毒、采收、预冷、分级、贮前 1-MCP 辅助处理、包装、LTC 技术温度和湿度控制、运输和销售等。

本标准适用于红肉类枇杷果实采后贮运操作。

2 规范性引用文件

下列文件中的条款通过本标准的引用而成为本标准的条款。凡是注日期的引用文件，其随后所有的修改单（不包括勘误的内容）或修订版均不适用于本标准，然而，鼓励根据本标准达成协议的各方研究是否可使用这些文件的最新版本。凡是不注日期的引用文件，其最新版本适用于本标准。

GB/T 13867 鲜枇杷果

GB/T 18406.2 农产品安全质量 无公害水果安全要求

DB 33/468.4 无公害枇杷 第 4 部分：商品果

3 术语和定义

下列术语和定义适用于本标准。

3.1

程序降温贮藏 low temperature conditioning，LTC

也称低温锻炼处理贮藏。

3.2

1-甲基环丙烯 1-Methylcyclopropene，1-MCP

一种果蔬保鲜剂。

3.3

田间热

产品自田间采收后冷却至其贮藏温度所释放的热量。

3.4

预冷

将新采收的产品在贮运前迅速除去田间热，将产品温度降低到适宜温度的过程。

4 库房与容器消毒

4.1 库房消毒

库房经整理、清扫后，用 0.1% 次氯酸钠或 1% 福尔马林溶液喷洒消毒，或用 5g/m³ 硫黄熏蒸消毒，一般处理后经 24h 密闭，然后通风 1d～2d，按要求调节预冷库温度 1℃～

5℃、贮藏库温度 5℃，备用。

4.2 容器消毒

周转箱等容器用 0.1‰次氯酸钠溶液清洗消毒，晾（晒）干，备用。

5 采收

5.1 采收时间

宜在晴天上午 9 时前采收。

5.2 采收成熟度

根据不同销地和贮藏期采用相应级别的采收成熟度，成熟度的判别按 GB/T13867 执行。

5.3 采收方法

一手拉枝一手握果柄将成熟果实采下，轻拿轻放，放入内壁光滑的篮（箱、筐）中，避免损伤果实或使毛茸脱落。每篮（箱、筐）重量以小于 10kg 为宜。

5.4 脱袋处理

套袋果实采后应及时送到 10℃～18℃操作间去除果袋，并将果实轻放入篮（箱、筐）内，去除果袋时手拿果柄，避免损伤果实或使毛茸脱落。

6 预冷

采后果实及时送到 1℃～5℃的预冷库中预冷 4h～5h。

7 分级

经预冷的果实在操作间进行分级。分级在垫有软物的分级操作台上完成，折去过长的果柄，使长短一致，剔除病虫、畸形、过小或未成熟的果实。商品果分级按 GB/T18406.2 和 DB33/468.4 执行。

8 贮前 1﹣MCP 辅助处理

8.1 处理浓度

5μL/L 为枇杷果实辅助处理适宜浓度。

8.2 处理方法

密闭处理时间 12h～24h，处理温度 20℃，环境相对湿度 95％～98％。

9 包装

9.1 包装箱高度不宜超过 20cm，周边打若干孔，均匀分布。

9.2 根据需要采用不同规格包装。

10 LTC 技术温度和湿度控制

先置于 5℃预贮 6d，再将贮藏库温度降至 0℃～1℃；贮藏相对湿度以 95％～98％为宜。安全贮藏期为 6 周以内。

11 运输

经贮藏果实的运输温度以 1℃～3℃为宜。

12 销售

采用 5℃～10℃冷柜销售 2d～3d。

———————————

枇杷园周年管理历*（浙江黄岩）

月份	节气	枇杷物候期	枇杷园工作内容	苗圃地工作内容
1	小寒 大寒	冬梢抽生期 → 末花期	1. 做好防旱、防寒、摇雪 2. 继续做好清园 3. 继续开山建园 4. 做好栽苗的定植穴等准备	1. 苗圃地开沟松土 2. 苗木防冻
2	立春 雨水	春梢萌动期	1. 防冻、摇雪 2. 施足春季梢前肥，恢复冻后树势 3. 整枝修剪 4. 栽种苗木 5. 疏通沟渠	1. 苗木防冻 2. 雨水即挖掘苗木，并做好分品种、分级包装 3. 实生苗疏拔、移栽
3	惊蛰 春分	幼果发育期 → 春梢萌发	1. 做好疏果工作 2. 施速效性的氮、磷、钾混合肥料，有利于壮果和春梢萌发 3. 刮治烂脚病，喷1 000倍液多菌灵 4. 大树高接换种 5. 衰老树更新修剪 6. 继续栽种苗木	1. 小苗枝接 2. 继续做好小苗挖掘包装工作 3. 剪除芽接砧木顶梢
4	清明 谷雨	果实膨大期	1. 继续疏果、定果、并套袋 2. 继续刮治烂脚病、防治病虫害 3. 套种夏季绿肥 4. 松土除草、疏通沟渠 5. 继续进行大树高接换种	1. 小苗继续嫁接 2. 苗地除草、松土、开沟排水 3. 检查枝接苗成活情况、已成活的剪开包扎物
5	立夏 小满	春夏梢萌动期 → 果实成熟期	1. 疏通沟渠、排水防涝 2. 松土除草 3. 施足采果肥 4. 采摘果实，做好群众性选种 5. 大树继续高接 6. 夏季整枝	1. 继续检查苗木成活情况 2. 苗圃松土、除草、开沟 3. 苗床的翻耕准备

（续）

月份	节气	枇杷物候期	枇杷园工作内容	苗圃地工作内容
6	芒种 夏至	夏梢抽生期	1. 采摘果实、继续选种 2. 继续施采后肥，促进夏梢萌发粗壮，有利花芽分化 3. 松土除草 4. 防治黄毛虫、毒蛾等幼虫 5. 继续大树高接	1. 嫁接苗除萌定梢 2. 嫁接苗喷射1 000倍液多菌灵，预防叶斑病 3. 种子播种 4. 已播种的苗圃地套种绿豆等遮阴作物
7	小暑 大暑	夏梢结束 秋梢萌动期	1. 喷0.5%～0.6%波尔多液或1 000倍液多菌灵防治叶斑病等 2. 松土除草 3. 防旱 4. 刮治烂脚病病斑 5. 喷射松焦油碱或碱针灭地衣、苔藓	1. 嫁接苗继续除萌 2. 嫁接苗喷药、施肥 3. 刚出土的实生苗除萌，预防立枯病 4. 实生苗疏苗、施肥 5. 套种种作物收获
8	立秋 处暑	秋梢抽生期	1. 抗旱、防台风 2. 辅助修剪，剪除衰弱枝、密生枝 3. 松土除草 4. 继续消灭地衣、苔藓 5. 继续刮治烂脚病	1. 小苗芽接 2. 枝接苗除萌定干 3. 苗木松土、除草、治病、施肥
9	白露 秋分		1. 继续辅助修剪 2. 防旱、防台风 3. 翻压春播绿肥	1. 继续小苗芽接 2. 枝接苗继续除萌定形 3. 苗木松土、除草、治病、施肥
10	寒露 霜降	秋梢结束	1. 施足花前肥 2. 松土、除草 3. 防旱 4. 涂白、培土等入冬前防冻准备 5. 套种冬季绿肥	1. 检查芽接成活情况 2. 苗地松土、施肥

(续)

月份	节气	枇杷物候期	枇杷园工作内容	苗圃地工作内容
11	立冬 小雪	冬梢萌动 → 初花期 → 盛花期	1. 冬季开山建园 2. 防旱 3. 涂白、培土、施肥 4. 捕捉毒蛾幼虫 5. 喷射松脂碱或松针碱消灭地衣、苔藓 6. 绿肥的培育管理	1. 苗木防冻 2. 调查统计各品种苗木数 3. 苗圃松土、开沟
12	大雪 冬至	盛花期	1. 冬季开山建园 2. 做好清园松土 3. 捕捉毒蛾幼虫 4. 绿肥的培育管理	1. 苗木防冻 2. 苗圃继续松土 3. 苗圃整理沟道、防下雪积水

* 此表系浙江黄岩的一般管理，仅供各地制定周年工作历时参考。各地技术人员要视当地的具体情况灵活运用。如在有癌肿病、梨小食心虫、天牛等病虫害为害的枇杷园，则应增添有关防治内容。施肥时期、修剪时期、采收时期也因地区及习惯等有所不同，都要因地制宜，要因地区而变动作业时期。物候期各地均有差别，制订切合本地的周年工作历。

后　记

　　笔者自 1982 年随章恢志先生一起研究枇杷，至今已有 30 个年头，在这 30 年里，目睹了我国的枇杷产业和科学研究事业由小到大，由弱到强的发展历程。全国年产量由 1982 年的 2 万 t 左右增加到 2011 年的 70 万 t 左右，种植区域不断扩大，栽培技术不断提高，产区果农收入逐年增加，并丰富了果品市场，极大地满足了广大人民群众对枇杷的需求。枇杷研究队伍由起初的二三十人发展到现在近 200 人，研究经费大幅增加，研究方法不断改进，发表论文数量由一年几篇、十几篇上升到一年几十、上百篇，研究认识水平亦逐步提高，枇杷研究团队 2011 年进入公益性行业专项。在当前国家高度重视"三农"问题，高度重视农业产业化、农业现代化和农业科技的大好形势下，枇杷无论是产业发展还是科学研究，时下均呈现出前所未有的大好局面。

　　两年前，笔者年过花甲，照章退休，本想不问诸事，颐养天年。但邓秀新老师考虑，枇杷产业近年发展迅猛，提出希望笔者利用刚退下来，身体尚好，时间较为充裕，对枇杷的产业发展较为了解的条件，发挥余热，出面组织编写《枇杷学》，对我国的枇杷生产与科学研究作一个阶段性的回顾，因实在不便推辞，只好答应下来。

　　由于笔者有 1987 年为四川纳溪枇杷基地编写《中国特产小水果——枇杷》培训教材、1988—1990 年参与起草《中国枇杷属种质资源及普通枇杷起源研究》、1988—1992 年主持起草《国家标准——鲜枇杷果》、1990—1996 年主笔统稿《中国果树志：枇杷卷》、1998—2000 年完成博士学位论文《枇杷属的等位酶遗传多样性和种间关系及品种鉴定研究》及编著出版《枇杷三高栽培》的基础，并于 2002 年出席了在西班牙瓦伦西亚举办的首届国际枇杷学术研讨会，参加了历届全国枇杷学术研讨会，还先后参加了《枇杷种质资源描述规范和数据标准》，国家地理标志保护产品《双流枇杷》、《莆田枇杷》的审定，与枇杷业界诸位同仁建立了良好关系，《枇杷学》的编写工作做起来比较顺手，很快拿出了编写大纲，经中国农业出版社审定通过后，即邀请枇杷育种研究专家四川农业大学王永清教授、果实品质研究专家浙江大学陈昆松教授加盟，得到两位先生的鼎力相助，并分别在一年左右拿出了第一、二章和第四、七章的初稿。全书初稿汇齐后，笔者对全书内容进行了全面协调统稿，根据需要，对第一章和第七章内容作了补充和修改。

在《枇杷学》编写当中，始终强调把与产业发展相关联的生产性问题作为重点，特别强调实用新技术的研究与应用，并插入图（照）片200余幅，力求使文稿图文并茂，文字通俗易懂，内容紧扣时代脉搏。经五易其稿，终于定稿上交中国农业出版社。尽管如此，由于水平有限，时间有限，仍难免有不足之处，恳请各位读者批评指正。

蔡礼鸿

2012年2月于华中农业大学

彩
图

湖北神农架野生枇杷　　　　　　（何焕成提供）

四川汉源栎叶枇杷　　　　　　　（何焕成提供）

四川石棉大渡河枇杷　　　　　　（站立者为章恢志，方德秋提供）

云南安宁倒卵叶枇杷

四川石棉建立的野生枇杷群落保护区

四川石棉野生大渡河枇杷

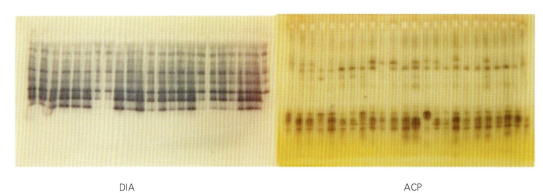

DIA   ACP

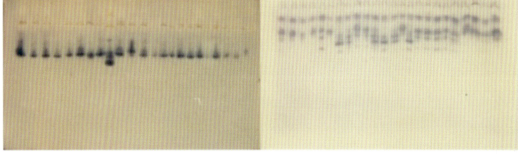

IDH   PGI

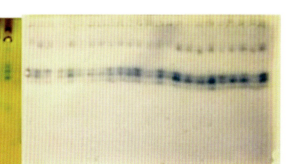

AAT   PGM

枇杷等位酶

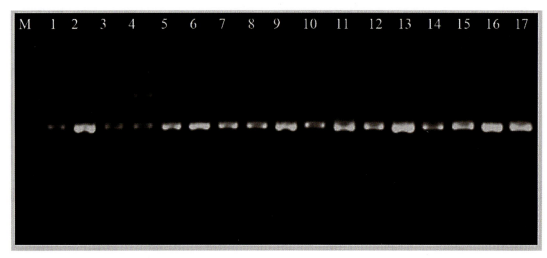

枇杷及石斑木和石楠的ITS基因序列PCR产物   （李平提供）

枇杷染色体 （李桂芬提供）

福建莆田常太枇杷产区——水库周边

福建莆田常太枇杷产区——洋边村

四川成都龙泉驿枇杷产区

四川双流枇杷产区

浙江丽水枇杷产区

四川汶川枇杷园

武汉的大五星枇杷

西班牙枇杷产区

四川双流大五星枇杷

早钟6号枇杷　　　　　　　　　　（黄金松提供）

香钟11号枇杷　　　　　（黄金松提供）

浙江丽水龙岩白沙枇杷

龙泉1号枇杷　　　　　　　　　　（何华平提供）

浙江丽水龙岩白沙枇杷

白晶1号枇杷果肉色泽如玉

白晶1号枇杷

新白1号枇杷　　　　　　　（陈秀萍提供）

新白2号枇杷　　　　（陈秀萍提供）

新白3号枇杷　　　　　　（陈秀萍提供）

冠玉枇杷　　　　　　　　（何华平提供）

西班牙枇杷大果品种Peluches

大五星　　　　　解放钟　　　　　早钟6号　　　　　长红3号

大城4号　　　　　白梨　　　　　大红袍　　　　　洛阳青

软条白沙　　　　　大叶杨墩　　　　　宝珠　　　　　白玉

珠珞红砂　　　　　贵妃枇杷　　　　　茂木　　　　　田中

白茂木　　　　　大房枇杷　　　　　ALGERIE　　　　　GOLD NUGGET

（王永清提供）

枇杷秋季萌芽现蕾和花序抽生

枇杷负雪扬花

枇杷坐果与抽春梢

枇杷抽生春梢

枇杷抽生春梢

枇杷幼树结果状

白晶1号枇杷结果状

枇杷成年树结果状

福建莆田枇杷产区简易梯田

西班牙枇杷产区梯田

西班牙种植枇杷的梯田和滴灌装置

枇杷育苗

江苏吴县枇杷容器育苗

江苏吴县洞庭东山果茶间作

西班牙枇杷环剥

广东清远枇杷拉枝

福建莆田枇杷拉枝

枇杷高接换种（浙江丽水）

枇杷高接换种（苏州东山）

四川双流枇杷套袋

四川双流枇杷套袋效果

四川双流大五星枇杷套袋效果

四川茂县枇杷套袋

枇杷覆膜栽培

早钟6号枇杷单性结实果
（林永高提供）

早钟6号枇杷单性结实果剖面　　（林永高提供）

江苏吴县枇杷采收

浙江丽水枇杷采收用梯

浙江丽水白枇杷采收

浙江余杭枇杷采收

福建莆田枇杷采收

福建莆田枇杷采收用的小篮

浙江余杭枇杷采收工具

浙江余杭采收的软条白沙枇杷

福建莆田枇杷包装待运

福建莆田枇杷小包装

福建莆田枇杷精包装

福建莆田常太枇杷气调保鲜厂

福建莆田常太枇杷贮藏库

四川双流枇杷分级与包装

西班牙枇杷采收用的小桶

西班牙装运枇杷用的小木箱

西班牙枇杷分级包装生产线

西班牙枇杷分级包装生产线

西班牙枇杷分级

西班牙枇杷质量检验

西班牙枇杷包装待运

西班牙存放枇杷包装用小箱的库房

西班牙枇杷分级包装生产线上剔出来的残次果

西班牙市场上的枇杷加工产品

西班牙市场上的枇杷加工产品

四川双流采收的大五星枇杷

枇杷包装前预处理

浙江丽水枇杷包装

浙江丽水白枇杷小包装

浙江丽水白枇杷包装说明

枇杷果干（左为红枇杷干，右为白枇杷干）

枇杷生理病害——萎蔫

（王惠聪提供）

枇杷生理病害——裂果

（王惠聪提供）

枇杷日灼
（林永高提供）

枇杷栓皮病（霜害果实）

枇杷霜害果实（栓皮病）

衰弱枇杷树上的地衣和苔藓

轻度冻害果（种子微褐、果肉正常）

中度冻害果（种子完全变褐、果肉正常）

严重冻害果（种子变褐、果肉部分变褐）

极度冻害果（果肉、种子均完全变褐）

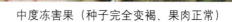

枇杷冻害（张泽煌提供）

四川双流枇杷钢架大棚

江苏吴县枇杷设施栽培
（何华平提供）

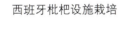

西班牙枇杷设施栽培

西班牙枇杷设施栽培

四川双流枇杷刻石

四川双流枇杷节

西班牙枇杷节会标

西班牙枇杷节会徽

本书主编蔡礼鸿在西班牙瓦伦西亚首届国际枇杷学术研讨会上作报告